普通高等教育"十二五"规划教材
大学数学教学丛书

微积分(经管类)

(下 册)(第二版)

主 编 张 琴
编 者 朱立勋 闫 厉
        单国栋 张志尚

科学出版社
北 京

内 容 简 介

本书由一线数学教师结合多年的教学实践编写而成. 全书把微积分和相关经济学知识有机结合, 内容的深度和广度与经济类、管理类各专业微积分教学要求相符.

全书分上、下两册, 共 12 章. 本书是下册, 内容包括向量代数与空间解析几何、多元函数微分学、二重积分、无穷级数、微分方程与差分方程、MATLAB 在微积分中的应用. 各节均配有一定量的习题, 章末附有自测题, 书后附有习题答案.

本书可供普通高等院校经济类、管理类各专业及相关专业教学使用, 也可供学生自学.

图书在版编目(CIP)数据

微积分(经管类)下册/张琴主编. —2 版. —北京: 科学出版社, 2014.8
普通高等教育"十二五"规划教材·大学数学教学丛书
ISBN 978-7-03-041403-8

Ⅰ. 微… Ⅱ. 张… Ⅲ. 微积分-高等学校-教材 Ⅳ. O172

中国版本图书馆 CIP 数据核字(2014) 第 159631 号

责任编辑: 张中兴 / 责任校对: 朱光兰
责任印制: 徐晓晨 / 封面设计: 迷底书装

科 学 出 版 社 出版
北京东黄城根北街 16 号
邮政编码: 100717
http://www.sciencep.com

北京虎彩文化传播有限公司 印刷
科学出版社发行 各地新华书店经销

*

2010 年 8 月第 一 版　开本: 720×1000 B5
2014 年 8 月第 二 版　印张: 17 1/2
2019 年 1 月第十次印刷　字数: 352 000
定价: 32.00 元
(如有印装质量问题, 我社负责调换)

目 录

第 7 章 空间解析几何与向量代数 ········· 1

§7.1 空间直角坐标系 ········· 1
- 7.1.1 空间直角坐标系的概念 ········· 1
- 7.1.2 空间中点的坐标 ········· 2
- 7.1.3 空间中两点的距离公式 ········· 2

§7.2 向量及其线性运算 ········· 3
- 7.2.1 向量的概念 ········· 3
- 7.2.2 向量的线性运算 ········· 4
- 7.2.3 利用坐标作向量的线性运算 ········· 6
- 7.2.4 向量的模、方向角、投影 ········· 7
- 习题 7.2 ········· 9

§7.3 数量积 向量积 * 混合积 ········· 9
- 7.3.1 数量积 (点积、内积) ········· 9
- 7.3.2 向量积 (叉积、外积) ········· 12
- *7.3.3 混合积 ········· 14
- 习题 7.3 ········· 15

§7.4 平面及其方程 ········· 15
- 7.4.1 平面的点法式方程 ········· 15
- 7.4.2 平面的一般方程 ········· 17
- 7.4.3 两平面的夹角 ········· 18
- 7.4.4 点到平面的距离 ········· 20
- 习题 7.4 ········· 21

§7.5 空间直线及其方程 ········· 21
- 7.5.1 空间直线的一般方程 ········· 21
- 7.5.2 空间直线的对称式方程与参数式方程 ········· 21
- 7.5.3 两直线的夹角 ········· 22
- 7.5.4 直线与平面的夹角 ········· 23

习题 7.5 ··· 25

§7.6 曲面及其方程 ··· 25
    7.6.1 曲面方程的概念 ·· 25
    7.6.2 旋转曲面 ·· 27
    7.6.3 柱面 ··· 29
    7.6.4 二次曲面 ·· 30
    习题 7.6 ··· 33

§7.7 空间曲线及其方程 ··· 33
    7.7.1 空间曲线的一般方程 ······································ 33
    7.7.2 空间曲线的参数方程 ······································ 34
    *7.7.3 曲面的参数方程 ·· 36
    7.7.4 空间曲线在坐标面上的投影 ···························· 37
    习题 7.7 ··· 38

章末自测 7 ·· 39

第 8 章 多元函数微分学 ·· 42

§8.1 多元函数的基本概念 ·· 42
    8.1.1 多元函数的概念 ·· 42
    8.1.2 二元函数的极限与连续 ·································· 44
    习题 8.1 ··· 46

§8.2 偏导数 ··· 47
    8.2.1 偏导数的概念 ··· 47
    8.2.2 二阶偏导数 ··· 50
    8.2.3 偏导数在经济学中的应用 ······························· 53
    习题 8.2 ··· 54

§8.3 全微分 ··· 55
    8.3.1 全微分的概念 ··· 55
    8.3.2 全微分在近似计算中的应用 ···························· 57
    习题 8.3 ··· 59

§8.4 多元复合函数求导法则 ··· 59
    8.4.1 多元复合函数的求导法则 ······························· 59
    8.4.2 全微分形式不变性 ··· 64
    习题 8.4 ··· 65

目 录

§8.5 隐函数的求导法则 ··· 66
    8.5.1 一个方程确定的隐函数的求导法则 ················ 66
    8.5.2 一个方程组确定的隐函数的求导法则 ·············· 68
    习题 8.5 ··· 70

§8.6 二元函数的极值和最值 ···································· 71
    8.6.1 二元函数的极值 ·· 71
    8.6.2 条件极值 ··· 74
    8.6.3 拉格朗日乘数法 ·· 75
    习题 8.6 ··· 77

章末自测 8 ··· 78

第 9 章 重积分 ··· 83

§9.1 二重积分的概念与性质 ···································· 83
    9.1.1 二重积分的概念 ·· 83
    9.1.2 二重积分的性质 ·· 86

§9.2 二重积分的计算 ··· 87
    9.2.1 直角坐标系下二重积分的计算 ······················ 87
    9.2.2 极坐标系下二重积分的计算 ························· 93
    习题 9.2 ··· 96

章末自测 9 ··· 98

第 10 章 无穷级数 ·· 102

§10.1 常数项级数的概念与性质 ································ 102
    10.1.1 常数项级数的概念 ··································· 102
    10.1.2 收敛级数的基本性质 ······························· 106
    10.1.3 收敛级数的必要条件 ······························· 108
    习题 10.1 ·· 109

§10.2 正项级数及其审敛法 ······································ 110
    10.2.1 正项级数的概念 ····································· 110
    10.2.2 正项级数的审敛法 ·································· 110
    习题 10.2 ·· 118

§10.3 任意项级数 ·· 118
    10.3.1 交错级数 ·· 119
    10.3.2 绝对收敛与条件收敛 ······························· 121

习题 10.3 ··· 124

§10.4　幂级数 ··· 124
　　10.4.1　函数项级数 ··· 124
　　10.4.2　幂级数及其收敛性 ·· 125
　　10.4.3　幂级数的运算和性质 ······································· 129
　　习题 10.4 ··· 134

§10.5　函数的幂级数展开 ··· 134
　　10.5.1　泰勒级数 ··· 134
　　10.5.2　函数展开成幂级数 ·· 136
　　10.5.3　函数展开成幂级数的应用 ································ 141
　　习题 10.5 ··· 143

章末自测 10 ·· 144

第 11 章　微分方程与差分方程 ······································· 147

§11.1　微分方程 ·· 147
　　11.1.1　引例 ·· 147
　　11.1.2　微分方程的基本概念 ······································· 148
　　习题 11.1 ··· 151

§11.2　可分离变量方程与齐次方程 ····································· 152
　　11.2.1　可分离变量方程 ··· 152
　　11.2.2　齐次方程 ··· 154
　　习题 11.2 ··· 157

§11.3　一阶线性微分方程 ··· 157
　　11.3.1　一阶线性微分方程的概念 ································ 157
　　*11.3.2　伯努利方程 ·· 162
　　习题 11.3 ··· 164

§11.4　可降阶的高阶微分方程 ··· 165
　　11.4.1　$y^{(n)} = f(x)$ 型微分方程 ································ 165
　　11.4.2　$y'' = f(x, y')$ 型微分方程 ······························· 166
　　11.4.3　$y'' = f(y, y')$ 型微分方程 ······························· 167
　　习题 11.4 ··· 169

§11.5　线性微分方程解的性质与解的结构 ·························· 169
　　11.5.1　二阶线性齐次方程解的结构 ····························· 170

11.5.2　线性非齐次方程解的结构 ･･････････････････････････････ 171
　习题 11.5 ･･･ 172

§11.6　二阶常系数齐次线性微分方程 ･･････････････････････････････ 172
　习题 11.6 ･･･ 176

§11.7　二阶常系数非齐次线性微分方程 ････････････････････････････ 176
　11.7.1　$f(x)=P_m(x)\mathrm{e}^{\lambda x}$ 型 ･････････････････････････････････ 176
　11.7.2　$f(x)=\mathrm{e}^{\lambda x}[P_l(x)\cos\omega x+P_n(x)\sin\omega x]$ 型 ･･･････････････ 180
　习题 11.7 ･･･ 182

§11.8　差分方程 ･･ 183
　11.8.1　差分的一般概念 ･････････････････････････････････････ 183
　11.8.2　差分方程的一般概念 ･････････････････････････････････ 185
　11.8.3　一阶常系数线性差分方程 ･････････････････････････････ 186
　11.8.4　二阶常系数线性差分方程及其解的性质 ･････････････････ 190
　11.8.5　二阶常系数线性齐次差分方程的解 ･････････････････････ 190
　11.8.6　二阶常系数线性非齐次差分方程的解法 ･････････････････ 192
　习题 11.8 ･･･ 194

§11.9　微分方程和差分方程的应用 ････････････････････････････････ 195
　11.9.1　一阶微分方程的应用 ･････････････････････････････････ 195
　11.9.2　二阶微分方程的应用 ･････････････････････････････････ 202
　11.9.3　微分方程在经济中的应用 ･････････････････････････････ 209
　11.9.4　差分方程在经济中的应用 ･････････････････････････････ 211
　习题 11.9 ･･･ 213

章末自测 11 ･･･ 213

第 12 章　MATLAB 在微积分中的应用 ････････････････････････････ 216

§12.1　MATLAB 基础 ･･ 216

§12.2　MATLAB 在一元函数微分学中的应用 ････････････････････････ 221
　12.2.1　应用 MATLAB 求一元函数的极限 ･･････････････････････ 221
　12.2.2　应用 MATLAB 求一元函数的导数与微分 ･････････････････ 222
　12.2.3　一元函数微分学的应用在 MATLAB 中实现 ･･････････････ 224

§12.3　MATLAB 在一元函数积分学中的应用 ････････････････････････ 229
　12.3.1　应用 MATLAB 求一元函数的不定积分与定积分 ････････････ 229
　12.3.2　一元函数的积分学的应用在 MATLAB 中实现 ････････････ 233

§12.4　MATLAB 在多元函数微积分学中的应用 ……………………………236
　　12.4.1　应用 MATLAB 求多元函数的极限、偏导数与全微分 ………236
　　12.4.2　多元函数微分学的应用在 MATLAB 中的实现 ……………237
　　12.4.3　应用 MATLAB 计算二重积分 …………………………………241
§12.5　MATLAB 在级数和微分方程中的应用 ……………………………243
　　12.5.1　应用 MATLAB 求级数的和及判别级数的敛散性 …………243
　　12.5.2　应用 MATLAB 求函数的泰勒展开式 ………………………245
　　12.5.3　求解微分方程在 MATLAB 中实现 ……………………………245
　　12.5.4　应用 MATLAB 绘图 ……………………………………………246
习题答案 ……………………………………………………………………………250
参考文献 ……………………………………………………………………………272

第 7 章　空间解析几何与向量代数

自然界中的很多量既有大小、又有方向, 对它们进行抽象、研究和发展, 就得到了数学中的向量. 向量在自然科学与工程技术中有着广泛的应用, 是一种重要的数学工具. 平面解析几何使一元函数的微积分有了直观的几何意义; 相应的, 为了学习多元函数的微积分, 必须先学习空间解析几何的知识.

本章首先介绍空间直角坐标系, 进而引进向量的概念, 然后利用向量学习平面的方程和直线的方程及其解法, 最后介绍空间曲面方程的基本概念、空间曲线的基本概念, 使学生完成从二维到三维的思维跨越.

§7.1　空间直角坐标系

7.1.1　空间直角坐标系的概念

为了确定平面上任意一点的位置, 我们建立了平面直角坐标系. 现在, 为了确定空间任意一点的位置, 相应的就要引入空间直角坐标系.

在空间中任意取定一点 O(称为原点), 过 O 点作三条两两垂直的直线, 就确定了三条都以 O 为原点的两两垂直的数轴 (有刻度和单位长度), 依次记作 x 轴 (横轴)、y 轴 (纵轴)、z 轴 (竖轴), 统称为坐标轴. 它们构成一个直角坐标系, 称为 $Oxyz$ 坐标系(图 7-1-1). 具体作图时, 通常把 x 轴和 y 轴配置在水平面上, 而 z 轴则是铅垂线. 按要求, 它们的三个正方向之间符合**右手规则**: 即右手握住 z 轴, 当右手的四个手指从 x 轴的正向以 $90°$ 角度转向 y 轴的正向时, 大拇指的指向就是 z 轴的正向.

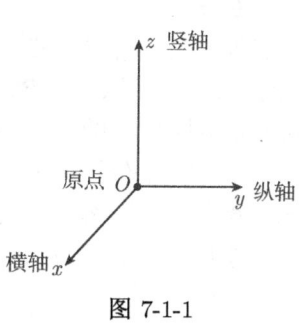

图 7-1-1

三条坐标轴中的任意两条可以确定一个平面, 这三个平面统称为坐标面. x 轴和 y 轴所确定的坐标面称为 xOy 面, 另两个面由 y 轴及 z 轴和 z 轴及 x 轴所确定的坐标面分别称为 yOz 面及 $zOx(xOz)$ 面.

三个坐标面把空间分成八个部分, 每一个部分称为一个卦限. 包含 x 轴和 y 轴及 z 轴的正半轴的那个卦限称为第一卦限; 第二卦限、第三卦限、第四卦限, 同样在 xOy 面的上方, 按逆时针方向 (视线在 z 轴正方向) 确定. 第五至第八卦限, 在

xOy 面的下方, 在第一卦限之下的部分称为第五卦限, 其他第六、第七、第八卦限同样按逆时针方向确定. 这八个卦限分别由字母 I, II, III, IV, V, VI, VII, VIII 表示, 如图 7-1-2 所示.

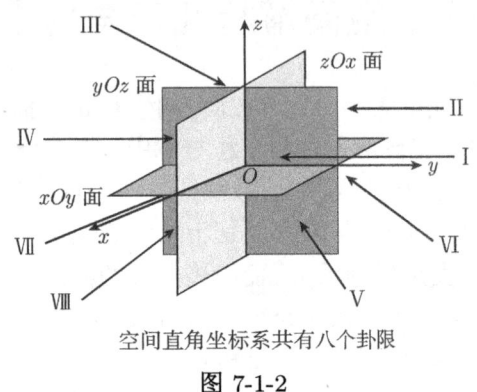

空间直角坐标系共有八个卦限

图 7-1-2

总结: 空间直角坐标系的核心知识可以概括为 1, 3, 3, 8. 即: 一个原点; 三条坐标轴; 三个坐标面; 八个卦限.

7.1.2 空间中点的坐标

设 M 是空间中的任意一点, 过 M 作三个平面分别垂直于 x 轴、y 轴和 z 轴, 并和 x 轴、y 轴和 z 轴分别交于 P、Q、R 三点. 点 P, Q, R 分别称为点 M 在 x 轴、y 轴、z 轴上的投影. 设这三个投影在 x 轴、y 轴、z 轴上的坐标依次为 x, y, z. 于是空间任意一点 M 唯一地确定了一个有序数组 x, y, z. 反过来, 对于给定的有序数组 x, y, z, 可以在 x 轴上取坐标为 x 的点 P, 在 y 轴上取坐标为 y 的点 Q, 在 z 轴上取坐标为 z 的点 R, 过点 P, Q, R 分别作垂直于 x 轴、y 轴、z 轴的三个平面, 这三个平面的交点 M 就是有序数组 x, y, z 确定的唯一一点 (图 7-1-2). 这样, 空间的点 M 与有序数组 x, y, z 之间就建立了一一对应的关系. 这组数 x, y, z 称为点 M 的坐标, 按序称 x, y, z 为点 M 的横坐标、纵坐标、竖坐标, 并把点 M 记为 $M(x, y, z)$.

7.1.3 空间中两点的距离公式

设 $M_1(x_1, y_1, z_1), M_2(x_2, y_2, z_2)$ 为空间两点, 则

$$d = \sqrt{(x_2 - x_1)^2 + (y_2 - y_1)^2 + (z_2 - z_1)^2}.$$

例 7-1-1 求证以 $M_1(4,3,1), M_2(7,1,2), M_3(5,2,3)$ 三点为顶点的三角形是一个等腰三角形.

解 因为
$$|M_1M_2|^2 = (7-4)^2 + (1-3)^2 + (2-1)^2 = 14,$$
$$|M_2M_3|^2 = (5-7)^2 + (2-1)^2 + (3-2)^2 = 6,$$
$$|M_3M_1|^2 = (4-5)^2 + (3-2)^2 + (1-3)^2 = 6,$$

所以 $|M_2M_3| = |M_3M_1|$，即 $\triangle M_1M_2M_3$ 为等腰三角形.

例 7-1-2 在 z 轴上求与两点 $A(-4, 1, 7)$ 及 $B(3, 5, -2)$ 等距离的点.

解 因为所求点在 z 轴上，所以设该点为 $M(0,0,z)$，依题意有
$$|MA| = |MB|,$$
即
$$\sqrt{(0+4)^2 + (0-1)^2 + (z-7)^2} = \sqrt{(3-0)^2 + (5-0)^2 + (-2-z)^2},$$

两边去根号，解得
$$z = \frac{14}{9}.$$

所以，所求点为 $M\left(0, 0, \frac{14}{9}\right)$.

§7.2 向量及其线性运算

7.2.1 向量的概念

客观世界中有这样一类量，它们既有大小，又有方向，如位移、速度、加速度、力等，这样一类既有大小又有方向的量则称为向量(或矢量).

数学中用一条有向线段来表示向量，向量的表示符号是 $\boldsymbol{a}$ 或 $\overrightarrow{M_1M_2}$(以 M_1 为起点、M_2 为终点的有向线段，见图 7-2-1. 有向线段的长度表示向量的大小，向量的大小则称为向量的模，向量 $\boldsymbol{a}$ 或 $\overrightarrow{M_1M_2}$ 的模依次记作 $|\boldsymbol{a}|$ 或 $\left|\overrightarrow{M_1M_2}\right|$. 模为 1 的向量则称为单位向量，记作 $|\boldsymbol{a}^0|$ 或 $\left|\overrightarrow{M_1M_2^0}\right|$.

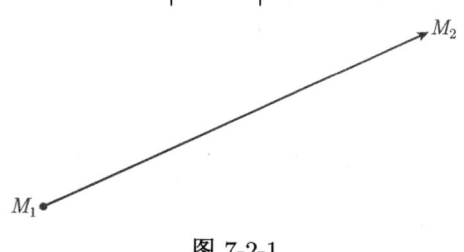

图 7-2-1

模长为 0 的向量则称为零向量, 记为 $\mathbf{0}$. 零向量的起点和终点重合, 它的方向可以看做是任意的.

数学中我们只研究与起点无关的向量, 不考虑起点位置的向量则称为自由向量(简称向量). 如果遇到起点位置有关的向量, 在一般的原则下做特殊处理.

如果两个向量 a 与 b 大小相等, 且方向相同, 则称向量 a 与 b 是相等的, 记作 $a=b$. 由于我们只讨论自由向量, 经过平行移动后能完全重合的向量是相等的.

如果两个向量 a 与 b 大小相等但方向相反, 则称向量 b 是向量 a 的负向量, 记作 $a=-b$. 空间直角坐标系中任一点与原点构成的向量称为向径. 两个非零向量 a 与 b 方向相同或相反的向量称为向量 a 与 b 平行, 记作 $a//b$(可认为零向量与任何向量平行).

7.2.2 向量的线性运算

1. 向量的加法

设两个向量 a 与 b, 则 $a+b$ 可以由下列两种方式 (法则) 表示 (本质是一样的):

(1) 平行四边形法则 (类似力学上求合力的平行四边形法则)$a+b=c$, 见图 7-2-2;

(2) 三角形法则 $a+b=c$, 见图 7-2-3.

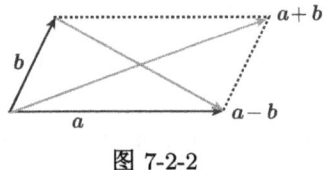

图 7-2-2   图 7-2-3

向量的加法符合下列运算规律:

(1) 交换律 $a+b=b+a$;

(2) 结合律 $(a+b)+c=a+(b+c)$.

2. 向量的减法

$(a+b)-b=a$ (图 7-2-4);

$a-b=c$ (图 7-2-5).

注意减法特殊情况: 若 $a//b$, 则

(1) 同向: $|c|=|a|+|b|$.

(2) 反向: $|c|=|a|-|b|$.

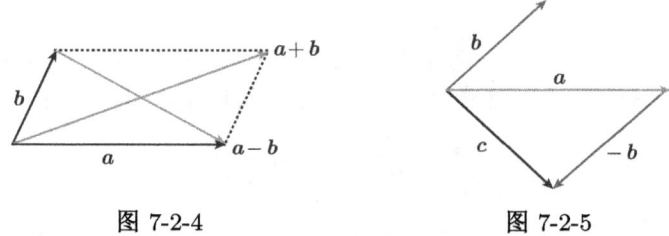

图 7-2-4　　　　　　　图 7-2-5

由于三角形两边之和大于第三边. 结合向量运算法则可得如下结论:

$$|a+b| \leqslant |a|+|b|, \quad |a-b| \leqslant |a|+|b|.$$

3. 向量与数的乘法

设 λ 是一个数, 向量 a 与 λ 的乘积记作 λa. 规定 λa 为一个向量, 它的模和方向有如下情况 (图 7-2-6):

(1) 当 $\lambda > 0$ 时, λ 与 a 同向, $|\lambda a| = |\lambda| \cdot |a|$;

(2) 当 $\lambda = 0$ 时, $\lambda a = 0$;

(3) 当 $\lambda < 0$ 时, λa 与 a 反向, $|\lambda a| = |\lambda| \cdot |a|$.

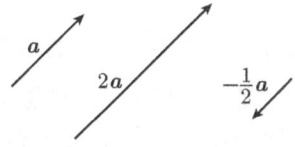

图 7-2-6

4. 数与向量的乘积的运算律

数与向量的乘积符合下列运算规律:

(1) 结合律: $\lambda(\mu a) = \mu(\lambda a) = (\lambda \mu) a$.

(2) 分配律: $(\lambda + \mu) a = \lambda a + \mu a$, $\lambda(a+b) = \lambda a + \lambda b$.

向量相加、减及数乘向量统称为向量的线性运算.

5. 两个向量的平行关系

两个向量的平行关系由下面定理描述.

定理 7-2-1　设向量 $a \neq 0$, 那么, 向量 b 平行于向量 a 的充分必要条件是: 存在唯一的实数 λ, 使 $b = \lambda a$.

证明　条件的充分性显然, 下面证明条件的必要性.

设 $a // b$, 取 $|\lambda| = \dfrac{|b|}{|a|}$, 当 a 与 b 同向时 λ 取正值, 当 a 与 b 反向时 λ 取负值, 即有 $b = \lambda a$. 这是因为此时 b 与 λa 同向, 且

$$|\lambda a| = |\lambda| |a| = \dfrac{|b|}{|a|} |a| = |b|.$$

再证数 λ 的唯一性. 设 $b = \lambda a$, 又设 $b = \mu a$, 两式相减, 得 $(\lambda - \mu) a = 0$, 即 $|\lambda - \mu| |a| = 0$. 因 $|a| \neq 0$, 故 $|\lambda - \mu| = 0$, 即 $\lambda = \mu$.

定理证毕.

前面已经介绍了模为 1 的向量为单位向量,设向量 a^0 表示非零向量 a 的单位向量,按照向量与数的乘积规定,由于 $|a| > 0$,所以 $|a|a^0$ 与 a 的方向相同. 所以

$$\frac{a}{|a|} = a^0 \Rightarrow a = |a|a^0.$$

上式表明:一个非零向量除以它的模的结果是一个与原向量同方向的单位向量.

例 7-2-1   化简 $a - b + 5\left(-\dfrac{1}{2}b + \dfrac{b-3a}{5}\right)$.

解 $a - b + 5\left(-\dfrac{1}{2}b + \dfrac{b-3a}{5}\right) = a - b + \left(-\dfrac{5}{2}\right)b + b - 3a = -2a - \dfrac{5}{2}b.$

7.2.3 利用坐标作向量的线性运算

任给向量 r,对应点 M,使 $r = \overrightarrow{OM}$. 以 OM 为对角线、三条坐标轴为棱作长方体 $RBCM - OQAP$,如图 7-2-7 所示.

由此可有向量的坐标表示:$r = \overrightarrow{OM} = \overrightarrow{OP} + \overrightarrow{PA} + \overrightarrow{MA} = \overrightarrow{OP} + \overrightarrow{OQ} + \overrightarrow{OR}$. 设 $\overrightarrow{OP} = x\boldsymbol{i}, \overrightarrow{OQ} = y\boldsymbol{j}, \overrightarrow{OR} = z\boldsymbol{k}$,则 $r = \overrightarrow{OM} = x\boldsymbol{i} + y\boldsymbol{j} + z\boldsymbol{k}$.

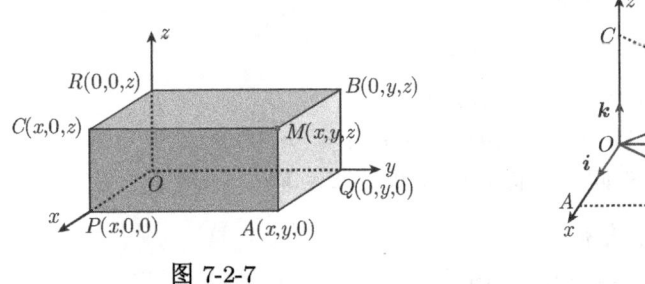

图 7-2-7

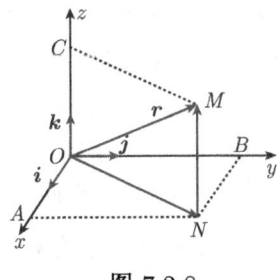

图 7-2-8

上式称为向量 r 的坐标分解式,$x\boldsymbol{i}, y\boldsymbol{j}, z\boldsymbol{k}$ 称为三个坐标轴方向的分向量. $\boldsymbol{i}, \boldsymbol{j}, \boldsymbol{k}$ 称为三个坐标轴方向的单位分向量,见图 7-2-8.

$$a = (a_x, a_y, a_z), \quad b = (b_x, b_y, b_z) \quad (\lambda \text{为实数}),$$
$$a \pm b = (a_x \pm b_x, a_y \pm b_y, a_z \pm b_z),$$
$$\lambda a = (\lambda a_x, \lambda a_y, \lambda a_z).$$

当 $a \neq 0$ 时

$$b // a \rightleftarrows b = \lambda a$$
$$\rightleftarrows \frac{b_x}{a_x} = \frac{b_y}{a_y} = \frac{b_z}{a_z}.$$

例 7-2-2 求解以向量为未知元的线性方程组 $\begin{cases} 5\boldsymbol{x}-3\boldsymbol{y}=\boldsymbol{a}, \\ 3\boldsymbol{x}-2\boldsymbol{y}=\boldsymbol{b}, \end{cases}$ 其中 $\boldsymbol{a}=(2,1,2)$, $\boldsymbol{b}=(2,2,1)$.

解
$$\boldsymbol{x}=2\boldsymbol{a}-3\boldsymbol{b}=2(2,1,2)-3(2,2,1)=(-2,-4,1),$$
$$\boldsymbol{y}=3\boldsymbol{a}-5\boldsymbol{b}=3(2,1,2)-5(2,2,1)=(-4,-7,1).$$

7.2.4 向量的模、方向角、投影

1. 向量的模

设 $M_1(x_1,y_1,z_1)$, $M_2(x_2,y_2,z_2)$ 为空间两点，则
$$\left|\overrightarrow{M_1M_2}\right|=\sqrt{(x_2-x_1)^2+(y_2-y_1)^2+(z_2-z_1)^2}.$$

2. 方向角与方向余弦

记 $\overrightarrow{OA}=\boldsymbol{a}$, $\overrightarrow{OB}=\boldsymbol{b}$, $\varphi=\angle AOB$ $(0\leqslant\varphi\leqslant\pi)$ 称为向量 $\boldsymbol{a},\boldsymbol{b}$ 的夹角，记作 $(\widehat{\boldsymbol{a},\boldsymbol{b}})=\varphi$ (图 7-2-9).

$\boldsymbol{r}$ 和 $\boldsymbol{i},\boldsymbol{j},\boldsymbol{k}$ 所成的角，称为 $\boldsymbol{r}$ 的方向角，依次记为 α,β,γ (图 7-2-10). 方向角的余弦称为其方向余弦.

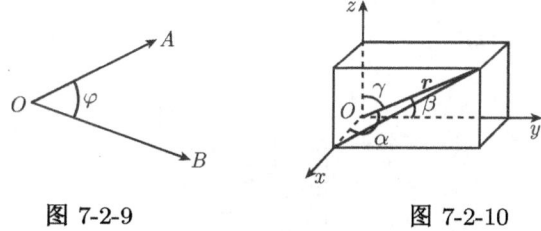

图 7-2-9   图 7-2-10

简单分析可得
$$\cos\alpha=\frac{x}{|\boldsymbol{r}|}=\frac{x}{\sqrt{x^2+y^2+z^2}},\quad \cos\beta=\frac{y}{|\boldsymbol{r}|}=\frac{y}{\sqrt{x^2+y^2+z^2}},$$
$$\cos\gamma=\frac{z}{|\boldsymbol{r}|}=\frac{z}{\sqrt{x^2+y^2+z^2}}.$$

方向余弦的性质
$$\cos^2\alpha+\cos^2\beta+\cos^2\gamma=1.$$

向量 $\boldsymbol{r}$ 的单位向量
$$\boldsymbol{r}^0=\frac{\boldsymbol{r}}{|\boldsymbol{r}|}=(\cos\alpha,\cos\beta,\cos\gamma).$$

例 7-2-3 已知两点 $M_1(2,2,\sqrt{2})$ 和 $M_2(1,3,0)$,计算向量 $\overrightarrow{M_1M_2}$ 的模、方向余弦和方向角.

解
$$\overrightarrow{M_1M_2} = (1-2, 3-2, 0-\sqrt{2}) = (-1, 1, -\sqrt{2}),$$
$$\left|\overrightarrow{M_1M_2}\right| = \sqrt{(-1)^2 + 1^2 + (-\sqrt{2})^2} = \sqrt{1+1+2} = \sqrt{4} = 2,$$
$$\cos\alpha = -\frac{1}{2}, \quad \cos\beta = \frac{1}{2}, \quad \cos\gamma = -\frac{\sqrt{2}}{2},$$
$$\alpha = \frac{2\pi}{3}, \quad \beta = \frac{\pi}{3}, \quad \gamma = \frac{3\pi}{4}.$$

3. 空间一向量在轴上的投影

设点 O 及单位向量 e,确定 u 轴.任给向量 $\overrightarrow{OM} = r$,点 M' 是点 M 在 u 轴上的投影,则向量 $\overrightarrow{OM'}$ 称为向量 r 在 u 轴上的分向量 (图 7-2-11). 设 $\overrightarrow{OM'} = \lambda e$,则数值 λ 称为 r 在 u 轴上的投影 (图 7-2-12),记作 $\mathrm{Prj}_u r$.

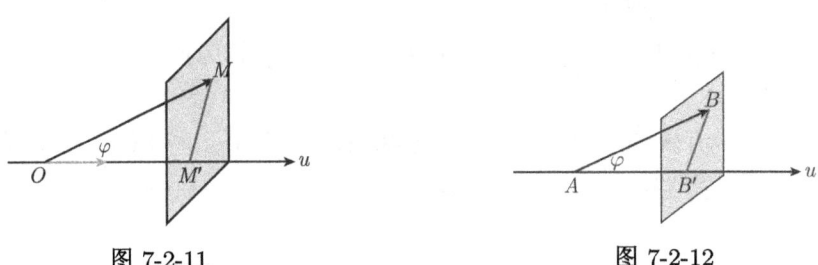

图 7-2-11   图 7-2-12

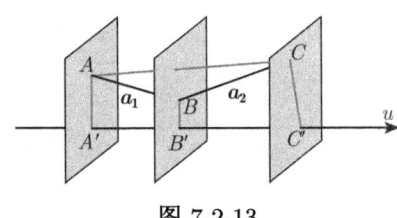

图 7-2-13

4. 向量投影的性质

性质 1:关于向量的投影定理 I. 向量 $\overrightarrow{AB}$ 在轴 u 上的投影等于向量的模乘以轴与向量的夹角的余弦
$$\mathrm{Prj}_u \overrightarrow{AB} = \left|\overrightarrow{AB}\right| \cos\varphi.$$

性质 2:关于向量的投影定理 II. 两个向量的和在轴上的投影等于两个向量在该轴上的投影之和 (图 7-2-13) (可以推广):
$$\mathrm{Prj}_u(\boldsymbol{a}_1 + \boldsymbol{a}_2) = \mathrm{Prj}_u \boldsymbol{a}_1 + \mathrm{Prj}_u \boldsymbol{a}_2.$$

性质 3: $\mathrm{Prj}_u(\lambda a) = \lambda \cdot \mathrm{Prj}_u a$.

例 7-2-4 设 $m = 3i + 5j + 8k$, $n = 2i - 4j - 7k$, $p = 5i + j - 4k$, 求向量 $a = 4m + 3n - p$ 在 x 轴上的投影及在 y 轴上的分向量.

解

$$a = 4(3i + 5j + 8k) + 3(2i - 4j - 7k) - (5i + j - 4k) = 13i + 7j + 15k,$$

所以, 在 x 轴上的投影为 13, 在 y 轴上的分向量为 $7j$.

习　题　7.2

1. 设 $u = a - b + 2c, v = -a + 3b - c$. 试用 a, b, c 表示 $2u - 3v$.
2. 求平行于向量 $a = (6, 7, -6)$ 的单位向量.
3. 在空间直角坐标系中, 指出下列各点在哪个卦限?

$$A(1, -2, 3); B(2, 3, -4); C(2, -3, -4); D(-2, -3, 1).$$

4. 求点 $M(4, -3, 5)$ 到各坐标轴的距离.
5. 在 yOz 坐标面上, 求与三点 $A(3, 1, 2), B(4, -2, -2)$ 和 $C(0, 5, 1)$ 等距离的点.
6. 试证明以三点 $A(4, 1, 9), B(10, -1, 6), C(2, 4, 3)$ 为顶点的三角形是等腰直角三角形.
7. 已知两点 $A(4,0,5)$ 和 $B(7,1,3)$, 求 $\overrightarrow{AB^0}$.
8. 已知 $a = i + k + j$, 求 $|a|$.
9. 设向量 r 的模是 4, 它与轴 u 的夹角是 $60°$, 求 r 在轴 u 上的投影.
10. 已知向量 a 的方向余弦中 $\cos\alpha = \dfrac{1}{3}, \cos\beta = \dfrac{2}{3}$, 则 $\cos\gamma = ?$

§7.3　数量积　向量积　*混合积

7.3.1　数量积 (点积、内积)

设一物体在常力 F 作用下沿直线从点 M_1 移动到点 M_2, 以 s 表示位移 $\overrightarrow{M_1M_2}$. 由物理学知道, 力 F 所做的功为 $W = |F||s|\cos\theta$, 其中 θ 为 F 与 s 的夹角 (图 7-3-1).

从这个问题出发, 我们得到如下定义.

定义 7-3-1　向量 a 与 b 的数量积("点积"、"内积") 表示为 $a \cdot b$, 即 $a \cdot b = |a||b|\cos\theta$ (图 7-3-2).

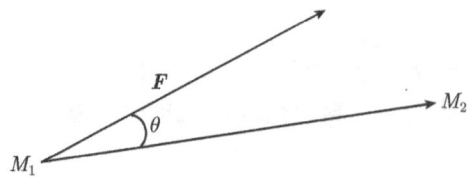

图 7-3-1

由数量积的定义可以推得数量积的性质:

(1) $a \cdot a = |a|^2$. 这是因为此时夹角等于 $\theta = 0$, 所以 $a \cdot a = |a|^2 \cos 0 = |a|^2$.

(2) 对于两个非零向量 a 与 b, $a \cdot b = 0 \Leftrightarrow a \perp b$.
这是因为此时夹角等于 $\theta = \dfrac{\pi}{2}$, 所以 $a \cdot b = |a||b|\cos\dfrac{\pi}{2} = 0$.

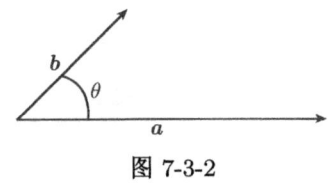

图 7-3-2

容易验证, 数量积符合下列运算规律:

(1) 交换律　$a \cdot b = b \cdot a$.

(2) 结合律(λ, μ 为实数)

$$(\lambda a) \cdot b = a \cdot (\lambda b) = \lambda(a \cdot b),$$

$$(\lambda a) \cdot (\mu b) = \lambda(a \cdot (\mu b)) = \lambda\mu(a \cdot b).$$

(3) 分配律

$$(a + b) \cdot c = a \cdot c + b \cdot c.$$

事实上, 当 $c = 0$ 时, 显然成立;
当 $c \neq 0$ 时 (图 7-3-3),

$$(a + b) \cdot c = |c| \operatorname{Prj}_c(a + b) = |c|(\operatorname{Prj}_c a + \operatorname{Prj}_c b)$$
$$= |c|\operatorname{Prj}_c a + |c|\operatorname{Prj}_c b = a \cdot c + b \cdot c.$$

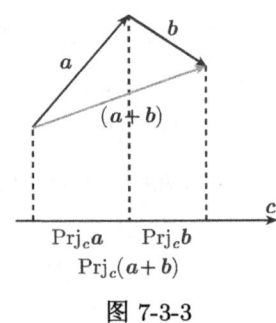

图 7-3-3

结合向量的坐标可得数量积的坐标表示式.
设 $a = a_x i + a_y j + a_z k$, $b = b_x i + b_y j + b_z k$, 则

$$a \cdot b = a_x b_x + a_y b_y + a_z b_z.$$

当 $a \neq 0$, $b \neq 0$ 时两向量夹角余弦的坐标表达式为

$$\cos\theta = \dfrac{a_x b_x + a_y b_y + a_z b_z}{\sqrt{a_x^2 + a_y^2 + a_z^2}\sqrt{b_x^2 + b_y^2 + b_z^2}}.$$

§7.3 数量积 向量积 *混合积

简单推导可得
$$\boldsymbol{a} \perp \boldsymbol{b} \Leftrightarrow a_x b_x + a_y b_y + a_z b_z = 0.$$

例 7-3-1 已知 $\boldsymbol{a}=(1,1,-4)$, $\boldsymbol{b}=(1,-2,2)$. 求：$(1)\boldsymbol{a} \cdot \boldsymbol{b}$; $(2)\boldsymbol{a}$ 与 $\boldsymbol{b}$ 的夹角.

解 $(1) \boldsymbol{a} \cdot \boldsymbol{b} = 1 \times 1 + 1 \times (-2) + (-4) \times 2 = -9.$

$(2) \cos\theta = \dfrac{1 \times 1 + 1 \times (-2) + (-4) \times 2}{\sqrt{(1)^2+(1)^2+(-4)^2}\sqrt{(1)^2+(-2)^2+(2)^2}} = -\dfrac{\sqrt{2}}{2},$

$$\theta = \dfrac{3\pi}{4}.$$

例 7-3-2 试用向量证明三角形的余弦定理.

证明 设在 $\triangle ABC$ 中, $\angle BAC = \theta$(图 7-3-4). $|\overrightarrow{CB}| = a, |\overrightarrow{CA}| = b, |\overrightarrow{AB}| = c$, 要证 $c^2 = a^2 + b^2 - 2ab\cos\theta$.

记 $\overrightarrow{CB} = \boldsymbol{a}, \overrightarrow{CA} = \boldsymbol{b}, \overrightarrow{AB} = \boldsymbol{c}$, 则有 $\boldsymbol{c} = \boldsymbol{a} - \boldsymbol{b}$, 从而 $|\boldsymbol{c}|^2 = \boldsymbol{c} \cdot \boldsymbol{c} = (\boldsymbol{a}-\boldsymbol{b}) \cdot (\boldsymbol{a}-\boldsymbol{b}) = \boldsymbol{a} \cdot \boldsymbol{a} + \boldsymbol{b} \cdot \boldsymbol{b} - 2\boldsymbol{a} \cdot \boldsymbol{b} = |\boldsymbol{a}|^2 + |\boldsymbol{b}|^2 - 2|\boldsymbol{a}||\boldsymbol{b}|\cos(\widehat{\boldsymbol{a},\boldsymbol{b}})$.

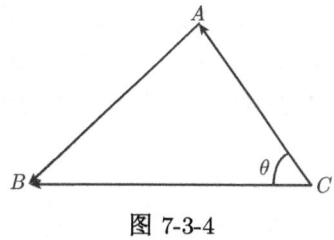

图 7-3-4

由 $|\boldsymbol{a}| = a, |\boldsymbol{b}| = b, |\boldsymbol{c}| = c$ 及 $(\widehat{\boldsymbol{a},\boldsymbol{b}}) = \theta$, 即得 $c^2 = a^2 + b^2 - 2ab\cos\theta$.

例 7-3-3 设液体流过平面 S 上面积为 A 的一个区域, 液体在该区域上各点处的流速均为 (常向量)$\boldsymbol{v}$, 设 $\boldsymbol{n}$ 为垂直于 S 的单位向量 (图 7-3-5(a)), 计算单位时间内经过这区域流向 $\boldsymbol{n}$ 所指一侧的液体的质量 P(液体的密度为 ρ).

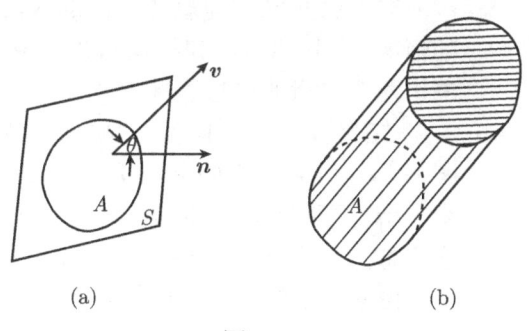

图 7-3-5

解 单位时间内流过这区域的液体组成一个底面积为 A、斜高为 $|\boldsymbol{v}|$ 的斜柱体 (图 7-3-5(b)). 该柱体的斜高与底面的垂线的夹角就是 $\boldsymbol{v}$ 与 $\boldsymbol{n}$ 的夹角 θ, 所以该柱体的高为 $|\boldsymbol{v}|\cos\theta$, 体积为

$$A|\boldsymbol{v}|\cos\theta = A\boldsymbol{v} \cdot \boldsymbol{n},$$

从而, 单位时间内经过这区域流向 $\boldsymbol{n}$ 所指一侧的液体的质量为

$$P = \rho A v \cdot \boldsymbol{n}.$$

7.3.2 向量积 (叉积、外积)

在研究物体转动问题时, 不但要考虑这物体所受的力, 还要分析这些力所产生的力矩. 下面就举一个简单的例子来说明表达力矩的方法.

设 O 为一根杠杆 L 的支点, 有一个力 $\boldsymbol{F}$ 作用于这杠杆上 P 点处, $\boldsymbol{F}$ 与 $\overrightarrow{OP}$ 的夹角为 θ (图 7-3-6). 由力学规定, 力 $\boldsymbol{F}$ 对支点 O 的力矩是一向量 $\boldsymbol{M}$, 它的模为

$$|\boldsymbol{M}| = \left|\overrightarrow{OQ}\right| |\boldsymbol{F}| = \left|\overrightarrow{OP}\right| |\boldsymbol{F}| \sin\theta$$

而 $\boldsymbol{M}$ 的方向垂直于 $\overrightarrow{OP}$ 与 $\boldsymbol{F}$ 所决定的平面, $\boldsymbol{M}$ 的指向是按右手规则从 $\overrightarrow{OP}$ 以不超过 π 的角转向 $\boldsymbol{F}$ 来确定的, 即当右手的四个手指从 $\overrightarrow{OP}$ 以不超过 π 的角转向 $\boldsymbol{F}$ 握拳时, 大拇指的指向就是 $\boldsymbol{M}$ 的指向 (图 7-3-7).

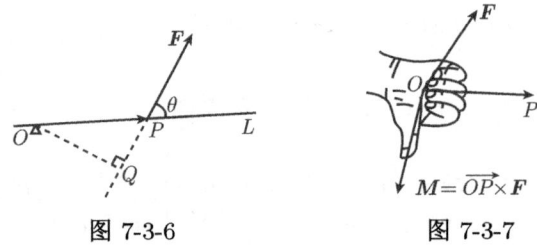

图 7-3-6　　　　　图 7-3-7

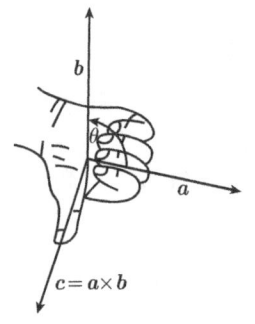

图 7-3-8

这种由两已知向量按上面的规则来确定另一个向量的情况, 在其他力学和物理问题中也会遇到, 从而可以抽象出两个向量的向量积概念.

定义 7-3-2　向量 $\boldsymbol{a}$ 与 $\boldsymbol{b}$ 的向量积为 $\boldsymbol{c} = \boldsymbol{a} \times \boldsymbol{b}$, $|\boldsymbol{c}| = |\boldsymbol{a}| |\boldsymbol{b}| \sin\theta$ (其中 θ 为 $\boldsymbol{a}$ 与 $\boldsymbol{b}$ 的夹角), $\boldsymbol{c}$ 的方向既垂直于 $\boldsymbol{a}$, 又垂直于 $\boldsymbol{b}$; 指向符合右手规则 (图 7-3-8). 向量积也称为 "叉积"、"外积".

由向量积的定义可以推得向量积的性质:

(1) $\boldsymbol{a} \times \boldsymbol{a} = \boldsymbol{0}$ (所以 $\theta = 0 \Rightarrow \sin\theta = 0$).

(2) $\boldsymbol{a} // \boldsymbol{b} \Leftrightarrow \boldsymbol{a} \times \boldsymbol{b} = \boldsymbol{0}$ ($\boldsymbol{a} \neq \boldsymbol{0}, \boldsymbol{b} \neq \boldsymbol{0}$).

容易验证, 向量积符合下列运算规律:

(1) 负的交换律　$\boldsymbol{a} \times \boldsymbol{b} = -\boldsymbol{b} \times \boldsymbol{a}$.

(2) 分配律　$(\boldsymbol{a} + \boldsymbol{b}) \times \boldsymbol{c} = \boldsymbol{a} \times \boldsymbol{c} + \boldsymbol{b} \times \boldsymbol{c}$.

(3) 结合律　若 λ 为实数, $(\lambda \boldsymbol{a}) \times \boldsymbol{b} = \boldsymbol{a} \times (\lambda \boldsymbol{b}) = \lambda(\boldsymbol{a} \times \boldsymbol{b})$.

结合向量的坐标可得向量积的坐标表达式.

§7.3 数量积 向量积 *混合积

设 $a = a_x i + a_y j + a_z k$, $b = b_x i + b_y j + b_z k$, 则

$$a \times b = (a_y b_z - a_z b_y)i + (a_z b_x - a_x b_z)j + (a_x b_y - a_y b_x)k.$$

为了便于记忆, 结合线性代数知识, 将上式写成

$$a \times b = \begin{vmatrix} i & j & k \\ a_x & a_y & a_z \\ b_x & b_y & b_z \end{vmatrix}.$$

结合上面向量的坐标表达式, 可得 $a // b \iff \dfrac{a_x}{b_x} = \dfrac{a_y}{b_y} = \dfrac{a_z}{b_z}$. 其中 b_x, b_y, b_z 不能同时为零, 但允许两个为零, 如 $\dfrac{a_x}{0} = \dfrac{a_y}{0} = \dfrac{a_z}{b_z} \Rightarrow a_x = 0, a_y = 0$.

例 7-3-4 求与 $a = 3i - 2j + 4k$, $b = i + j - 2k$ 都垂直的单位向量.

解 设所求单位向量为 c^0, 因为

$$c = a \times b = \begin{vmatrix} i & j & k \\ 3 & -2 & 4 \\ 1 & 1 & -2 \end{vmatrix} = 10j + 5k,$$

所以

$$c^0 = (a \times b)^0 = \pm \frac{10j + 5k}{\sqrt{(10)^2 + (5)^2}} = \pm \frac{\sqrt{5}}{25}(10j + 5k).$$

例 7-3-5 已知 $\triangle ABC$ 的顶点分别是 $A(1,2,3), B(3,4,5)$ 和 $C(2,4,7)$, 求 $\triangle ABC$ 的面积.

解 根据向量积的定义, 可知 $\triangle ABC$ 的面积

$$S_{\triangle ABC} = \frac{1}{2} \left| \overrightarrow{AB} \right| \left| \overrightarrow{AC} \right| \sin \angle A,$$

由于 $\overrightarrow{AB} = (2,2,2), \overrightarrow{AC} = (1,2,4)$, 因此

$$\overrightarrow{AB} \times \overrightarrow{AC} = \begin{vmatrix} i & j & k \\ 2 & 2 & 2 \\ 1 & 2 & 4 \end{vmatrix} = 4i - 6j + 2k,$$

于是

$$S_{\triangle ABC} = \frac{1}{2} |4i - 6j + 2k| = \frac{1}{2} \sqrt{4^2 + (-6)^2 + 2^2} = \sqrt{14}.$$

*7.3.3 混合积

设已知三个向量 a, b, c, 如果先作两向量 a 和 b 的向量积 $a \times b$, 把所得到的向量与第三个向量 c 再作数量积 $(a \times b) \cdot c$, 这样得到的数量叫做三向量 a, b, c 的混合积, 记作 $[a\ b\ c]$.

1. 混合积的定义

定义 7-3-3 已知三向量 a, b, c, 称数量 $(a \times b) \cdot c \xlongequal{\text{记作}} [a\ b\ c]$ 为 a, b, c 的混合积.

2. 混合积的坐标表示式

设
$$a = (a_x, a_y, a_z), \quad b = (b_x, b_y, b_z), \quad c = (c_x, c_y, c_z),$$

因为
$$(a \times b) = \begin{vmatrix} i & j & k \\ a_x & a_y & a_z \\ b_x & b_y & b_z \end{vmatrix} = \left(\begin{vmatrix} a_y & a_z \\ b_y & b_z \end{vmatrix} - \begin{vmatrix} a_x & a_z \\ b_x & b_z \end{vmatrix} + \begin{vmatrix} a_x & a_y \\ b_x & b_y \end{vmatrix} \right),$$

再按数量积的坐标表示式, 得
$$[a\ b\ c] = (a \times b) \cdot c = c_x \begin{vmatrix} a_y & a_z \\ b_y & b_z \end{vmatrix} - c_y \begin{vmatrix} a_x & a_z \\ b_x & b_z \end{vmatrix} + c_z \begin{vmatrix} a_x & a_y \\ b_x & b_y \end{vmatrix}$$

或
$$[a\ b\ c] = \begin{vmatrix} a_x & a_y & a_z \\ b_x & b_y & b_z \\ c_x & c_y & c_z \end{vmatrix}.$$

3. 几何意义

以 a, b, c 为棱的平行六面体, 底面积 $A = |a \times b|$, 高 $h = |c|\ |\cos\alpha|$, 故平行六面体的体积为 $V = Ah = |a \times b||c|\ |\cos\alpha| = |(a \times b) \cdot c| = |[a\ b\ c]|$(图 7-3-9).

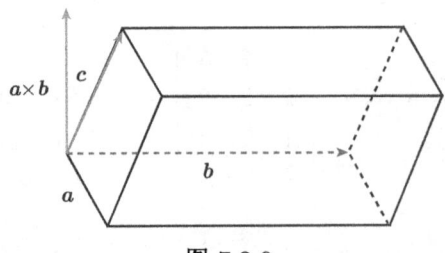

图 7-3-9

§7.4 平面及其方程

4. 性质

(1) 三个非零向量 a, b, c 共面的充要条件为 $[a\ b\ c]=0$.

事实上, $[a\ b\ c] = (a \times b) \cdot c = 0$ 的充要条件是 $a \times b$ 与 c 垂直. 又因为 a, b 都与 $a \times b$ 垂直, 因此 a, b, c 共面的充要条件为 $[a\ b\ c]=0$.

(2) 轮换对称性:

$[a\ b\ c] = [b\ c\ a] = [c\ a\ b]$ (可用混合积的坐标表示式推出).

例 7-3-6 已知不在平面上的四个点: $A(x_1, y_1, z_1)$, $B(x_2, y_2, z_2)$, $C(x_3, y_3, z_3)$, $D(x_4, y_4, z_4)$. 求四面体 $ABCD$ 的体积.

解 因为四面体 $ABCD$ 的体积的等于以 $\overrightarrow{AB}$、$\overrightarrow{AC}$ 和 $\overrightarrow{AD}$ 为棱的平行六面体的体积的六分之一, 因而

$$V = \frac{1}{6}\left|[\overrightarrow{AB}\ \overrightarrow{AC}\ \overrightarrow{AD}]\right| = \frac{1}{6}\left\|\begin{array}{ccc} x_2-x_1 & y_2-y_1 & z_2-z_1 \\ x_3-x_1 & y_3-y_1 & z_3-z_1 \\ x_4-x_1 & y_4-y_1 & x_4-z_1 \end{array}\right\|.$$

例 7-3-7 证明四点 $A(1,1,1)$, $B(4,5,6)$, $C(2,3,3)$, $D(10,15,17)$ 共面.

证明 因为 $[\overrightarrow{AB}\ \overrightarrow{AC}\ \overrightarrow{AD}] = \begin{vmatrix} 3 & 4 & 5 \\ 1 & 2 & 2 \\ 9 & 14 & 16 \end{vmatrix} = 0$, 所以 A, B, C, D 共面.

习 题 7.3

1. 设 $a = 3i - j - 2k, b = i + 2j - k$, 求:
   (1) $a \cdot b$ 及 $a \times b$; (2) $(-a) \cdot 3b$ 及 $a \times 2b$; (3) a, b 的夹角的余弦.
2. 证明: 向量 c 与向量 $(a \cdot c)b - (b \cdot c)a$ 垂直.
3. 求向量 $a = (4, -3, 4)$ 在向量 $b = (2, 2, 1)$ 上的投影.
4. 已知向量 $a = 2i - 3j + k, b = i - j + 3k$ 和 $c = i - 2j$, 计算:
   (1) $(a \cdot b)c - (a \cdot c)b$; (2) $(a+b) \times (b+c)$; (3) $(a \times b) \cdot c$.
5. 已知 $\overrightarrow{OA} = i + 3k, \overrightarrow{OB} = j + 3k$, 求 $\triangle OAB$ 的面积.
6. 已知 $|a| = 2, |b| = \sqrt{2}$, 且 $a \cdot b = 2$, 求 $|a \times b|$.
7. 求与 $a = 3i + 6j - 3k$ 及 y 轴都垂直, 且长度为 3 个单位的向量.

§7.4 平面及其方程

7.4.1 平面的点法式方程

在本节中和 7.5 节中, 我们将以向量为工具, 在空间直角坐标系中讨论最简单的曲面和曲线 —— 平面和直线.

如果一非零向量垂直于一平面，这向量就叫做该平面的法线向量．容易知道，平面上的任一向量均与该平面的法线向量垂直．法线向量的特征：垂直于平面内的任一向量．

因为过空间一点可以作而且只能作一平面垂直于一已知直线，所以当平面 Π 上一点 $M_0(x_0,y_0,z_0)$ 和它的一个法线向量 $\boldsymbol{n}$ 为已知时，平面 Π 的位置就完全确定了．下面我们来建立平面 Π 的方程．

设 $M(x,y,z)$ 是平面 Π 上任一点（图 7-4-1），那么向量 $\overrightarrow{M_0M}$ 必与平面 Π 的法线向量 $\boldsymbol{n}$ 垂直，即它们的数量积等于零

$$\boldsymbol{n} \cdot \overrightarrow{M_0M} = 0.$$

由于 $\boldsymbol{n}=(A,B,C)$，$\overrightarrow{M_0M}=(x-x_0,y-y_0,z-z_0)$，所以有

$$A(x-x_0)+B(y-y_0)+C(z-z_0)=0. \qquad (7\text{-}4\text{-}1)$$

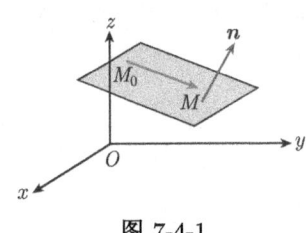

图 7-4-1

这就是平面 Π 上任一点 M 坐标 x,y,z 所满足的方程．

反过来，如果 $M(x,y,z)$ 不在平面 Π 上，那么向量 $\overrightarrow{M_0M}$ 与平面 Π 的法线向量 $\boldsymbol{n}$ 不垂直，从而 $\boldsymbol{n}\cdot\overrightarrow{M_0M}\ne 0$，即不在平面 Π 上的点 M 坐标 x,y,z 不满足方程 (7-4-1)．

由此可知，平面 Π 上任一点 M 坐标 x,y,z 都满足方程 (7-4-1)；不在平面 Π 上的点的坐标 x,y,z 都不满足的方程 (7-4-1)．这样，方程 (7-4-1) 就是平面 Π 的方程，而平面 Π 就是方程 (7-4-1) 的图形．由于方程 (7-4-1) 是平面 Π 上一点 $M_0(x_0,y_0,z_0)$ 及它的一个法线向量 $\boldsymbol{n}=(A,B,C)$ 确定的，所以，方程 (7-4-1) 叫做平面的点法式方程．

例 7-4-1 求过三点 $A(2,-1,4)$，$B(-1,3,2)$ 和 $C(0,2,3)$ 的平面方程．

解 取该平面 Π 的法向量为

$$\boldsymbol{n}=\overrightarrow{M_1M_2}\times\overrightarrow{M_1M_3}=(14,9,-1),$$

平面方程为

$$14(x-2)+9(y+1)-(z-4)=0,$$

即

$$14x+9y-z-15=0.$$

例 7-4-2 求过点 $A(2,-3,0)$ 且以 $\boldsymbol{n}=(1,-2,3)$ 为法向量的平面方程．

解 根据平面的点法式方程 (7-4-1)，得所求平面的方程为

$$(x-2)-2(y+3)+3z=0,$$

即
$$x - 2y + 3z - 8 = 0.$$

7.4.2 平面的一般方程

由于平面的点法式方程 (7-4-1) 是 x, y, z 的一次方程, 而任一平面都可以用它上面的一点及它的法线向量来确定, 所以任一平面都可以用三元一次方程来表示. 反过来, 设有三元一次方程

$$Ax + By + Cz + D = 0, \tag{7-4-2}$$

我们任取满足该方程的一组数 x_0, y_0, z_0, 即

$$Ax_0 + By_0 + Cz_0 + D = 0 \tag{7-4-3}$$

把上述两等式相减, 得

$$A(x - x_0) + B(y - y_0) + C(z - z_0) + D = 0. \tag{7-4-4}$$

把它和平面的点法式方程 (7-4-1) 作比较, 可以知道方程 (7-4-4) 是通过点 $M_0(x_0, y_0, z_0)$ 且以 $\boldsymbol{n}$ 为法线向量的平面方程. 但方程 (7-4-2) 与方程 (7-4-4) 同解, 这是因为式 (7-4-2) 减去式 (7-4-3) 即得式 (7-4-4), 又由式 (7-4-4) 加上式 (7-4-3) 就得式 (7-4-2). 由此可知任一三元一次方程 (7-4-2) 的图形总是一个平面. 方程 (7-4-2) 称为平面的一般方程, 其中 x, y, z 的系数就是该平面的一个法线向量 $\boldsymbol{n}$ 的坐标, 即 $\boldsymbol{n}$. 例如, 方程 $3x - 4y + z - 9 = 0$ 表示一个平面, $\boldsymbol{n} = (3, -4, -9)$ 是这平面的一个法线向量.

对于特殊的三元一次方程, 应该熟悉它们的图形的特点.

平面方程 $Ax + By + Cz + D = 0$ 有几种特殊情况:

当 $D = 0$ 时, 方程 (7-4-2) 成为 $Ax + By + Cz = 0$, 它表示一个通过原点的平面.

当 $A = 0$ 时, 方程 (7-4-2) 成为 $By + Cz + D = 0$, 法线向量 $\boldsymbol{n} = (0, 0, C)$ 垂直于 x 轴, 方程表示一个平行于 x 轴的平面.

当 $A = B = 0$ 时, 方程 (7-4-2) 成为 $Cz + D = 0$, 法线向量 $\boldsymbol{n} = (0, B, C)$ 同时垂直于 x 轴和 y 轴, 方程表示一个平面平行于 xOy 坐标面.

同样, 方程 $Ax + D = 0$ 和 $By + D = 0$ 分别表示一个平面平行于 yOz 坐标面; 另一个平面平行于 xOz 坐标面.

例 7-4-3 求过 x 轴和点 $(4, 3, -1)$ 的平面方程.

解 因为过 x 轴, 所以也过原点, 因此 $A = D = 0$, 所以可设平面方程: $By + Cz = 0$.

因为过点 $(4,3,-1)$, 所以 $3B - C = 0$, 即 $C = 3B$.

代入平面方程 $By + Cz = 0$ 并除以 B, 可得平面方程 $y - 3z = 0$.

例 7-4-4 设平面与 x, y, z 三轴分别交于 $P(a,0,0), Q(0,b,0), R(0,0,c)$, 求此平面方程 (图 7-4-2).

解 设平面方程为
$$Ax + By + Cz + D = 0,$$

因为 $P(a,0,0), Q(0,b,0), R(0,0,c)$ 都在平面上, 所以点 P, Q, R 的坐标都满足方程 (7-4-2), 即有
$$\begin{cases} aA + D = 0, \\ bB + D = 0, \\ cC + D = 0, \end{cases}$$

得
$$A = -\frac{D}{a}, \quad B = -\frac{D}{b}, \quad C = -\frac{D}{c}.$$

以此代入式 (7-4-2) 并除以 $D(D \neq 0)$, 便得到所求平面方程为
$$\frac{x}{a} + \frac{y}{b} + \frac{z}{c} = 1. \tag{7-4-5}$$

方程 (7-4-5) 称为平面的截距式方程, 而 a, b, c 依次称为平面在 x, y, z 上的截距.

7.4.3 两平面的夹角

两平面的法线向量之间的夹角 (通常指锐角) 称为两平面的夹角.

设平面 Π_1, Π_2 的法线向量依次为 $\boldsymbol{n}_1 = (A_1, B_1, C_1)$ 和 $\boldsymbol{n}_2 = (A_2, B_2, C_2)$, 那么平面 Π_1, Π_2 的夹角 θ(图 7-4-3) 应是 $\widehat{(n_1 n_2)}$ 和 $\widehat{(-n_1 n_2)} = \pi - \widehat{(-n_1 n_2)}$ 两者中的锐角, 因此 $\cos\theta = |\cos\widehat{(n_1, n_2)}|$. 按两向量夹角余弦的坐标表示式, 平面 Π_1, Π_2 的夹角 θ 可由

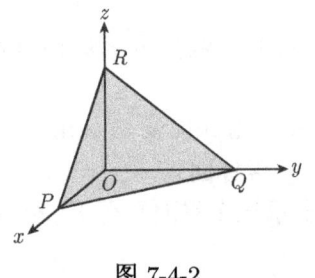

图 7-4-2   图 7-4-3

$$\cos\theta = \frac{|A_1 A_2 + B_1 B_2 + C_1 C_2|}{\sqrt{A_1^2 + B_1^2 + C_1^2} \cdot \sqrt{A_2^2 + B_2^2 + C_2^2}} \tag{7-4-6}$$

§7.4 平面及其方程

来确定.

从两向量垂直、平行的充分必要条件立即推得下列结论:

Π_1, Π_2 互相垂直相当于 $A_1A_2 + B_1B_2 + C_1C_2 = 0$;

Π_1, Π_2 互相平行或重合相当于 $\dfrac{A_1}{A_2} = \dfrac{B_1}{B_2} = \dfrac{C_1}{C_2}$.

例 7-4-5 求平面 $x - y + 2z - 6 = 0$ 和 $2x + y + z - 5 = 0$ 的夹角.

解 由式 (7-4-6) 有

$$\cos\theta = \frac{|1 \times 2 + (-1) \times 1 + 2 \times 1|}{\sqrt{1^2 + (-1)^2 + 2^2} \cdot \sqrt{2^2 + 1^2 + 1^2}} = \frac{1}{2},$$

因此, 所求夹角 $\theta = \dfrac{\pi}{3}$.

例 7-4-6 一平面通过两点 $M_1(1,1,1)$, $M_2(0,1,-1)$ 且垂直于平面 $x + y + z = 0$, 求它的方程.

解 设所求平面的法线向量为 $\boldsymbol{n} = (A, B, C)$. 因 $\overrightarrow{M_1M_2} = (-1, 0, -2)$ 在所求的平面上, 它必与 $\boldsymbol{n}$ 垂直, 所以有

$$-A - 2C = 0. \tag{7-4-7}$$

又因为所求平面的垂直于已知平面 $x + y + z = 0$, 所以又有

$$A + B + C = 0. \tag{7-4-8}$$

由式 (7-4-7)、式 (7-4-8) 得到

$$A = -2C, \quad B = C.$$

由平面的点法式方程可知, 所求平面方程为

$$A(x-1) + B(y-1) + C(z-1) = 0.$$

将 $A = -2C$ 及 $B = C$ 代入上式, 并约去 $C(C \neq 0)$, 便得

$$-2(x-1) + (y-1) + (z-1) = 0,$$

或

$$2x - y - z = 0.$$

这就是所求的平面方程.

7.4.4 点到平面的距离

设 $P_0(x_0, y_0, z_0)$ 是平面 $Ax + By + Cz + D = 0$ 外一点,则 P_0 到平面的距离可由下法求得.

在平面上任取一点 $P_1(x_1, y_1, z_1)$,并作一法线向量 $\boldsymbol{n}$,由图 7-4-4,并考虑到 $\overrightarrow{P_1P_0}$ 与 $\boldsymbol{n}$ 的夹角也可能是钝角,得所求距离

$$d = \left|\operatorname{Prj}_{\boldsymbol{n}} \overrightarrow{P_1P_0}\right|.$$

设 $\boldsymbol{e_n}$ 为和向量 $\boldsymbol{n}$ 方向一致的单位向量,那么有

$$\operatorname{Prj}_{\boldsymbol{n}} \overrightarrow{P_1P_0} = \overrightarrow{P_1P_0} \cdot \boldsymbol{e_n},$$

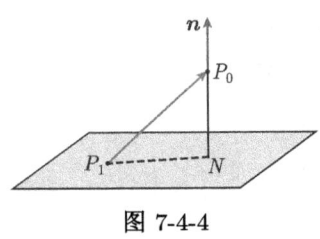

图 7-4-4

而

$$\boldsymbol{e_n} = \left(\frac{A(x-x_0)}{\sqrt{A^2+B^2+C^2}}, \frac{B(y-y_0)}{\sqrt{A^2+B^2+C^2}}, \frac{C(z-z_0)}{\sqrt{A^2+B^2+C^2}}\right),$$

所以

$$\operatorname{Prj}_{\boldsymbol{n}} \overrightarrow{P_1P_0} = \frac{A(x-x_0)}{\sqrt{A^2+B^2+C^2}} + \frac{B(y-y_0)}{\sqrt{A^2+B^2+C^2}} + \frac{C(z-z_0)}{\sqrt{A^2+B^2+C^2}}$$

$$= \frac{Ax_0 + By_0 + Cz_0 - (Ax_1 + By_1 + Cz_1)}{\sqrt{A^2+B^2+C^2}}.$$

由于

$$Ax_1 + By_1 + Cz_1 + D = 0,$$

所以

$$\operatorname{Prj}_{\boldsymbol{n}} \overrightarrow{P_1P_0} = \frac{Ax_0 + By_0 + Cz_0 + D}{\sqrt{A^2+B^2+C^2}}.$$

由此得点 $P_0(x_0, y_0, z_0)$ 到平面 $Ax + By + Cz + D = 0$ 的距离公式

$$d = \frac{|Ax_0 + By_0 + Cz_0 + D|}{\sqrt{A^2+B^2+C^2}}. \tag{7-4-9}$$

例 7-4-7 求点 $(2,1,1)$ 到平面 $x + y - z + 1 = 0$ 的距离.

解 因为

$$d = \frac{|Ax_0 + By_0 + Cz_0 + D|}{\sqrt{A^2+B^2+C^2}},$$

所以

$$d = \frac{|1 \times 2 + 1 \times 1 - 1 \times 1 + 1|}{\sqrt{1^2 + 1^2 + (-1)^2}} = \frac{3}{\sqrt{3}} = \sqrt{3}.$$

则点 $(2,1,1)$ 到平面 $x + y - z + 1 = 0$ 的距离是 $\sqrt{3}$.

习 题 7.4

1. 一平面平行于 xOz 坐标面, 且过点 $(2,-4,3)$, 求此平面方程.
2. 求平面 $2x - y + z = 7$ 与平面 $x + y + 2z = 1$ 之间的夹角.
3. 求平面 $2x + 2y + 6z = 12$ 在 x 轴、y 轴和 z 轴上的截距.
4. 点 $(1,1,1)$ 到平面 $x - y + z + 2 = 0$ 的距离是多少?
5. 两个平面方程分别为 $x - y + 5z + 3 = 0, x - 3y - z + 7 = 0$, 则这两个平面之间的关系如何?
6. 设一平面经过原点及 $(6, -3, 2)$, 且与平面 $4x - y + 2z = 8$ 垂直, 求此平面方程.

§7.5 空间直线及其方程

7.5.1 空间直线的一般方程

空间直线 L 可以看做两个平面 Π_1 和 Π_2 的交线 (图 7-5-1). 如果两个相交的平面 Π_1 和 Π_2 的方程分别为 $A_1x + B_1y + C_1z + D_1 = 0$ 和 $A_2x + B_2y + C_2z + D_2 = 0$, 那么直线 L 上的任一点的坐标应同时满足这两个平面的方程, 即应满足方程组

$$\begin{cases} A_1x + B_1y + C_1z + D_1 = 0, \\ A_2x + B_2y + C_2z + D_2 = 0. \end{cases} \quad (7\text{-}5\text{-}1)$$

反过来, 如果点 M 不在直线 L 上, 那么它不可能同时在平面 Π_1 和 Π_2 上, 所以它的坐标不满足方程组 (7-5-1). 因此, 直线 L 可以可以用方程组 (7-5-1) 来表示. 方程组 (7-5-1) 称为空间直线的一般方程.

通过空间一直线 L 的平面有无限多个, 只要在这无限多个平面中任意选取两个, 把它们联立起来, 所得的方程组就表示空间一直线 L.

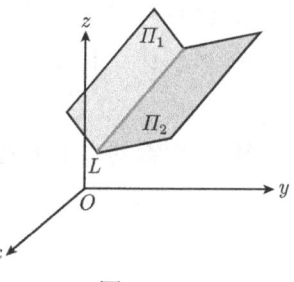

图 7-5-1

7.5.2 空间直线的对称式方程与参数式方程

如果一非零向量平行于一条已知直线, 这个向量称为这条直线的方向向量. 容易知道直线上任一向量都平行于该直线的方向向量.

由于过空间一点可作而且只能作一条直线平行于一已知直线, 所以当直线 L 上一点 $M_0(x_0, y_0, z_0)$ 和它的一方向向量 $\boldsymbol{s} = (m, n, p)$ 为已知时, 直线 L 的位置就完全确定了. 下面我们来建立这直线的方程.

设点 $M(x, y, z)$ 是直线 L 上任意一点, 那么向量 $\overrightarrow{M_0M}$ 与 L 的方向向量 $\boldsymbol{s}$ 平行 (图 7-5-2). 所以两向量的对应坐标成比例, 由于 $\overrightarrow{M_0M} = (x - x_0, y - y_0, z - z_0)$,

从而有

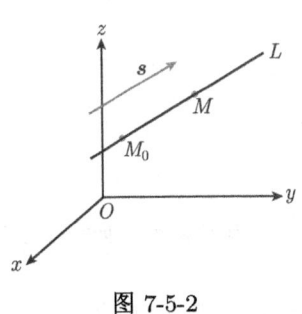

图 7-5-2

$$\frac{x-x_0}{m} = \frac{y-y_0}{n} = \frac{z-z_0}{p}. \qquad (7\text{-}5\text{-}2)$$

反过来, 如果点 M 不在直线 L 上, 那么由于 $\overrightarrow{M_0M}$ 与 s 不平行, 这两向量的对应坐标就不成比例. 因此方程组 (7-5-2) 就是直线 L 的方程, 称为直线的对称式方程或点向式方程.

直线的任一方向向量 s 的坐标 m, n, p 称为这直线的方向数, 而向量 s 的方向余弦称为该直线的方向余弦.

由直线的对称式方程容易导出直线的参数方程. 如设

$$\frac{x-x_0}{m} = \frac{y-y_0}{n} = \frac{z-z_0}{p} = t,$$

那么

$$\begin{cases} x = x_0 + mt, \\ y = y_0 + nt, \\ z = z_0 + pt. \end{cases} \qquad (7\text{-}5\text{-}3)$$

方程组 (7-5-3) 就是直线的参数式方程.

例 7-5-1 求直线 $\dfrac{x-2}{1} = \dfrac{y-3}{1} = \dfrac{z-4}{2}$ 与于平面 $2x+y+z-5=0$ 的交点.

解 所给的直线方程的参数方程是

$$\begin{cases} x = 2+t, \\ y = 3+t, \\ z = 4+2t, \end{cases}$$

代入方程平面中, 得

$$2(2+t) + (3+t) + (4+2t) - 5 = 0,$$

得 $t = -1$, 代入直线方程的参数式方程, 可得交点为 $(1, 2, 2)$.

7.5.3 两直线的夹角

两直线的方向向量的夹角 (通常指锐角) 称为两直线的夹角.

设直线 L_1 和 L_2 的方向向量依次为 $s_1 = (m_1, n_1, p_1)$ 和 $s_2 = (m_2, n_2, p_2)$, 那么 L_1 和 L_2 的夹角 ϕ 应是 $\widehat{(s_1 s_2)}$ 和 $\widehat{(-s_1 s_2)} = \pi - \widehat{(s_1 s_2)}$ 两者中的锐角, 因此

§7.5 空间直线及其方程

$\cos\phi = |\cos(\widehat{s_1, s_2})|$. 按两向量的夹角的余弦公式, 直线 L_1 和 L_2 的夹角 ϕ 可由

$$\cos(\widehat{L_1, L_2}) = \frac{|m_1 m_2 + n_1 n_2 + p_1 p_2|}{\sqrt{m_1^2 + n_1^2 + p_1^2} \cdot \sqrt{m_2^2 + n_2^2 + p_2^2}} \tag{7-5-4}$$

来确定.

从两向量垂直、平行的充分必要条件立即推得下列结论:

两直线 L_1 和 L_2 互相垂直相当于 $m_1 m_2 + n_1 n_2 + p_1 p_2 = 0$;

两直线 L_1 和 L_2 互相平行或重合相当于 $\dfrac{m_1}{m_2} = \dfrac{n_1}{n_2} = \dfrac{p_1}{p_2}$.

例 7-5-2 求过点 $M(2,1,3)$ 且与直线 $\dfrac{x+1}{3} = \dfrac{y-1}{2} = \dfrac{z}{-1}$ 垂直相交的直线方程.

解 过点 $M(2,1,3)$ 且垂直已知直线的平面方程为

$$3(x-2) + 2(y-1) - (z-3) = 0. \tag{7-5-5}$$

已知直线的参数方程

$$\begin{cases} x = -1 + 3t, \\ y = 1 + 2t, \\ z = -t, \end{cases} \tag{7-5-6}$$

将式 (7-5-6) 代入式 (7-5-5) 得 $t = \dfrac{3}{7}$, 即交点为 $\left(\dfrac{2}{7}, \dfrac{13}{7}, -\dfrac{3}{7}\right)$. 以 $M(2,1,3)$ 为起点交点 $\left(\dfrac{2}{7}, \dfrac{13}{7}, -\dfrac{3}{7}\right)$ 为终点的向量 $\left(\dfrac{2}{7}-2, \dfrac{13}{7}-1, -\dfrac{3}{7}-3\right) = -\dfrac{6}{7}(2, -1, 4)$. 所以, 所求直线方程为

$$\frac{x-2}{2} = \frac{y-1}{-1} = \frac{z-3}{4}.$$

【注意】 (1) 所求直线一定在过该点且垂直于已知直线的平面上, 故先求该平面 Π;

(2) 直线方程化成参数方程求出它与 Π 的交点 N;

(3) 由点 M, N 求出所求直线的方向向量, 用点斜式求出直线方程.

7.5.4 直线与平面的夹角

当直线与平面不垂直时, 直线和它在平面上的投影直线的夹角 $\phi\left(0 \leqslant \phi < \dfrac{\pi}{2}\right)$ 称为直线与平面的夹角 (图 7-5-3). 当直线与平面垂直时, 规定直线与平面夹角为 $\dfrac{\pi}{2}$.

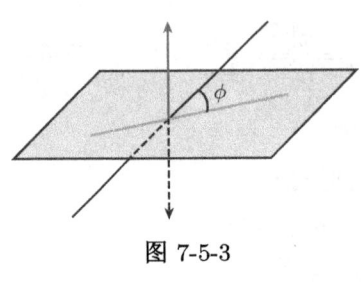

图 7-5-3

设直线 L 的方程是 $\dfrac{x-x_0}{m}=\dfrac{y-y_0}{n}=\dfrac{z-z_0}{p}$,
直线的方向为 $\boldsymbol{s}=(m,n,p)$;

平面 $\varPi$ 的方程是 $Ax+By+Cz+D=0$, 平面的法线向量为 $\boldsymbol{n}=(A,B,C)$, 直线与平面的夹角为 ϕ, 那么 $\phi=\left|\dfrac{\pi}{2}-(\widehat{\boldsymbol{s},\boldsymbol{n}})\right|$, 因此 $\sin\phi=|\cos(\widehat{\boldsymbol{s},\boldsymbol{n}})|$. 按两向量夹角余弦的坐标表示式, 有

$$\sin\phi=\dfrac{|Am+Bn+Cp|}{\sqrt{A^2+B^2+C^2}\cdot\sqrt{m^2+n^2+p^2}}. \qquad (7\text{-}5\text{-}7)$$

因为直线与平面垂直相当于直线的方向向量与平面的法线向量平行, 所以, 直线与平面垂直相当于

$$\dfrac{A}{m}=\dfrac{B}{n}=\dfrac{C}{p}. \qquad (7\text{-}5\text{-}8)$$

因为直线与平面平行或重合在平面上相当于直线的方向向量与平面的法线向量垂直, 所以, 直线与平面平行相当于

$$Am+Bn+Cp=0. \qquad (7\text{-}5\text{-}9)$$

例 7-5-3 设直线 $L:\dfrac{x-1}{2}=\dfrac{y}{-1}=\dfrac{z+1}{2}$, 平面 $\varPi:x-y+2z=3$, 求直线和平面的夹角.

解 设直线与平面的夹角为 ϕ, 因为直线与平面的夹角公式为

$$\sin\phi=\dfrac{|Am+Bn+Cp|}{\sqrt{A^2+B^2+C^2}\cdot\sqrt{m^2+n^2+p^2}},$$

所以

$$\sin\phi=\dfrac{|1\times 2+(-1)(-1)+2\times 2|}{\sqrt{1^2+(-1)^2+2^2}\cdot\sqrt{2^2+(-1)^2+2^2}}=\dfrac{7}{6},$$

即

$$\phi=\arcsin\dfrac{7}{6}.$$

例 7-5-4 求与两平面 $x-4z=3$ 和 $2x-y-5z=1$ 的交线平行且过点 $(-3,2,5)$ 的直线方程.

解 因为所求直线与两平面的交线平行, 也就是直线的方向向量 $\boldsymbol{s}$ 一定同时与两平面的法线向量 $\boldsymbol{n}_1,\boldsymbol{n}_2$ 垂直, 所以可以取

$$\boldsymbol{s}=\boldsymbol{n}_1\times\boldsymbol{n}_2=\begin{vmatrix}\boldsymbol{i}&\boldsymbol{j}&\boldsymbol{k}\\1&0&-4\\2&-1&-5\end{vmatrix}=-(4\boldsymbol{i}+3\boldsymbol{j}+\boldsymbol{k}),$$

因此所求直线的方程为
$$\frac{x+3}{4}=\frac{y-2}{3}=\frac{z-5}{1}.$$

本例实际上给出了如何把直线的一般式方程转化为对称式方程的一般方法. 直线上的点可以由联立方程赋值取得.

习题 7.5

1. 直线 $l:\dfrac{x+3}{-2}=\dfrac{y+4}{-7}=\dfrac{z}{3}$ 和平面 $\Pi:4x-2y-2z=3$ 的关系如何?

2. 平面 Π 垂直于直线 l,n_Π 为平面 Π 的法线方向,n_l 为直线 l 的方向,则必有 n_Π 与 n_l 之间的什么关系?

3. 求平行于两平面:$x+2z=4$, $y-3z=-9$,且通过点 $(0,2,4)$ 的直线方程.

4. 求过点 $M(1,2,1)$ 且与两直线 $l_1:\begin{cases}x+2y-z+5=0,\\x-y+z+1=0\end{cases}$ 和 $l_2:\begin{cases}2x-y+z+1=0,\\x-y+z+2=0\end{cases}$ 都平行的平面方程.

5. 将直线方程 $L:\begin{cases}x-y+z=1,\\2x+y+z=4\end{cases}$ 化为对称方程及参数方程.

6. 求过点 $M(1,1,-2)$,且与平面 $\Pi:x+2y-z+6=0$ 平行,又与直线 $L:\dfrac{x-3}{1}=\dfrac{y+2}{4}=\dfrac{z}{1}$ 垂直的直线方程.

7. 求过点 $(-1,-4,3)$ 且与直线 $L_1:\begin{cases}2x-4y+z=0,\\x+3y+5=0\end{cases}$ 和 $L_2:\begin{cases}x=2+4t,\\y=-1-t,\\z=-3+2t\end{cases}$ 均垂直的直线方程.

8. 求过点 $(-1,0,4)$,平行于平面 $3x-4y+z=10$ 且与直线 $x+1=y-3=\dfrac{z}{2}$ 相交的直线方程.

§7.6 曲面及其方程

7.6.1 曲面方程的概念

在日常生活中,我们经常会遇到各种曲面,如反光镜的镜面、管道的外表面以及锥面等.

像在平面解析几何中把平面曲线当做动点的轨迹一样,在空间解析几何中,任何曲面都看做点的几何轨迹. 在这样的意义下,我们给出曲面方程的定义:如果曲面 S 与三元方程
$$F(x,y,z)=0 \tag{7-6-1}$$

有下述关系：

(1) 曲面 S 上任意一点的坐标都满足方程；

(2) 不在曲面 S 上任意一点的坐标都不满足方程.

那么，方程 (7-6-1) 就叫做曲面的方程，而曲面 S 就叫方程 (7-6-1) 的图形(图 7-6-1).

现在我们来建立几个常见曲面的方程.

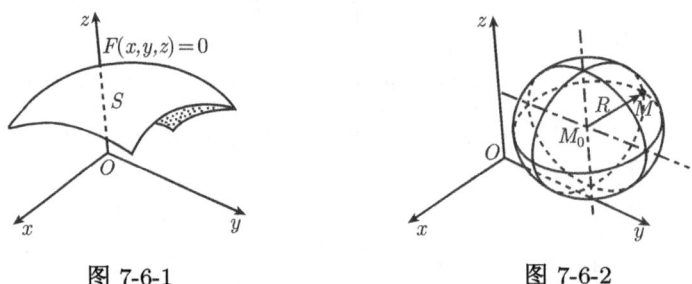

图 7-6-1　　　　　　　　图 7-6-2

例 7-6-1 建立球心在点 $M_0(x_0, y_0, z_0)$，半径为 R 的球面方程 (图 7-6-2).

解 设 $M(x, y, z)$ 是球面上任一点，由于

$$|M_0M| = \sqrt{(x-x_0)^2 + (y-y_0)^2 + (z-z_0)^2},$$

于是所求球面方程为

$$(x-x_0)^2 + (y-y_0)^2 + (z-z_0)^2 = R^2. \tag{7-6-2}$$

如果球心在原点，即 $x_0 = y_0 = z_0 = 0$，从而球面方程为

$$x^2 + y^2 + z^2 = R^2.$$

例 7-6-2 设有点 $A(1, 2, 3)$ 和 $B(2, -1, 4)$，求线段 AB 的垂直平分面的方程.

解 垂直平分面可以看成到两定点 A 和 B 为等距离的动点 $M(x, y, z)$ 的轨迹，因此垂直平分面上的点 M 的特征性质为 $|AM| = |BM|$，而

$$|AM| = \sqrt{(x-1)^2 + (y-2)^2 + (z-3)^2},$$
$$|BM| = \sqrt{(x-2)^2 + (y+1)^2 + (z-4)^2},$$

从而得

$$\sqrt{(x-1)^2 + (y-2)^2 + (z-3)^2}$$
$$= \sqrt{(x-2)^2 + (y+1)^2 + (z-4)^2},$$

§7.6 曲面及其方程

化简得
$$2x - 6y + 2z - 7 = 0,$$
即为所求的垂直平分面的方程.

例 7-6-3 方程 $x^2 + y^2 + z^2 - 2x + 4y = 0$ 表示什么曲面?

解 配方将方程配成
$$(x-1)^2 + (y+2)^2 + z^2 = (\sqrt{5})^2,$$
确定该曲面为以 $(1, -2, 0)$ 球心,半径为 $\sqrt{5}$ 的球面.

一般地,设有三元二次方程
$$Ax^2 + Ay^2 + Az^2 + Dx + Ey + Fz + G = 0,$$
这个方程的特点是缺 xy, yz, zx 各项,而且平方项系数相同,只要将方程经过配方可以化成方程 (7-6-2) 的形式,那么它的图形就是一个球面.

7.6.2 旋转曲面

以一条平面曲线绕其平面上的一条直线旋转一周所成的曲面称为 *旋转曲面*. 平面曲线称为旋转曲面的 *母线*,定直线称为旋转曲面的 *轴*.

例如,设在 yOz 坐标面上有一已知曲线 C,它的方程为 $f(y,z) = 0$,把这曲线绕 z 轴转一周,就得到一个以 z 轴为轴的旋转曲面 (图 7-6-3),它的方程可以求得如下. 设 $M_1(0, y_1, z_1)$ 为曲线 C 上的任一点,那么有
$$f(y_1, z_1) = 0. \tag{7-6-3}$$

当曲线 C 绕 z 轴旋转时,点 M_1 绕 z 轴旋转到另一点 $M(x, y, z)$,这时 $z = z_1$ 保持不变,且点 M 到 z 轴的距离
$$d = \sqrt{x^2 + y^2} = |y_1|.$$
将 $z = z_1$, $y_1 = \pm\sqrt{x^2 + y^2}$ 代入式 (7-6-3),就有
$$f(\pm\sqrt{x^2 + y^2}, z) = 0, \tag{7-6-4}$$
这就是所求旋转曲面的方程.

由此可知,曲线 C 的方程 $f(y, z) = 0$ 中将 y 改成 $\pm\sqrt{x^2 + y^2}$,便得曲线 C 绕 z 轴旋转所成的旋转曲面的方程.

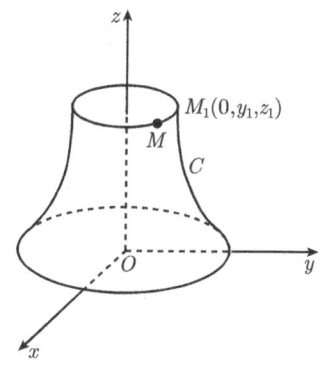

图 7-6-3

同理，曲线 C 绕 y 轴旋转所成的旋转曲面的方程为

$$f(y, \pm\sqrt{x^2+z^2}) = 0. \tag{7-6-5}$$

例 7-6-4 直线 L 绕另一条与直线 L 相交的直线旋转一周，所得旋转曲面叫圆锥面．两直线的交点叫圆锥面的顶点，两直线的夹角 $\alpha\left(0 < \alpha < \dfrac{\pi}{2}\right)$ 叫圆锥面的半顶角．试证明顶点在坐标原点、旋转轴为 z 轴、半顶角为 α 的圆锥面方程为 $z^2 = a^2(x^2 + y^2)$．

解 因为 yOz 面上，直线 L 的方程为

$$z = y\cot\alpha, \tag{7-6-6}$$

因为旋转轴为 z 轴，所以只要将式 (7-6-6) 中的 y 改为 $\pm\sqrt{x^2 + y^2}$ 便得到圆锥面方程（图 7-6-4）：

$$z = \pm\sqrt{x^2 + y^2}\cot\alpha, \tag{7-6-7}$$

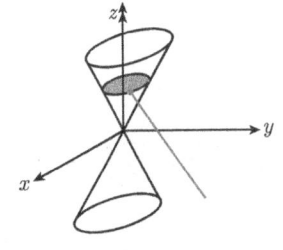

图 7-6-4

或

$$z^2 = a^2(x^2 + y^2),$$

其中 $a = \cot\alpha$．

例 7-6-5 将双曲线 $\dfrac{x^2}{a^2} - \dfrac{z^2}{c^2} = 1$ 分别绕 x 轴和 z 轴绕对应的轴旋转一周，求生成的旋转曲面的方程．

解 绕 x 轴旋转曲面的方程为旋转双叶双曲面 $\dfrac{x^2}{a^2} - \dfrac{y^2 + z^2}{c^2} = 1$（图 7-6-5）．

绕 z 轴旋转曲面的方程为旋转单叶双曲面 $\dfrac{x^2 + y^2}{a^2} - \dfrac{z^2}{c^2} = 1$（图 7-6-6）．

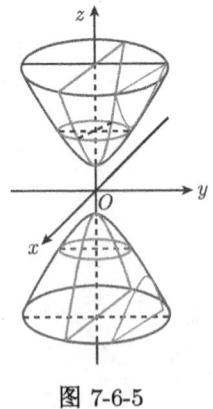

图 7-6-5

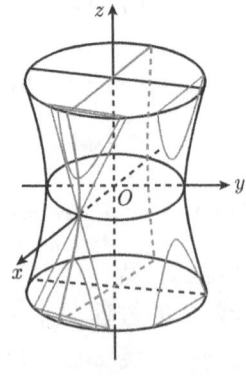

图 7-6-6

7.6.3 柱面

我们先分析一个具体的例子.

例 7-6-6 方程 $x^2 + y^2 = R^2$ 表示怎样的曲面?

解 方程 $x^2 + y^2 = R^2$ 在 xOy 面上表示圆心在原点 O、半径为 R 的圆. 在空间直角坐标系中, 这方程不含竖坐标 z, 即不论空间点的竖坐标 z 怎样, 只要它的横坐标 x 和纵坐标 y 能满足这方程, 那么这些点就在这曲面上. 这就是说, 凡是通过 xOy 面内圆 $x^2 + y^2 = R^2$ 上一点 $M(x,y,0)$, 且平行于 z 轴的直线 l 沿 xOy 面上的圆 $x^2 + y^2 = R^2$ 移动而形成的, 这曲面称为圆柱面 (图 7-6-7), xOy 面上的圆 $x^2 + y^2 = R^2$ 称为它的准线, 这平行于 z 轴的直线 l 称为它的母线.

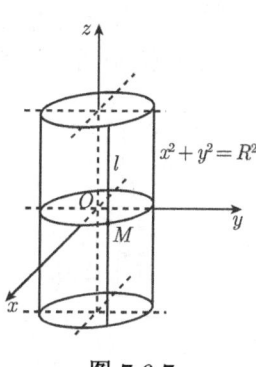

图 7-6-7

一般地, 我们有如下定义:

平行于定直线并沿定曲线移动的直线所形成的曲面称为**柱面**(图 7-6-7). 这条定曲线称为柱面的**准线**, 动直线称为柱面的**母线**.

例如, 方程 $y^2 = 2x$ 表示母线平行于 z 轴的柱面, 它的准线是 xOy 面上的抛物线 $y^2 = 2x$, 该柱面称为抛物柱面 (图 7-6-8).

又如, 方程 $x - y = 0$, 表示母线平行于 z 轴的柱面, 其准线是 xOy 面上的直线 $x - y = 0$, 所以它是过 z 轴的平面 (图 7-6-9).

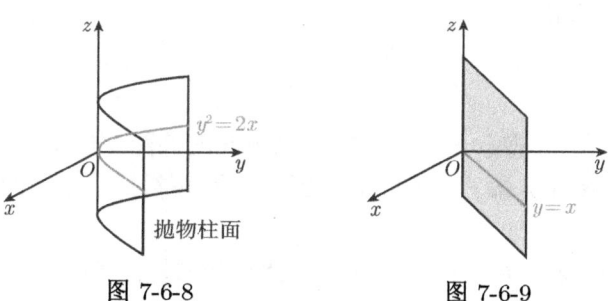

图 7-6-8　　　　图 7-6-9

一般地, 只含 x, y 而缺 z 的方程 $F(x, y) = 0$ 在空间直角坐标系中表示母线平行于 z 轴的柱面, 其准线是 xOy 面上的曲线 $C: F(x, y) = 0$ (图 7-6-10).

类似可知, 柱面有以下特征:

(1) 缺一个变量, 且缺哪一个变量, 说明母线平行哪个轴;

(2) 准线方程即是柱面方程, 准线形状决定柱面名称.

例如, 方程 $x - z = 0$ 表示母线平行于 y 轴的柱面, 其准线是 xOz 面上的直线 $x - z = 0$. 所以它是过 y 轴的平面 (图 7-6-11).

7.6.4 二次曲面

二次曲面的定义：三元二次方程 $F(x,y,z)=0$ 所表示的曲面称为**二次曲面**. 而把平面称为**一次曲面**.

二次曲面有九种，适当选取空间直角坐标系，可得它们的标准方程. 下面就 9 种二次曲面的标准方程来讨论二次曲面的形状.

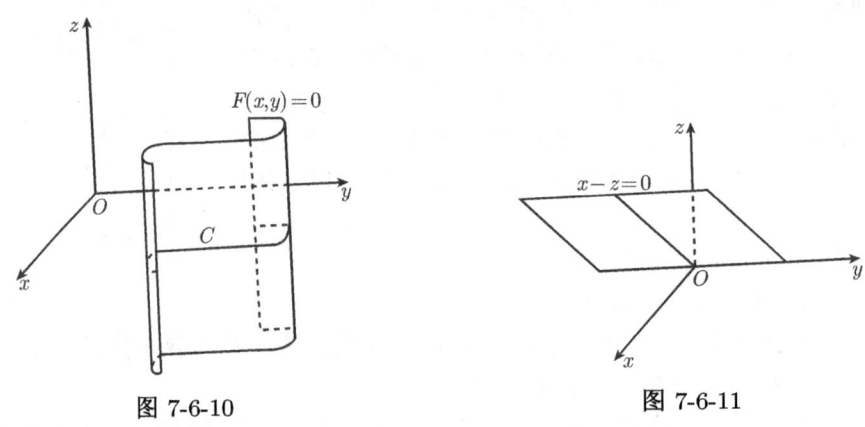

图 7-6-10　　　　　　　　图 7-6-11

1. 椭圆锥面 $\dfrac{x^2}{a^2}+\dfrac{y^2}{b^2}=z^2$

以垂直于 z 轴的平面 $z=t$ 截此曲面，当 $t=0$ 时，得一点 $(0,0,0)$；当 $t\neq 0$ 时，得平面 $z=t$ 上的椭圆：

$$\frac{x^2}{(at)^2}+\frac{y^2}{(bt)^2}=1.$$

当 t 变化时，上式表示一族长短轴比例不变的椭圆，当 $|t|$ 从大到小并变为 0 时，这族椭圆从大到小并缩为一点. 综合上述讨论，可得椭圆锥面的形状如图 7-6-12 所示.

平面 $z=t$ 与曲面 $F(x,y,z)=0$ 的交线称为**截痕**. 通过综合截痕的变化来了解曲面形状的方法称为**截痕法**.

我们还可以用伸缩变形的方法来得出椭圆锥面的形状. 先说明 xOy 平面上的图形伸缩变形的方法. xOy 平面上，把点 $M(x,y)$ 变为 $M'(x,\lambda y)$，从而把点 M 的轨迹 C 变为点 M' 的轨迹 C'，称为把图形 C 沿 y 轴方向伸缩 λ 倍变成图形 C'. 假如 C 为曲线 $F(x,y)=0$，点 $M(x_1,y_1)\in C$，点 M 变为点 $M'(x_2,y_2)$，其中 $x_2=x_1, y_2=\lambda y_1$，即 $x_1=x_2, y_1=\dfrac{1}{\lambda}y_2$，因点 $M\in C$，有 $F(x_1,y_1)=0$，故 $F\left(x_2,\dfrac{1}{\lambda}y_2\right)=0$，因此点 $M'(x_2,y_2)$ 的轨迹 C' 的方程为 $F\left(x,\dfrac{1}{\lambda}y\right)=0$. 例如，把

§7.6 曲面及其方程

圆 $x^2+y^2=a^2$ 沿 y 轴方向伸缩 $\dfrac{b}{a}$ 倍，就变为椭圆 $\dfrac{x^2}{a^2}+\dfrac{y^2}{b^2}=1$(图 7-6-13).

类似地，把空间图形沿 y 轴方向伸缩 $\dfrac{b}{a}$ 倍，那么圆锥面 $\dfrac{x^2+y^2}{a^2}=z^2$(图 7-6-4) 即变为椭圆锥面 $\dfrac{x^2}{a^2}+\dfrac{y^2}{b^2}=z^2$(图 7-6-12).

利用圆锥面（旋转曲面）的伸缩变形来得出椭圆锥面的形状，这种方法是研究曲面形状的一种较方便的方法.

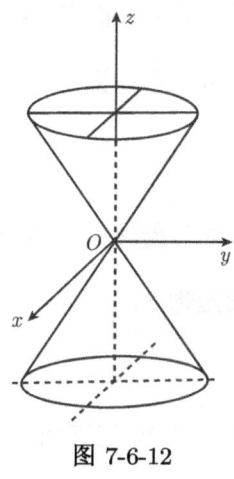

图 7-6-12

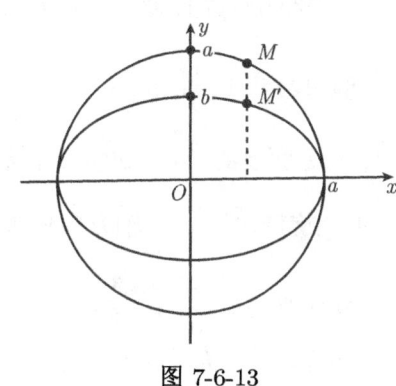

图 7-6-13

2. 椭球面 $\dfrac{x^2}{a^2}+\dfrac{y^2}{b^2}+\dfrac{z^2}{c^2}=1$

把 xOz 面上的 $\dfrac{x^2}{a^2}+\dfrac{z^2}{c^2}=1$ 绕 z 轴旋转，所得曲面称为旋转椭球面，其方程为 $\dfrac{x^2+y^2}{a^2}+\dfrac{z^2}{c^2}=1$. 再把旋转椭球面沿 y 轴方向伸缩 $\dfrac{b}{a}$ 倍，便得椭球面 $\dfrac{x^2}{a^2}+\dfrac{y^2}{b^2}+\dfrac{z^2}{c^2}=1$ 的形状，如图 7-6-14 所示.

当 $a=b=c$ 时，方程 $\dfrac{x^2}{a^2}+\dfrac{y^2}{b^2}+\dfrac{z^2}{c^2}=1$ 成为 $x^2+y^2+z^2=a^2$，这是球心在原点、半径为 a 的球面. 显然，球面是旋转椭球面的特殊情形，旋转椭球面是椭球面的特殊情形. 把球面 $x^2+y^2+z^2=a^2$ 沿 z 轴方向伸缩 $\dfrac{c}{a}$ 倍，即得旋转椭球面 $\dfrac{x^2+y^2}{a^2}+\dfrac{z^2}{c^2}=1$；再沿 y 轴方向伸缩 $\dfrac{b}{a}$ 倍，即得椭球面 $\dfrac{x^2}{a^2}+\dfrac{y^2}{b^2}+\dfrac{z^2}{c^2}=1$.

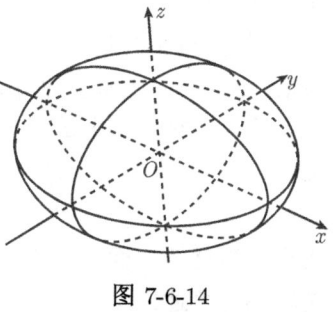

图 7-6-14

3. 单叶双曲面 $\dfrac{x^2}{a^2} + \dfrac{y^2}{b^2} - \dfrac{z^2}{c^2} = 1$

把 xOz 面上的 $\dfrac{x^2}{a^2} - \dfrac{z^2}{c^2} = 1$ 绕 z 轴旋转, 得旋转单叶双曲面 $\dfrac{x^2+y^2}{a^2} - \dfrac{z^2}{c^2} = 1$ (图 7-6-5). 把此旋转曲面沿 y 轴方向伸缩 $\dfrac{b}{a}$ 倍, 即得单叶双曲面.

4. 双叶双曲面 $\dfrac{x^2}{a^2} - \dfrac{y^2}{b^2} - \dfrac{z^2}{c^2} = 1$

把 xOz 面上的 $\dfrac{x^2}{a^2} - \dfrac{z^2}{c^2} = 1$ 绕 x 轴旋转, 得旋转双叶双曲面 $\dfrac{x^2}{a^2} - \dfrac{y^2+z^2}{c^2} = 1$ (图 7-6-6). 把此旋转曲面沿 y 轴方向伸缩 $\dfrac{b}{c}$ 倍, 即得双叶双曲面.

5. 椭圆抛物面 $\dfrac{x^2}{a^2} + \dfrac{y^2}{b^2} = z$

把 xOz 面上的 $\dfrac{x^2}{a^2} = z$ 绕 z 轴旋转, 所得的曲面叫做旋转抛物面, 如图 7-6-15 所示. 把此旋转曲面沿 y 轴方向伸缩 $\dfrac{b}{a}$ 倍, 即得椭圆抛物面.

6. 双曲抛物面 $\dfrac{x^2}{a^2} - \dfrac{y^2}{b^2} = z$

双曲抛物面又称马鞍面, 我们用截痕法来讨论它的形状. 用平面 $x = t$ 截此曲面, 所得截痕 l 为平面 $x = t$ 上的抛物线

$$-\dfrac{y^2}{b^2} = z - \dfrac{t^2}{a^2}.$$

此抛物线开口朝下, 其顶点坐标为

$$x = t, \quad y = 0, \quad z = \dfrac{t^2}{a^2}.$$

当 t 变化时, l 的形状不变, 位置只作平移, 而 l 的顶点的轨迹 L 为平面 $y = 0$ 上的抛物线 $z = \dfrac{x^2}{a^2}$.

因此, 以 l 为母线、L 为准线、母线 l 的顶点在准线 L 上滑动, 且母线作平行移动, 这样得到的曲面便是双曲抛物面, 如图 7-6-16 所示.

还有三种二次曲面是以三种二次曲线为准线的柱面:

$$\dfrac{x^2}{a^2} + \dfrac{y^2}{b^2} = 1, \quad \dfrac{x^2}{a^2} - \dfrac{y^2}{b^2} = 1, \quad x^2 = ay.$$

依次称为椭圆柱面、双曲柱面、抛物柱面. 柱面的形状在 7.6.3 小节中已经讨论过, 这里不再赘述.

§7.7 空间曲线及其方程

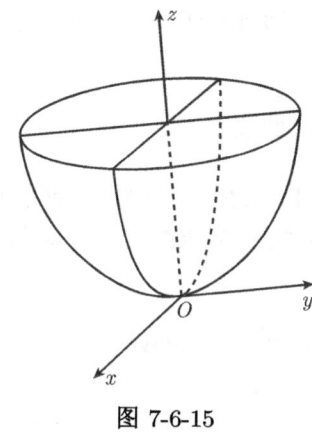

图 7-6-15

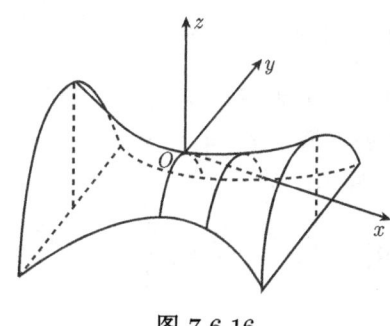

图 7-6-16

习　题　7.6

1. 将 xOz 坐标平面上的双曲线 $\dfrac{x^2}{a^2} - \dfrac{z^2}{c^2} = 1$ 绕 x 轴旋转一周，求所生成的旋转曲面方程?

2. 求过点 $\left(0, \dfrac{1}{2}, \dfrac{1}{2}\right)$ 且母线平行于 x 轴的柱面方程.

3. 对于曲面 $\dfrac{x^2}{36} + \dfrac{y^2}{9} + \dfrac{z^2}{36} = 1$，是由在 xOy 坐标平面上母线 $\dfrac{x^2}{36} + \dfrac{y^2}{9} = 1$ 绕 x 轴旋转而成的吗?

4. 求由曲面 $z = 2x^2 + 2y^2$ 及 $z = -x^2 - y^2 + 6$ 所围成的立体在 xOy 面上的投影区域.

5. 在空间直角坐标系中，$\dfrac{x^2}{a^2} - \dfrac{y^2}{b^2} + \dfrac{z^2}{c^2} = 1$ 是什么曲面?

§7.7　空间曲线及其方程

7.7.1　空间曲线的一般方程

空间曲线 C 可看做空间两曲面的交线. 设 $F(x, y, z) = 0$ 和 $G(x, y, z,) = 0$ 是两个曲面方程，它们的交线为 C(图 7-7-1). 因为曲线 C 上任何点的坐标同时满足这两个曲面方程，所以应满足曲面方程组

$$\begin{cases} F(x, y, z) = 0, \\ G(x, y, z,) = 0. \end{cases} \tag{7-7-1}$$

反之，如果点 M 不在曲线 C 上，那么它不可能同时在两个曲面上，所以它的坐标不满足曲面方程组 (7-7-1)，因此，曲线 C 可以用方程组 (7-7-1) 来表示. 方程组 (7-7-1) 叫做空间曲线 C 的一般方程.

空间曲线的一般方程的特点：曲线上的点都满足方程，满足方程的点都在曲线上，不在曲线上的点不能同时满足两个方程．

例 7-7-1 方程组 $\begin{cases} x^2 + y^2 = 1 \\ x + 3z = 6 \end{cases}$ 表示怎样的曲线？

解 方程 $x^2 + y^2 = 1$ 表示母线平行 z 轴的圆的柱面，其准线是 xOy 面上的圆，圆心在原点 O，半径为 1．方程 $x + 3z = 6$ 表示平面，方程组表示柱面与平面的交线 (图 7-7-2)．

例 7-7-2 方程组 $\begin{cases} z = \sqrt{a^2 - x^2 - y^2} \\ \left(x - \dfrac{a}{2}\right)^2 + y^2 = \dfrac{a^2}{4} \end{cases}$ 表示怎样的曲线？

解 方程 $z = \sqrt{a^2 - x^2 - y^2}$ 表示球心在原点 O，半径为 a 的上半球面．方程 $\left(x - \dfrac{a}{2}\right)^2 + y^2 = \dfrac{a^2}{4}$ 表示母线平行 z 轴的圆柱面，其准线是 xOy 面上的圆，圆心在点 $\left(\dfrac{a}{2}, 0\right)$，半径为 $\dfrac{a}{2}$．方程组表示上半球面与圆柱面的交线 (图 7-7-3)．

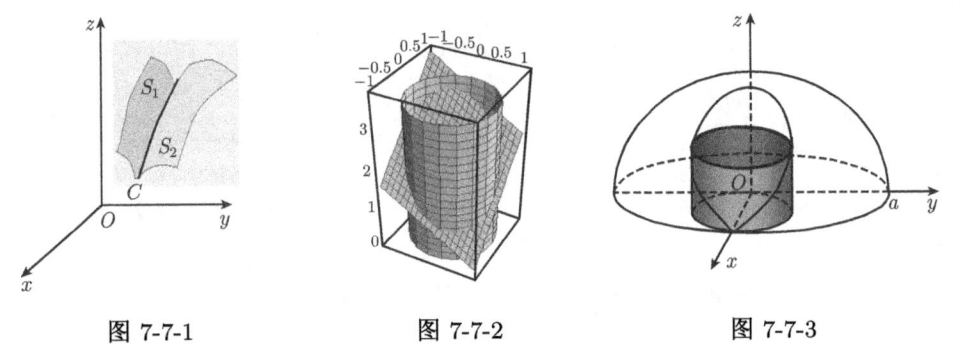

图 7-7-1　　　　图 7-7-2　　　　图 7-7-3

7.7.2 空间曲线的参数方程

空间曲线 C 除了一般方程外，也可以用参数形式表示，只要将 C 上动点的坐标 x, y, z 表示为参数 t 的函数：

$$\begin{cases} x = x(t), \\ y = y(t), \\ z = z(t). \end{cases} \quad (7\text{-}7\text{-}2)$$

当给定 $t = t_1$ 时，就得到 C 上一点 (x_1, y_1, z_1)；随着 t 的变动便可得到空间曲线 C 上的全部点．方程 (7-7-2) 称为空间曲线的参数方程．

例 7-7-3 如果空间一点 M 在圆柱面 $x^2 + y^2 = a^2$ 上以角速度 ω 绕 z 轴旋转，同时又以速度 v 沿平行于 z 轴的正方向上升 (其中 ω, v 都是常数)，那么点 M

构成的图形叫做螺旋线. 试建立其参数方程.

解 取时间 t 为参数. 设当 $t=0$ 时, 动点位于 x 轴的一点 $A(a,0,0)$ 处. 经过时间 t, 动点由 A 运动到 $M(x,y,z)$(图 7-7-4). 记 M 在 xOy 面上的投影为 M', M' 的坐标为 $(x,y,0)$. 由于动点在圆柱面以角速度 ω 绕 z 轴旋转, 所以经过时间 t, $\angle AOM' = \omega t$. 从而

$$x = |OM'|\cos\angle AOM' = a\cos\omega t, \quad y = |OM'|\sin\angle AOM' = a\sin\omega t.$$

由于动点同时以速度 v 沿平行于 z 轴的正方向上升, 所以 $z = M'M = vt$.

因此螺旋线的参数方程为

$$\begin{cases} x = a\cos(\omega t), \\ y = a\sin(\omega t), \\ z = v(t), \end{cases}$$

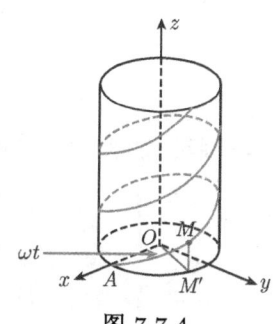

图 7-7-4

也可以用其他变量 θ 作参数. 令 $\theta = \omega t$, $b = \dfrac{v}{\omega}$, 则螺旋线的参数方程可写作

$$\begin{cases} x = a\cos\theta, \\ y = a\sin\theta, \\ z = b\theta. \end{cases}$$

螺旋线是实践中常用的曲线. 例如, 螺丝钉的外缘曲线就是螺旋线. 当我们拧紧螺丝钉时, 它的外缘曲线上的任一点 M, 一方面绕螺丝钉的轴旋转, 另一方面又沿平行于轴线的方向前进, 点 M 就走出一段螺旋线.

螺旋线有一个重要的性质: 当 θ 从 θ_0 变到 $\theta_0+\alpha$ 时, z 由 $b\theta_0$ 变到 $b\theta_0+b\alpha$. 这说明当 OM' 转过角 α 时, M 点沿螺旋线上升了高度 $b\alpha$, 即上升的高度与 OM' 转过角度成正比. 特别当 OM' 转过一周, 即 $\alpha = 2\pi$ 时, M 点就上升固定的高度 $h = 2\pi b$, 这个高度 $h = 2\pi b$ 在工程上称为螺距.

例 7-7-4 求曲线 $\begin{cases} (x-1)^2 + y^2 + (z+1)^2 = 4, \\ z = 0 \end{cases}$ 的参数方程.

解 因为 $(x-1)^2 + y^2 + (z+1)^2 = 4$, 设 $x-1 = \sqrt{3}\cos\theta$, $y = \sqrt{3}\sin\theta$, 所以, 参数方程为

$$\begin{cases} x = 1 + \sqrt{3}\cos\theta, \\ y = \sqrt{3}\sin\theta, \\ z = 0. \end{cases}$$

*7.7.3 曲面的参数方程

下面简单介绍一下曲面的参数方程. 曲面的参数方程通常是含两个参数的方程, 形如

$$\begin{cases} x = x(s,t), \\ y = y(s,t), \\ z = z(s,t). \end{cases} \tag{7-7-3}$$

例如, 空间曲线 Γ

$$\begin{cases} x = \varphi(t), \\ y = \phi(t), \quad \alpha \leqslant t \leqslant \beta, \\ z = \omega(t), \end{cases}$$

绕 z 轴旋转, 所得旋转曲面的方程为

$$\begin{cases} x = \sqrt{[\varphi(t)]^2 + [\phi(t)]^2} \cos\theta, \\ y = \sqrt{[\varphi(t)]^2 + [\phi(t)]^2} \sin\theta, \quad \alpha \leqslant t \leqslant \beta, 0 \leqslant \theta \leqslant 2\pi. \\ z = \omega(t), \end{cases} \tag{7-7-4}$$

这是因为, 固定一个 t, 得 Γ 上一点 $M_1(\varphi(t), \phi(t), \omega(t))$, 点 M_1 绕 z 轴旋转, 得空间的一个圆, 该圆在平面 $z = \omega(t)$ 上, 其半径为点 M_1 到 z 轴的距离 $\sqrt{[\varphi(t)]^2 + [\phi(t)]^2}$, 因此, 固定一个 t 的方程 (7-7-4) 就是该圆的参数方程. 再令 t 在 $[\alpha, \beta]$ 内变动, 方程 (7-7-4) 便是旋转曲面的方程.

例如, 直线

$$\begin{cases} x = 1, \\ y = t, \\ z = 2t \end{cases}$$

绕 z 轴旋转, 所得旋转曲面 (图 7-7-5) 的方程为

$$\begin{cases} x = \sqrt{1+t^2} \cos\theta, \\ y = \sqrt{1+t^2} \sin\theta, \\ z = 2t, \end{cases}$$

上式消去 t 和 θ, 得曲面的直角坐标方程为 $x^2 + y^2 = 1 + \dfrac{z^2}{4}$.

又如, 球面 $x^2 + y^2 + z^2 = a^2$ 可看成 zOx 面上的半圆周

$$\begin{cases} x = a\sin\phi, \\ y = 0, \quad 0 \leqslant \phi \leqslant \pi \\ z = a\cos\phi, \end{cases}$$

§7.7 空间曲线及其方程

绕 z 轴旋转所得球面 (图 7-7-5) 的方程为

$$\begin{cases} x = a\sin\phi\cos\theta, \\ y = a\sin\phi\sin\theta, \qquad 0 \leqslant \phi \leqslant \pi, 0 \leqslant \theta \leqslant 2\pi. \\ z = a\cos\phi, \end{cases}$$

7.7.4 空间曲线在坐标面上的投影

设空间曲线 C 的一般方程:

$$\begin{cases} F(x,y,z) = 0, \\ G(x,y,z,) = 0. \end{cases} \qquad (7\text{-}7\text{-}5)$$

现在我们来研究方程组 (7-7-5) 消去变量 z 后所得的方程

$$H(x,y) = 0. \qquad (7\text{-}7\text{-}6)$$

由于方程 (7-7-6) 是由方程组 (7-7-5) 消去变量 z 后所得的结果,因此当 x, y 和 z 满足方程组 (7-7-5) 时,前两个数 x,y 必定满足方程 (7-7-6), 这说明曲线 C 的所有点都在由方程 (7-7-6) 所表示的曲面上 (图 7-7-6).

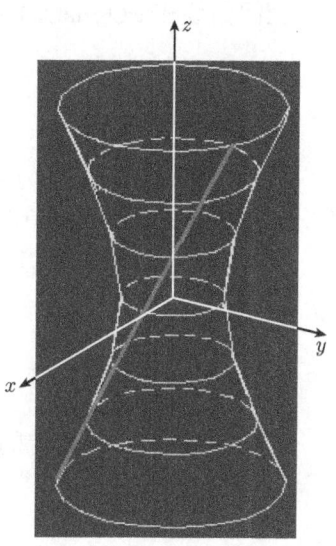

图 7-7-5

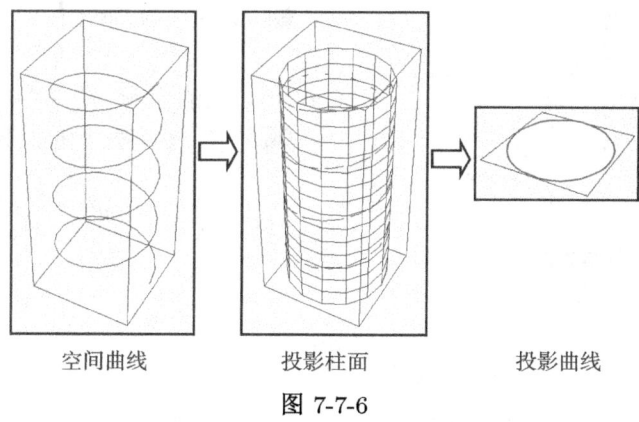

空间曲线　　　投影柱面　　　投影曲线

图 7-7-6

由 7.6 节知道方程 (7-7-6) 表示一个母线平行于 z 轴的柱面. 由上面的讨论可知, 这柱面必定包含曲线 C. 以曲线 C 为准线、母线平行于 z 轴 (即垂直于 xOy 面) 的柱面叫做曲线 C 关于 xOy 面的投影柱面, 投影柱面与 xOy 面的交线称为空间曲线 C 在 xOy 面上的投影曲线, 或简称投影. 因此, 方程 (7-7-6) 表示的柱面必定包含投影柱面, 而方程 $\begin{cases} H(x,y) = 0, \\ z = 0 \end{cases}$ 所表示的曲线必定包含空间曲线 C 在 xOy 面上的投影.

投影柱面的特征: 以此空间曲线为准线, 垂直于所投影的坐标面.

空间曲线在 xOy 面上的投影曲线是

$$\begin{cases} H(x,y) = 0, \\ z = 0. \end{cases}$$

同理, 由方程组 (7-7-5) 消去变量 x 或变量 y, 再分别和 $x = 0$ 或 $y = 0$ 联立, 我们就可以得到包含曲线 C 在 zOy 面或 xOz 面上的投影的曲线方程.

空间曲线在 zOy 面上的投影曲线为

$$\begin{cases} R(y,z) = 0, \\ x = 0. \end{cases}$$

空间曲线在 xOz 面上的投影曲线为

$$\begin{cases} T(x,z) = 0, \\ y = 0. \end{cases}$$

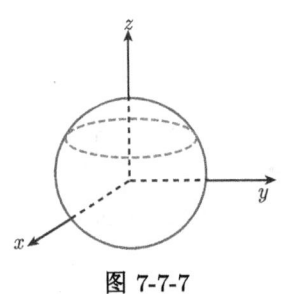

图 7-7-7

例 7-7-5 求曲线 $\begin{cases} x^2 + y^2 + z^2 = 1 \\ z = \dfrac{1}{2} \end{cases}$

在 xOy 面上的投影 (图 7-7-7).

解 在 xOy 面上的投影为

$$\begin{cases} x^2 + y^2 = \dfrac{3}{4}, \\ z = 0. \end{cases}$$

习 题 7.7

1. 方程组 $\begin{cases} x^2 + y^2 + z^2 = R^2, \\ x + y + z = 0 \end{cases}$ 表示怎样的空间曲线.

2. 已知两球面的方程为 $x^2 + y^2 + z^2 = 1$ 和 $x^2 + (y-1)^2 + (z-1)^2 = 1$, 求它们的交线在 xOy 面上的投影方程.

3. 在空间直角坐标系中, 方程组 $\begin{cases} z = x^2 + y^2, \\ z = 2 \end{cases}$ 表示的图形是什么?

数学家简介——笛卡儿

勒奈·笛卡儿(Rence Descartes,1596—1650) 法国哲学家、物理学家和数学家. 西方近代资产阶级哲学奠基人之一. 1596 年 3 月 31 日生于法国小镇拉埃的一个贵族家庭. 1629~1649 年在荷兰写成《方法谈》(1637 年) 及其附录《几何学》、《屈光学》、《哲学原理》(1644 年). 1650 年 2 月 11 日卒于斯德哥尔摩, 死后还出版有《论光》(1664 年) 等.

他的哲学与数学思想对历史的影响是深远的. 人们在他的墓碑上刻下了这样一句话:"笛卡儿, 欧洲文艺复兴以来, 第一个为人类争取并保证理性权利的人."

笛卡儿最杰出的成就是在数学发展上创立了解析几何学. 在笛卡儿时代, 代数还是一个比较新的学科, 几何学的思维还在数学家的头脑中占有统治地位. 笛卡儿致力于代数和几何联系起来的研究, 于 1637 年, 在创立了坐标系后, 成功地创立了解析几何学. 他的这一成就为微积分的创立奠定了基础. 解析几何直到现在仍是重要的数学方法之一.

《几何学》一书提出了解析几何学的主要思想和方法, 标志着解析几何学的诞生. 此后, 人类进入变量数学阶段.

解析几何的出现, 改变了自古希腊以来代数和几何分离的趋向, 把相互对立着的"数"与"形"统一了起来, 使几何曲线与代数方程相结合. 笛卡儿的这一天才创见, 更为微积分的创立奠定了基础, 从而开拓了变量数学的广阔领域.

正如恩格斯所说:"数学中的转折点是笛卡儿的变数. 有了变数, 运动进入了数学; 有了变数, 辩证法进入了数学; 有了变数, 微分和积分也就立刻成为必要了."

笛卡儿堪称 17 世纪及其后的欧洲哲学界和科学界最有影响的巨匠之一, 被誉为"近代科学的始祖".

章末自测 7

(A)

1. 填空题.

(1) 平行于向量 $a = (6, 7, -6)$ 的单位向量为_____.

(2) 设 $a = (3, 5, -2), b = (2, 1, 4)$, 问 λ 与 μ 满足_____时, $\lambda a + \mu b \perp z$ 轴.

(3) 以点 $(1, 3, 2)$ 为球心, 且通过坐标原点的球面方程为_____.

(4) 方程 $x^2 + y^2 + z^2 - 2x + 4y + 2z = 0$ 表示_____曲面.

(5) 将 xOy 坐标面上的 $y^2 = 2x$ 绕 x 轴旋转一周, 生成的曲面方程为_____, 曲面名称为_____.

(6) 将 xOy 坐标面上的 $x^2 + y^2 = 2x$ 绕 x 轴旋转一周, 生成的曲面方程_____, 曲面

名称为_____.

(7) 将 xOy 坐标面上的 $4x^2 - 9y^2 = 36$ 绕 x 轴及 y 轴旋转一周，生成的曲面方程为_____，曲面名称为_____.

(8) 在平面解析几何中 $y = x^2$ 表示_____图形．在空间解析几何中 $y = x^2$ 表示_____图形．

(9) 指出方程组 $\begin{cases} \dfrac{x^2}{4} + \dfrac{y^2}{9} = 1, \\ y = 3 \end{cases}$ 在平面解析几何中表示_____，在空间解析几何中表示_____.

2. 计算题．

(1) 求过点 $(3,0,1)$ 且与平面 $3x - 7y + 5z + 12 = 0$ 平行的平面方程．

(2) 求过点 $(1,1,1)$，且平行于向量 $\boldsymbol{a} = (2,1,1)$ 和 $\boldsymbol{b} = (1,1,0)$ 的平面方程．

(3) 求平行于 xOz 面且过点 $(2,5,3)$ 的平面方程．

(4) 求平行于 x 轴且过两点 $(4,0,2)$ 和 $(5,1,7)$ 的平面方程．

(5) 求过点 $(1,2,3)$ 且平行于直线 $\dfrac{x}{2} = \dfrac{y-3}{1} = \dfrac{z-1}{5}$ 的直线方程．

(6) 求过点 $(0,2,4)$ 且与两平面 $x + 2z = 1, y - 3z = 2$ 平行的直线方程．

(7) 求过点 $(2,0,3)$ 且与直线 $\begin{cases} x - 2y + 4z - 7 = 0, \\ 3x + 5y - 2z + 1 = 0 \end{cases}$ 垂直的平面方程．

(8) 求过点 $(3,1,2)$ 且通过直线 $\dfrac{x-4}{5} = \dfrac{y+3}{2} = \dfrac{z}{1}$ 的平面方程．

(9) 求直线 $\begin{cases} x + y + 3z = 0, \\ x - y - z = 0 \end{cases}$ 与平面 $x - y - z + 1 = 0$ 的夹角．

(10) 求下列直线与直线、直线与平面的位置关系：

① 直线 $\begin{cases} x + 2y - z = 7, \\ -2x + y + z = 7 \end{cases}$ 与直线 $\dfrac{x-1}{2} = \dfrac{y-3}{-1} = \dfrac{z}{-1}$;

② 直线 $\dfrac{x-2}{3} = \dfrac{y+2}{1} = \dfrac{z-3}{-4}$ 和平面 $x + y + z = 3$.

(11) 求点 $(3,1,2)$ 到直线 $\begin{cases} x + y - z + 1 = 0, \\ 2x - y + z - 4 = 0 \end{cases}$ 的距离．

(B)

1. 已知 $\boldsymbol{a} + \boldsymbol{b} + \boldsymbol{c} = \boldsymbol{0}(\boldsymbol{a},\boldsymbol{b},\boldsymbol{c}$ 为非零矢量)，试证：$\boldsymbol{a} \times \boldsymbol{b} = \boldsymbol{b} \times \boldsymbol{c} = \boldsymbol{c} \times \boldsymbol{a}$.

2. 已知 $\boldsymbol{a} \cdot \boldsymbol{b} = 3, \boldsymbol{a} \times \boldsymbol{b} = \{1,1,1\}$，求 $\angle(\boldsymbol{a},\boldsymbol{b})$.

3. 已知 $\boldsymbol{a}$ 和 $\boldsymbol{b}$ 为两非零向量，问 t 取何值时，向量模 $|\boldsymbol{a}+t\boldsymbol{b}|$ 最小？并证明此时 $\boldsymbol{b} \perp (\boldsymbol{a}+t\boldsymbol{b})$.

4. 求单位向量 $\boldsymbol{n}$，使 $\boldsymbol{n} \perp \boldsymbol{a}$ 且 $\boldsymbol{n} \perp x$ 轴，其中 $\boldsymbol{a} = (3,6,8)$.

5. 求过 z 轴，且与平面 $2x + y - \sqrt{5}z = 0$ 的夹角为 $\dfrac{\pi}{3}$ 的平面方程．

6. 求过点 $M_1(4,1,2)$, $M_2(-3,5,-1)$, 且垂直于 $6x-2y+3z+7=0$ 的平面.

7. 求过直线 $\begin{cases} x-2y+z-1=0, \\ 2x+y-z-2=0 \end{cases}$ 且与直线 $l_2: \dfrac{x}{1}=\dfrac{y}{-1}=\dfrac{z}{2}$ 平行的平面.

8. 求在平面 $\Pi: x+y+z=1$ 上, 且与直线 $L: \begin{cases} y=1, \\ z=-1 \end{cases}$ 垂直相交的直线方程.

9. 求曲线 $\begin{cases} y^2+z^2-2x=0, \\ z=3 \end{cases}$ 在 xOy 坐标面上的投影曲线的方程, 并指出原曲线是什么曲线.

10. 已知 $\overrightarrow{OA}=\boldsymbol{i}+3\boldsymbol{k}$, $\overrightarrow{OB}=\boldsymbol{j}+3\boldsymbol{k}$, 求 $\triangle OAB$ 的面积.

11. 设已知两点 $M_1(4,\sqrt{2},1)$ 和 $M_2(3,0,2)$, 计算向量 $\overrightarrow{M_1M_2}$ 的模, 方向余弦和方向角.

12. 已知 $M_1(1,-1,2)$ $M_2(3,3,1)$ $M_3(3,1,3)$ 求与 $\overrightarrow{M_1M_2}$, $\overrightarrow{M_2M_3}$ 同时垂直的单位向量.

13. 求球面 $x^2+y^2+z^2=9$ 与平面 $x+z=1$ 的交线在 xOy 面上的投影方程.

14. 求上半球 $0\leqslant z\leqslant\sqrt{a^2-x^2-y^2}$ 与圆柱体 $x^2+y^2\leqslant ax(a>0)$ 的公共部分在 xOy 面及 xOz 面上的投影.

第 8 章 多元函数微分学

上册中我们讨论了一元函数的极限、连续、微积分及其应用. 在实际中，我们还经常会遇到涉及多个变量决定一个变量的问题，从数学的角度，这便属于多元函数的范畴. 本章将首先给出多元函数的概念，然后在一元函数微分学的基础上讨论多元函数的微分法及其应用. 在多元函数的讨论中，我们主要以二元函数为主. 二元函数的讨论相对一元函数既有联系又有本质的区别，而从二元函数到二元以上函数的讨论则只是量的差异. 希望在学习的过程中注意比较、推广.

§8.1 多元函数的基本概念

一元函数的讨论都是基于实数集 $\mathbf{R}$ 上的点集、区间和邻域等最为基本的概念基础上的. 为把一元函数概念推广到多元函数，我们先得将这些基本概念加以推广. 为此，我们首先引入平面点集及 n 维空间等概念. 在此基础上我们引入多元函数的概念，进而讨论多元函数的极限及连续性.

8.1.1 多元函数的概念

下面先引入二元函数的概念.

定义 8-1-1 设 D 是 $\mathbf{R}^2$ 的一个非空子集，称映射 $f: D \to \mathbf{R}$ 为定义在 D 上的二元函数，通常记作

$$z = f(x,y), \quad (x,y) \in D \quad \text{或} z = f(P), \quad P \in D.$$

其中点集 D 称为该函数的定义域，x,y 称为自变量，z 称为因变量. 当自变量 x,y 取定 D 中的一对值 (即二元有序实数组)(x,y) 后，相对应的因变量 z 有唯一确定的值与之对应，该值也称为 f 在点 (x,y) 处的二元函数值，记作 $f(x,y)$，即 $z = f(x,y)$. 当 (x,y) 取遍 D 中的一切值，对应的函数值 $f(x,y)$ 的全体所构成的集合称为函数 f 的值域，记作 $f(D)$，即

$$f(D) = \{z \mid z = f(x,y), (x,y) \in D\}.$$

与一元函数相仿，二元函数的定义域仍然是使函数式有意义的所有点 (x,y) 所组成的集合，它构成一平面点集.

例 8-1-1 求函数 $z = \ln(1 + 2x - y)$ 的定义域并图示.

解 要使该函数式有意义，需满足 $1+2x-y>0$，即 $y<1+2x$，所以，该函数的定义域为 $D=\{(x,y)\,|\,y<1+2x\}$(图 8-1-1)，这是一个无界开区域.

例 8-1-2 求函数 $z=\dfrac{1}{\sqrt{4-x^2-y^2}}+\ln\left(x^2+y^2-1\right)$ 的定义域并图示.

解 要使函数式有意义，需满足 $4-x^2-y^2>0$ 且 $x^2+y^2-1>0$，即
$$x^2+y^2<4 \quad 且 \quad x^2+y^2>1,$$
所以，函数的定义域为
$$D=\left\{(x,y)\,\big|\,1<x^2+y^2<4\right\}.$$

它是 xOy 平面上以原点为中心、内圆半径为 1、外圆半径为 2 的圆环开区域，见图 8-1-2.

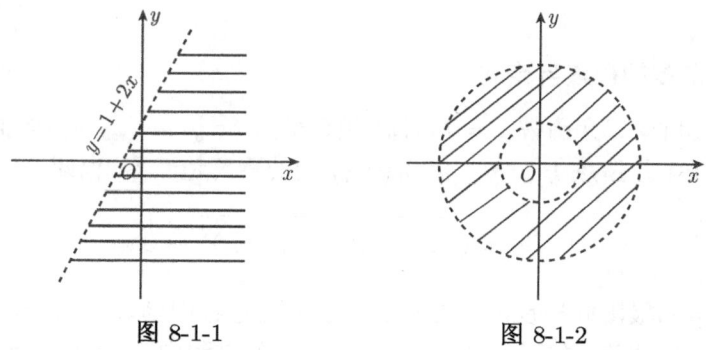

图 8-1-1　　　　图 8-1-2

一般地，在空间直角坐标系下，二元函数 $z=f(x,y)$ 的图形是一张空间曲面，这张曲面即为空间点集 $\{(x,y,z)\,|\,z=f(x,y),(x,y)\in D\}$，而该二元函数的定义域 D 即为该曲面在 xOy 坐标面上的投影 (图 8-1-3).

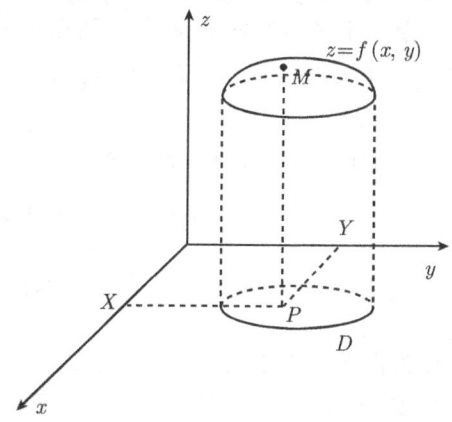

图 8-1-3

例如，由空间解析几何知，二元函数 $z = ax + by + c$ 的图形是一张平面，而函数 $z = x^2 + y^2$ 的图形是旋转抛物面.

类似地，可以讨论三元函数 $u = f(x, y, z), (x, y, z) \in D$ 以及三元以上函数.

一般地，把定义 8-1-1 中的平面点集 D 换成 n 维空间 $\mathbf{R}^n$ 内的点集 D，映射 $f : D \to \mathbf{R}$ 就称为定义在 D 上的 n 元函数，通常记为

$$u = f(x_1, x_2, \cdots, x_n), \quad (x_1, x_2, \cdots, x_n) \in D,$$

也可以记作

$$u = f(P), \ P(x_1, x_2, \cdots, x_n) \in D.$$

二元及二元以上的函数统称为多元函数.

关于多元函数的定义域，类似地，仍然是指使函数式有意义的 n 维变量 x 的取值范围.

8.1.2 二元函数的极限与连续

我们首先讨论二元函数 $z = f(x, y)$ 当自变量 $(x, y) \to (x_0, y_0)$ 时的极限. 这里 $(x, y) \to (x_0, y_0)$ 即指点 $P(x, y)$ 与 $P_0(x, y)$ 间的距离趋于零，也即

$$|PP_0| = \sqrt{(x - x_0)^2 + (y - y_0)^2} \to 0.$$

二元函数的极限同样反映了在自变量的变化过程中函数值的变化趋势. 它的描述性定义可叙述为：如果在 $(x, y) \to (x_0, y_0)$ 的过程中，对应的二元函数值 $z = f(x, y)$ 无限接近于一个确定的常数 A，则称 A 是二元函数 $z = f(x, y)$ 当 $(x, y) \to (x_0, y_0)$ 时的极限. 用严格的 "ε-δ" 语言描述即有下面的定义.

定义 8-1-2 设二元函数 $z = f(x, y)$ 在点 $P_0(x_0, y_0)$ 的某一去心邻域内有定义，A 是一确定的常数. 如果对于任意给定的正数 ε，总存在正数 δ，使得对定义域内的任一点 $P(x, y)$，当 $P(x, y) \in \mathring{U}(p_0, \delta)$，即 $|PP_0| = \sqrt{(x - x_0)^2 + (y - y_0)^2} < \delta$ 时，都有

$$|f(P) - A| = |f(x, y) - A| < \varepsilon$$

成立，则称常数 A 为函数 $f(x, y)$ 当 $(x, y) \to (x_0, y_0)$ 时的极限. 通常记为

$$\lim_{(x,y) \to (x_0,y_0)} f(x, y) = A \quad \text{或} \quad \lim_{P \to P_0} f(x, y) = A.$$

为了区别于一元函数的极限，我们把二元函数的极限称为二重极限.

由定义 8-1-2 知，从定义形式上看，二重极限与一元函数的极限很相似，但本质上，二重极限要比一元函数的极限复杂得多. 所谓二重极限存在，是指 $P(x, y)$ 以

§8.1 多元函数的基本概念

任何方式趋于 $P_0(x_0, y_0)$ 时，二元函数 $f(x, y)$ 都无限接近于常数 A。因此，如果 $P(x, y)$ 以某一特殊方式趋近于点 $P_0(x_0, y_0)$，即使 $f(x, y)$ 无限接近于某一确定的值，我们也不能断定函数的极限存在。但是反过来，如果当 $P(x, y)$ 以不同方式趋于 $P_0(x_0, y_0)$ 时，$f(x, y)$ 趋于不同的值，则我们可以断定这函数的极限不存在。

例 8-1-3 讨论函数 $f(x, y) = \begin{cases} \dfrac{xy}{x^2 + y^2}, & x^2 + y^2 \neq 0 \\ 0, & x^2 + y^2 = 0 \end{cases}$ 当 $(x, y) \to (0, 0)$ 时的极限。

解 显然，当 $P(x, y)$ 沿 x 轴趋于点 $(0, 0)$ 时，$f(x, y) \to 0$，即

$$\lim_{\substack{(x,y) \to (0,0) \\ y=0}} f(x, y) = \lim_{x \to 0} f(x, 0) = \lim_{x \to 0} \frac{x \cdot 0}{x^2 + 0} = 0.$$

同理，当点 $P(x, y)$ 沿 y 轴趋于点 $(0, 0)$ 时，$f(x, y) \to 0$，即

$$\lim_{\substack{(x,y) \to (0,0) \\ x=0}} f(x, y) = \lim_{y \to 0} f(0, y) = 0.$$

但当点 $P(x, y)$ 沿着直线 $y = kx$ 趋于点 $(0, 0)$ 时，有

$$\lim_{\substack{(x,y) \to (0,0) \\ y=kx}} f(x, y) = \lim_{\substack{(x,y) \to (0,0) \\ y=kx}} \frac{xy}{x^2 + y^2} = \lim_{x \to 0} \frac{kx^2}{x^2 + k^2 x^2} = \frac{k}{1 + k^2}.$$

显然随着 k 值的不同，$f(x, y)$ 趋于不同的值。

因此，当 $(x, y) \to (0, 0)$ 时，$f(x, y)$ 的极限不存在。

二重极限的计算有与一元函数求极限类似的运算法则，下面举例说明。

例 8-1-4 求 $\displaystyle\lim_{(x,y) \to (0,0)} \frac{\sin(x^2 + y^2)}{x^2 + y^2}$.

解 令 $u = x^2 + y^2$，因为当 $x \to 0, y \to 0$ 时，$u \to 0$，所以

$$\lim_{(x,y) \to (x_0,y_0)} \frac{\sin(x^2 + y^2)}{x^2 + y^2} = \lim_{u \to 0} \frac{\sin u}{u} = 1.$$

以上关于二元函数的极限概念及计算，可相应地推广到 n 元函数 $u = f(P)$，即 $u = f(x_1, x_2, \cdots, x_n)$ 上去。

同样以二元函数的连续性为例，讨论多元函数的连续性。

定义 8-1-3 设二元函数 $z = f(x, y)$ 在点 $P_0(x_0, y_0)$ 的某一领域内有定义，如果当点 $P(x, y)$ 趋向于点 $P_0(x_0, y_0)$ 时，函数 $z = f(x, y)$ 的极限存在，且有

$$\lim_{(x,y) \to (x_0,y_0)} f(x, y) = f(x_0, y_0),$$

则称函数 $z = f(x, y)$ 在点 $P_0(x_0, y_0)$ 连续。

若令 $x = x_0 + \Delta x, y = y_0 + \Delta y$，我们称 $f(x_0 + \Delta x, y_0 + \Delta y) - f(x_0, y_0)$ 为当自变量 x, y 于 x_0, y_0 处分别有增量 $\Delta x, \Delta y$ 时，二元函数 $z = f(x, y)$ 的全增量，记为 Δz，即

$$\Delta z = f(x_0 + \Delta x, y_0 + \Delta y) - f(x_0, y_0).$$

类似于一元函数连续性的增量定义方式，利用全增量概念，二元函数 $z = f(x, y)$ 在一点 $P_0(x_0, y_0)$ 的连续性可定义为如下形式.

定义 8-1-4 设函数 $z = f(x, y)$ 在点 $p_0(x_0, y_0)$ 的某一领域内有定义，若当自变量 x, y 于 x_0, y_0 处的增量 $\Delta x, \Delta y$ 趋向于零时，对应的二元函数 $z = f(x, y)$ 的全增量 Δz 也趋向于零，即当 $\Delta x \to 0, \Delta y \to 0$ 时，$\Delta z \to 0$，也即

$$\lim_{\substack{\Delta x \to 0 \\ \Delta y \to 0}} \Delta z = 0,$$

则称二元函数 $z = f(x, y)$ 在点 (x_0, y_0) 连续.

如果函数 $z = f(x, y)$ 在区域 D 内各点都连续，则称函数 $z = f(x, y)$ 在区域 D 内连续，或者称 $z = f(x, y)$ 是 D 上的连续函数.

以上关于二元函数的连续性概念，可相应的推广到 n 元函数上去.

下面不加证明地给出多元函数连续性的一些结论：

(1) 多元连续函数的和、差、积仍为连续函数；连续函数的商在分母不为零处仍连续，多元函数的复合函数也是连续函数.

(2) 一切多元初等函数在其定义区域内是连续的. 所谓多元初等函数是指可用一个式子表示的多元函数，这个式子是由常数及具有不同自变量的一元基本初等函数经过有限次的四则运算和复合运算而得到的. 如 $\dfrac{x + x^2 - y^2}{1 + y^2}$，$\sin(x + y)$，$e^{x^2 + y^2 + z^2}$ 等. 而所谓定义区域是指包含在定义域内的区域或闭区域.

(3) 与闭区间上一元连续函数的性质相类似，在有界闭区域上连续的多元函数具有如下性质.

性质 8-1-1 (有界性与最大值、最小值定理) 在有界闭区域 D 上的多元连续函数必定在 D 上有界，且能取得它的最大值和最小值.

性质 8-1-2 (介值定理) 在有界闭区域 D 上的多元连续函数必取得介于最大值和最小值之间的任何值.

习 题 8.1

1. 求下列函数的定义域：

(1) $z = \sqrt{x} + y$； (2) $z = \sqrt{1 - x^2} + \sqrt{y^2 - 1}$；

(3) $z = \sqrt{1 - \dfrac{x^2}{a^2} - \dfrac{y^2}{b^2}}$;   (4) $z = \ln(-x-y)$;

(5) $z = \dfrac{1}{\sqrt{x^2+y^2}}$;

(6) $u = \sqrt{R^2 - x^2 - y^2 - z^2} + \sqrt{x^2+y^2+z^2-r^2}, \quad R > r$.

2. 设 $f(x+y, x-y) = \mathrm{e}^{x^2+y^2}(x^2-y^2)$, 求函数 $f(x,y)$ 和 $f(\sqrt{2}, \sqrt{2})$ 的值.

3. 判别二元函数 $z = \ln(x^2 - y^2)$ 与 $z = \ln(x+y) + \ln(x-y)$ 是否为同一函数, 并说明理由.

4. 求下列各极限:

(1) $\lim\limits_{\substack{x \to 0 \\ y \to 1}} \dfrac{1-xy}{x^2+y^2}$;   (2) $\lim\limits_{\substack{x \to 1 \\ y \to 0}} \dfrac{\ln(x+\mathrm{e}^y)}{\sqrt{x^2+y^2}}$;

(3) $\lim\limits_{\substack{x \to 0 \\ y \to 0}} \dfrac{2 - \sqrt{xy+4}}{xy}$;   (4) $\lim\limits_{\substack{x \to 0 \\ y \to 0}} \dfrac{xy}{\sqrt{xy+1}-1}$;

(5) $\lim\limits_{\substack{x \to 2 \\ y \to 0}} \dfrac{\sin(xy)}{y}$;   (6) $\lim\limits_{\substack{x \to 0 \\ y \to 0}} \dfrac{1 - \cos(x^2+y^2)}{(x^2+y^2)\mathrm{e}^{x^2 y^2}}$.

§8.2 偏 导 数

在一元函数微分学中, 我们从研究函数变化率入手引入了导数概念. 对于函数 $y = f(x)$, 我们知道, 其导数 $f'(x)$ 是函数增量 $\Delta y = f(x + \Delta x) - f(x)$ 与自变量增量 Δx 之比当 $\Delta x \to 0$ 时的极限, 即

$$f'(x) = \lim_{\Delta x \to 0} \dfrac{f(x+\Delta x) - f(x)}{\Delta x}.$$

对于多元函数, 我们也常常遇到研究它对某个自变量的变化率的问题, 这就产生了偏导数的概念.

8.2.1 偏导数的概念

定义 8-2-1 设函数 $z = f(x,y)$ 在点 (x_0, y_0) 的某个邻域内有定义, 当 y 固定在 y_0 不变, 而 x 在 x_0 处有增量 Δx 时, 相应地函数有增量 $f(x_0 + \Delta x, y_0) - f(x_0, y_0)$, 我们称该增量为函数 $z = f(x,y)$ 在点 (x_0, y_0) 关于自变量 x 的偏增量, 记作 $\Delta_x z$, 即

$$\Delta_x z = f(x_0 + \Delta x, y_0) - f(x_0, y_0),$$

如果

$$\lim_{\Delta x \to 0} \dfrac{\Delta_x z}{\Delta x} = \lim_{\Delta x \to 0} \dfrac{f(x_0 + \Delta x, y_0) - f(x_0, y_0)}{\Delta x}$$

存在, 则称此极限为函数 $z = f(x,y)$ 在点 (x_0, y_0) 处对变量 x 的偏导数, 记作

$\dfrac{\partial z}{\partial x}\Big|_{\substack{x=x_0\\y=y_0}}$, $\dfrac{\partial f}{\partial x}\Big|_{\substack{x=x_0\\y=y_0}}$ 或 $f'_x(x_0, y_0)$, 即

$$f'_x(x_0, y_0) = \lim_{\Delta x \to 0} \frac{\Delta_x z}{\Delta x} = \lim_{\Delta x \to 0} \frac{f(x_0 + \Delta x, y_0) - f(x_0, y_0)}{\Delta x}.$$

同样, 函数 $z = f(x, y)$ 在点 (x_0, y_0) 处对 y 的偏导数可定义为

$$\lim_{\Delta y \to 0} \frac{\Delta_y z}{\Delta y} = \lim_{\Delta y \to 0} \frac{f(x_0, y_0 + \Delta y) - f(x_0, y_0)}{\Delta y},$$

记作

$$\dfrac{\partial z}{\partial y}\Big|_{\substack{x=x_0\\y=y_0}}, \dfrac{\partial f}{\partial y}\Big|_{\substack{x=x_0\\y=y_0}} \text{ 或 } f'_y(x_0, y_0).$$

其中 $\Delta_y z = f(x_0, y_0 + \Delta y) - f(x_0, y_0)$ 称为函数 $z = f(x, y)$ 在点 (x_0, y_0) 处关于变量 y 的偏增量.

如果函数 $z = f(x, y)$ 在区域 D 内每一点 (x, y) 处对变量 x 的偏导数都存在, 那么这个偏导数一般仍旧是 x, y 的函数, 称之为 $z = f(x, y)$ 对自变量 x 的偏导函数, 记作 $\dfrac{\partial z}{\partial x}, \dfrac{\partial f}{\partial x}$ 或 $f'_x(x, y)$. 类似地可以定义函数 $z = f(x, y)$ 对自变量 y 的偏导函数, 记作 $\dfrac{\partial z}{\partial y}, \dfrac{\partial f}{\partial y}$ 或 $f'_y(x, y)$.

由偏导函数的概念可知, $f(x, y)$ 在点 (x_0, y_0) 处对 x 的偏导数 $f'_x(x_0, y_0)$ 显然就是其偏导函数 $f_x(x, y)$ 在点 (x_0, y_0) 处的函数值; $f'_y(x_0, y_0)$ 就是偏导函数 $f_y(x, y)$ 在点 (x_0, y_0) 处的函数值, 即

$$f'_x(x_0, y_0) = f'_x(x, y)\Big|_{\substack{x=x_0\\y=y_0}},$$

$$f'_y(x_0, y_0) = f'_y(x, y)\Big|_{\substack{x=x_0\\y=y_0}}.$$

在不致混淆的情况下, 偏导函数也称偏导数.

偏导数的概念同样可推广到 n 元函数, 例如, 三元函数 $U = f(x, y, z)$ 在点 (x, y, z) 处对自变量 x 的偏导数可定义为

$$f'_x(x, y, z) = \lim_{\Delta x = 0} \frac{f(x + \Delta x, y, z) - f(x, y, z)}{\Delta x}.$$

由偏导数的定义可知, 求多元函数的偏导数, 实质上即求相应一元函数的导数. 对多元函数的某个自变量求偏导, 即将其余自变量看做常数而将多元函数看做该变量的一元函数, 对该变量求导即可. 因此多元函数的偏导数计算仍旧是一元函数的微分法问题, 并不需要建立新的运算方法.

例 8-2-1 求函数 $z = x^2 - 3xy + 2y^3$ 在点 $(2, 1)$ 处的偏导数.

§8.2 偏导数

解 把 y 看做常量,得
$$\frac{\partial z}{\partial x} = 2x - 3y.$$
把 x 看做常量,得
$$\frac{\partial z}{\partial y} = -3x + 6y.$$
所以有
$$\frac{\partial z}{\partial x}\bigg|_{\substack{x=2\\y=1}} = 2 \times 2 - 3 \times 1 = 1,$$
$$\frac{\partial z}{\partial y}\bigg|_{\substack{x=2\\y=1}} = -3 \times 2 + 6 \times 1 = 0.$$

例 8-2-2 求 $z = x^y \, (x > 0)$ 的偏导数.

解
$$\frac{\partial z}{\partial x} = y x^{y-1}, \quad \frac{\partial z}{\partial y} = x^y \ln x.$$

例 8-2-3 设 $u = \sqrt{x^2 + y^2 + z^2}$,求证:$\left(\dfrac{\partial u}{\partial x}\right)^2 + \left(\dfrac{\partial u}{\partial y}\right)^2 + \left(\dfrac{\partial u}{\partial z}\right)^2 = 1.$

证明
$$\frac{\partial u}{\partial x} = \frac{1}{2\sqrt{x^2 + y^2 + z^2}} \cdot (x^2 + y^2 + z^2)'_x = \frac{x}{\sqrt{x^2 + y^2 + z^2}} = \frac{x}{u},$$
同理得
$$\frac{\partial u}{\partial y} = \frac{y}{u}, \quad \frac{\partial u}{\partial z} = \frac{z}{u},$$
于是有
$$\left(\frac{\partial u}{\partial x}\right)^2 + \left(\frac{\partial u}{\partial y}\right)^2 + \left(\frac{\partial u}{\partial z}\right)^2 = \frac{x^2 + y^2 + z^2}{u^2} = 1,$$
所以结论成立.

例 8-2-4 已知理想气体的状态方程 $pV = RT$(R 为常数),求证:$\dfrac{\partial p}{\partial V} \cdot \dfrac{\partial V}{\partial T} \cdot \dfrac{\partial T}{\partial p} = -1.$

证明 由 $pV = RT$,得 $p = \dfrac{RT}{V}$,于是有 $\dfrac{\partial p}{\partial V} = -\dfrac{RT}{V^2}.$
同理有
$$\frac{\partial V}{\partial T} = \frac{R}{p},$$
$$\frac{\partial T}{\partial p} = \frac{V}{R},$$
所以
$$\frac{\partial p}{\partial V} \cdot \frac{\partial V}{\partial T} \cdot \frac{\partial T}{\partial p} = -\frac{RT}{V^2} \cdot \frac{R}{T} \cdot \frac{V}{R} = -1.$$

我们知道对一元函数来说, 导数 $\dfrac{\mathrm{d}y}{\mathrm{d}x}$ 可看做函数的微分 $\mathrm{d}y$ 与自变量的微分 $\mathrm{d}x$ 之商. 而例 8-2-3 表明, 偏导数的记号是一个整体记号, 不能看做分子分母之商.

例 8-2-5 设 $f(x,y) = \begin{cases} \dfrac{xy}{x^2+y^2} & x^2+y^2 \neq 0, \\ 0 & x^2+y^2 = 0, \end{cases}$ 求 $f'_x(0,0), f'_y(0,0)$.

解 类似于一元函数的情形, $f(x,y)$ 在 $(0,0)$ 处的两个偏导数, 我们必须按定义计算.

按定义有
$$f'_x(0,0) = \lim_{\Delta x \to 0} \frac{\Delta_x z}{\Delta x} = \lim_{\Delta x} \frac{f(0+\Delta x, 0) - f(0,0)}{\Delta x} = \lim_{\Delta x \to 0} \frac{0-0}{\Delta x} = 0,$$

类似可求得
$$f'_y(0,0) = 0.$$

由 8.2.1 节我们已经知道, 函数 $f(x,y)$ 在点 $(0,0)$ 处不连续, 而本例表明 $f(x,y)$ 在点 $(0,0)$ 处的两个偏导数都存在. 因此, 对于二元函数来说, 点 (x_0, y_0) 处的偏导数存在, 并不能保证函数在该点连续, 这与一元函数可导必定连续的关系有所区别.

我们知道, 一元函数 $y = f(x)$ 在 $x = x_0$ 处的导数的几何意义是平面曲线 $y = f(x)$ 在点 (x_0, y_0) 处切线的斜率, 而二元函数 $z = f(x,y)$ 在点 (x_0, y_0) 处的偏导数实际上是一元函数 $z = f(x, y_0)$ 及 $z = f(x_0, y)$ 分别在点 $x = x_0$ 及 $y = y_0$ 处的导数, 因此二元函数 $z = f(x,y)$ 的偏导数的几何意义也是曲线切线的斜率, 只是该曲线为空间曲线. 具体来说, $\dfrac{\partial z}{\partial x}\Big|_{\substack{x=x_0 \\ y=y_0}}$ 即为曲线 $\begin{cases} z = f(x,y), \\ y = y_0 \end{cases}$ 在点 $(x_0, y_0, f(x_0, y_0))$ 处的切线对 x 轴的斜率, 而 $\dfrac{\partial z}{\partial y}\Big|_{\substack{x=x_0 \\ y=y_0}}$ 则是曲线 $\begin{cases} z = f(x,y), \\ x = x_0 \end{cases}$ 在 $(x_0, y_0, f(x_0, y_0))$ 处的切线对 y 轴的斜率 (图 8-2-1).

8.2.2 二阶偏导数

设函数 $z = f(x,y)$ 在区域 D 内具有偏导数 $\dfrac{\partial z}{\partial x} = f'_x(x,y)$, $\dfrac{\partial z}{\partial y} = f'_y(x,y)$. 一般来说, $f'_x(x,y), f'_y(x,y)$ 仍然是 x, y 的函数. 如果这两个函数关于 x, y 的偏导数也存在, 则称它们为函数 $f(x,y)$ 的二阶偏导数.

按照对变量求导次序的不同, 二元函数的二阶偏导数有四个, 它们分别为

$$\frac{\partial}{\partial x}\left(\frac{\partial z}{\partial x}\right) = \frac{\partial^2 z}{\partial x^2} = f''_{xx}(x,y), \qquad \frac{\partial}{\partial y}\left(\frac{\partial z}{\partial x}\right) = \frac{\partial^2 z}{\partial x \partial y} = f''_{xy}(x,y),$$

$$\frac{\partial}{\partial x}\left(\frac{\partial z}{\partial y}\right) = \frac{\partial^2 z}{\partial y \partial x} = f''_{yx}(x,y), \qquad \frac{\partial}{\partial y}\left(\frac{\partial z}{\partial y}\right) = \frac{\partial^2 z}{\partial y^2} = f''_{yy}(x,y),$$

§8.2 偏 导 数

其中 $f''_{xy}(x,y)$, $f''_{yx}(x,y)$ 称为混合偏导数.

类似地, 可以定义三阶, 四阶, ……, n 阶偏导数. 二阶及二阶以上的偏导数称为高阶偏导数.

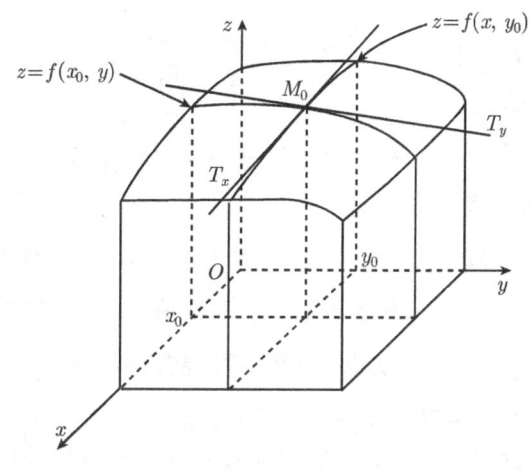

图 8-2-1

例 8-2-6 求函数 $z = xy + x^2 \sin y$ 的所有二阶偏导数.

解
$$\frac{\partial z}{\partial x} = y + 2x \sin y, \quad \frac{\partial z}{\partial y} = x + x^2 \cos y,$$

所以
$$\frac{\partial^2 z}{\partial x^2} = \frac{\partial}{\partial x}(y + 2x \sin y) = 2 \sin y,$$
$$\frac{\partial^2 z}{\partial x \partial y} = \frac{\partial}{\partial y}(y + 2x \sin y) = 1 + 2x \cos y,$$
$$\frac{\partial^2 z}{\partial y^2} = \frac{\partial}{\partial y}(x + x^2 \cos y) = -x^2 \sin y,$$
$$\frac{\partial^2 z}{\partial y \partial x} = \frac{\partial}{\partial x}(x + x^2 \cos y) = 1 + 2x \cos y.$$

例 8-2-7 设 $z = \arctan \dfrac{y}{x}$, 试求 $\dfrac{\partial^2 z}{\partial x \partial y}$, $\dfrac{\partial^2 z}{\partial y \partial x}$.

解
$$\frac{\partial z}{\partial x} = \frac{1}{1 + \left(\dfrac{y}{x}\right)^2} \cdot \left(-\frac{y}{x^2}\right) = \frac{-y}{x^2 + y^2},$$
$$\frac{\partial z}{\partial y} = \frac{1}{1 + \left(\dfrac{y}{x}\right)^2} \cdot \frac{1}{x} = \frac{x}{x^2 + y^2},$$

所以

$$\frac{\partial^2 z}{\partial x \partial y} = \frac{\partial}{\partial y}\left(\frac{-y}{x^2+y^2}\right) = \frac{(-1)\cdot(x^2+y^2)-(-y)\cdot(0+2y)}{(x^2+y^2)^2} = \frac{y^2-x^2}{(x^2+y^2)^2},$$

$$\frac{\partial^2 z}{\partial y \partial x} = \frac{\partial}{\partial x}\left(\frac{x}{x^2+y^2}\right) = \frac{1\cdot(x^2+y^2)-x(2x+0)}{(x^2+y^2)^2} = \frac{y^2-x^2}{(x^2+y^2)^2}.$$

例 8-2-6、例 8-2-7 中两个混合偏导数都相等,即 $\dfrac{\partial^2 z}{\partial x \partial y} = \dfrac{\partial^2 z}{\partial y \partial x}$,这并不是偶然的,事实上,有下述定理.

定理 8-2-1　如果函数 $z = f(x,y)$ 的两个二阶混合偏导数 $\dfrac{\partial^2 z}{\partial y \partial x}$ 及 $\dfrac{\partial^2 z}{\partial x \partial y}$ 在区域 D 内连续,那么在该区域内这两个二阶混合偏导数必定相等.

即对二元函数 $z = f(x,y)$ 来说,当其二阶混合偏导数 $\dfrac{\partial^2 z}{\partial y \partial x}$ 及 $\dfrac{\partial^2 z}{\partial x \partial y}$ 在区域 D 上连续时,求导结果与求导次序无关,证明从略.

对于二元以上的函数,我们可以类似地定义高阶偏导数,而且高阶混合偏导数在偏导数连续的条件下与求导次序无关.

例 8-2-8　设 $u = \mathrm{e}^{xyz}$,求 $\dfrac{\partial^3 u}{\partial x \partial y \partial z}$.

解
$$\frac{\partial u}{\partial x} = yz\cdot \mathrm{e}^{xyz},$$

于是有
$$\frac{\partial^2 u}{\partial x \partial y} = \frac{\partial}{\partial y}(yz\cdot \mathrm{e}^{xyz}) = z\cdot\frac{\partial}{\partial y}(y\cdot \mathrm{e}^{xyz})$$
$$= z\cdot(\mathrm{e}^{xyz}+y\cdot \mathrm{e}^{xyz}\cdot xz) = z(1+xyz)\cdot \mathrm{e}^{xyz},$$

所以
$$\frac{\partial^3 u}{\partial x \partial y \partial z} = \frac{\partial}{\partial z}\left(\frac{\partial^2 u}{\partial x \partial y}\right) = \frac{\partial}{\partial z}(z(1+xyz)\cdot \mathrm{e}^{xyz})$$
$$= (1+xyz)\cdot \mathrm{e}^{xyz}+z\cdot xy\,\mathrm{e}^{xyz}+z(1+xyz)\cdot \mathrm{e}^{xyz}\cdot xy$$
$$= (1+3xyz+x^2y^2z^2)\cdot \mathrm{e}^{xyz}.$$

例 8-2-9　设 $u = \sqrt{x^2+y^2+z^2}$,证明:$\dfrac{\partial^2 u}{\partial x^2}+\dfrac{\partial^2 u}{\partial y^2}+\dfrac{\partial^2 u}{\partial z^2} = \dfrac{2}{u}$.

证明　由例 8-2-3 知,

$$\frac{\partial u}{\partial x} = \frac{x}{u},\quad \frac{\partial u}{\partial y} = \frac{y}{u},\quad \frac{\partial u}{\partial z} = \frac{z}{u},$$

所以
$$\frac{\partial^2 u}{\partial x^2} = \frac{\partial}{\partial x}\left(\frac{x}{u}\right) = \frac{u - x \cdot \frac{\partial u}{\partial x}}{u^2} = \frac{u - \frac{x^2}{u}}{u^2} = \frac{u^2 - x^2}{u^3}.$$

同理可得
$$\frac{\partial^2 u}{\partial y^2} = \frac{u^2 - y^2}{u^3}, \quad \frac{\partial^2 u}{\partial z^2} = \frac{u^2 - z^2}{u^3},$$

所以
$$\frac{\partial^2 u}{\partial x^2} + \frac{\partial^2 u}{\partial y^2} + \frac{\partial^2 u}{\partial z^2} = \frac{u^2 - x^2}{u^3} + \frac{u^2 - y^2}{u^3} + \frac{u^2 - z^2}{u^3} = \frac{2}{u},$$

从而
$$\frac{\partial^2 u}{\partial x^2} + \frac{\partial^2 u}{\partial y^2} + \frac{\partial^2 u}{\partial z^2} = \frac{2}{u},$$

8.2.3 偏导数在经济学中的应用

一元函数 $y = f(x)$ 的导数 $y' = \dfrac{dy}{dx}$ 在经济学中表示的是弹性, 相应的二元函数 $z = f(x,y)$ 的偏导数 $z'_x = \dfrac{\partial z}{\partial x}, z'_y = \dfrac{\partial z}{\partial y}$ 在经济学中表示的是偏弹性.

例 8-2-10 设某货物的需求量 Q 是其价格 P 及消费者收入 Y 的函数 $Q = Q(P, Y)$, 当消费者收入 Y 保持不变, 价格 P 改变 ΔP 时, 需求量 Q 对于价格 P 的偏改变量为
$$\Delta_P Q = Q(P + \Delta P, Y) - Q(P, Y),$$

而比值
$$\frac{\Delta_P Q}{\Delta P} = \frac{Q(P + \Delta P, Y) - Q(P, Y)}{\Delta P}$$

是价格由 P 改变到 $P + \Delta P$ 时, 需求量 Q 的平均变化率, 则
$$\frac{\partial Q}{\partial P} = \lim_{\Delta P \to 0} \frac{\Delta_P Q}{\Delta P}$$

是当价格为 P、消费者收入为 Y 时, 需求量 Q 对于价格 P 的变化率
$$E_P = -\lim_{\Delta P \to 0} \frac{\frac{\Delta_P Q}{\Delta Q}}{\frac{\Delta P}{P}} = -\frac{\partial Q}{\partial P} \cdot \frac{P}{Q}$$

称为需求对价格的偏弹性.

类似地
$$\Delta_Y Q = Q(P, Y + \Delta Y) - Q(P, Y)$$

是当价格 P 保持不变, 消费者收入 Y 改变 ΔY 时, 需求量 Q 对于收入 Y 的偏改变量.

而比值
$$\frac{\Delta_Y Q}{\Delta Y} = \frac{Q(P, Y + \Delta Y) - Q(P, Y)}{\Delta Y}$$
是收入从 Y 改变到 $Y + \Delta Y$ 时,需求量 Q 的平均变化率.
$$\frac{\partial Q}{\partial Y} = \lim_{\Delta Y \to 0} \frac{\Delta_Y Q}{\Delta Y}$$
是当价格为 P、消费者收入为 Y 时,需求量 Q 对于收入 Y 的变化率.
$$E_Y = -\lim_{\Delta Y \to 0} \frac{\frac{\Delta_Y Q}{\Delta Q}}{\frac{\Delta Y}{Y}} = -\frac{\partial Q}{\partial Y} \cdot \frac{Y}{Q}$$

称为需求对收入的偏弹性.

习 题 8.2

1. 求下列函数的偏导数:

(1) $z = x^2 y^2$;

(2) $z = \ln \dfrac{y}{x}$;

(3) $z = e^{xy} + x^2 y$;

(4) $z = xy\sqrt{R^2 - x^2 - y^2}$;

(5) $z = \dfrac{x}{\sqrt{x^2 + y^2}}$;

(6) $z = e^{\sin x} \cdot \cos y$;

(7) $u = \sqrt{x^2 + y^2 + z^2}$;

(8) $u = e^{x^2 y^3 z^5}$;

(9) $z = x^{xy}$;

(10) $z = \arctan \dfrac{x+y}{x-y}$.

2. 计算下列函数在给定点处的偏导数:

(1) $z = e^{x^2 + y^2}$, 求 $z'_x \big|_{\substack{x=1 \\ y=0}}$, $z'_y \big|_{\substack{x=0 \\ y=1}}$;

(2) $z = \ln(\sqrt{x} + \sqrt{y})$, 求 $z'_x \big|_{\substack{x=1 \\ y=1}}$, $z'_y \big|_{\substack{x=1 \\ y=1}}$;

(3) $z = (1 + xy)^y$, 求 $z'_x \big|_{\substack{x=1 \\ y=1}}$, $z'_y \big|_{\substack{x=1 \\ y=1}}$;

(4) $u = \ln(xy + z)$, 求 $u'_x \big|_{\substack{x=2 \\ y=1 \\ z=0}}$, $u'_y \big|_{\substack{x=2 \\ y=1 \\ z=0}}$, $u'_z \big|_{\substack{x=2 \\ y=1 \\ z=0}}$.

3. 求下列函数的偏导数:

(1) $z = x \ln(x+y)$, 求 $\dfrac{\partial^2 z}{\partial x^2}, \dfrac{\partial^2 z}{\partial y^2}, \dfrac{\partial^2 z}{\partial x \partial y}$;

(2) $z = \dfrac{\cos x^2}{y}$, 求 $\dfrac{\partial^2 z}{\partial x^2}, \dfrac{\partial^2 z}{\partial y^2}, \dfrac{\partial^2 z}{\partial x \partial y}$;

(3) $z = \arctan \dfrac{y}{x}$, 求 $\dfrac{\partial^2 z}{\partial x^2}, \dfrac{\partial^2 z}{\partial y^2}, \dfrac{\partial^2 z}{\partial x \partial y}$;

(4) $u = e^{xyz}$, 求 $\dfrac{\partial^3 z}{\partial x \partial y \partial z}$.

§8.3 全 微 分

4. 证明下列各题:

(1) 设 $z = \ln(\sqrt[n]{x} + \sqrt[n]{y})$, 且 $n \geqslant 2$, 则 $x\dfrac{\partial z}{\partial x} + y\dfrac{\partial z}{\partial y} = \dfrac{1}{n}$;

(2) 设 $z = \ln(e^x + e^y)$, 则 $\dfrac{\partial^2 z}{\partial x^2} \cdot \dfrac{\partial^2 z}{\partial y^2} - \left(\dfrac{\partial^2 z}{\partial x \partial y}\right)^2 = 0$.

5. 设 $u = \dfrac{1}{\sqrt{x^2 + y^2 + z^2}}$, 证明: $\dfrac{\partial^2 u}{\partial x^2} + \dfrac{\partial^2 u}{\partial y^2} + \dfrac{\partial^2 u}{\partial z^2} = 0$.

§8.3 全 微 分

8.3.1 全微分的概念

一元函数 $y = f(x)$ 在点 $x = x_0$ 处的微分是指: 如果函数 $y = f(x)$ 在当自变量 x 于 x_0 处有增量 Δx 时, 函数值的增量 Δy 可以表示成 $\Delta y = A \cdot \Delta x + \alpha$, 其中 α 是比 Δx 更高阶的无穷小, 即 $\lim\limits_{\Delta x \to 0} \dfrac{\alpha}{\Delta x} = 0$, 那么 $A\Delta x$ 称为函数 $y = f(x)$ 在 $x = x_0$ 处的微分, 这时也称函数在点 x_0 处可微.

类似地, 可定义二元函数的全微分.

定义 8-3-1 如果函数 $z = f(x, y)$ 在点 (x, y) 的全增量 $\Delta z = f(x + \Delta x, y + \Delta y) - f(x, y)$ 可表示为 $\Delta z = A \cdot \Delta x + B \cdot \Delta y + o(\rho)$, 其中 A, B 是不依赖于 $\Delta x, \Delta y$ 而仅与 x, y 有关的常数, $\rho = \sqrt{(\Delta x)^2 + (\Delta y)^2}$. 则称函数 $z = f(x, y)$ 在点 (x, y) 处可微分, 而 $A \cdot \Delta x + B \cdot \Delta y$ 称为函数 $z = f(x, y)$ 在点 (x, y) 处的全微分, 记作 dz, 即 $dz = A \cdot \Delta x + B \cdot \Delta y$.

如果函数在区域 D 内各点处都可微分, 则称这函数在 D 内可微分.

在 8.2 节中曾指出, 多元函数在某点的偏导数存在, 并不能保证函数在该点连续, 但是, 由上述定义, 我们不难得到以下关于二元函数可微与连续关系的定理.

定理 8-3-1 如果函数 $z = f(x, y)$ 在点 (x, y) 处可微分, 则函数 $z = f(x, y)$ 在点 (x, y) 处一定连续.

证明 由函数 $z = f(x, y)$ 在点 (x, y) 处可微分, 可知

$$\Delta z = A \cdot \Delta x + B \cdot \Delta y + o(\rho),$$

于是有

$$\lim_{\substack{\Delta x \to 0 \\ \Delta y \to 0}} \Delta Z = \lim_{\substack{\Delta x \to 0 \\ \Delta y \to 0}} (A \cdot \Delta x + B \Delta y) + \lim_{\substack{\Delta x \to 0 \\ \Delta y \to 0}} o(\rho) = 0,$$

即函数 $z = f(x, y)$ 在点 (x, y) 处连续.

定理 8-3-1 也告诉我们, 如果 $f(x, y)$ 在 (x, y) 处不连续, 则 $f(x, y)$ 在 (x, y) 处不可微.

我们知道, 一元函数在某点的导数存在是其微分存在的充分必要条件, 但对于

二元函数来说情形就不同了. 例如, 函数 $f(x,y) = \begin{cases} \dfrac{xy}{x^2+y^2}, & x^2+y^2 \neq 0, \\ 0, & x^2+y^2 = 0, \end{cases}$ 由 8.2 节知, 该函数在 (0,0) 点处的两个偏导数 $f'_x(0,0), f'_y(0,0)$ 存在且有 $f'_x(0,0) = 0, f'_y(0,0) = 0$. 而由 8.1 节知, 该函数在 (0,0) 点处不连续, 结合上定理 8-3-1 知, 该函数在 (0,0) 点处一定不可微. 也即该函数在 (0,0) 点处偏导数存在但不可微. 那么函数在一点可微与函数在该点偏导数存在有何关系呢? 下面给出相应的两个定理.

定理 8-3-2 (必要条件)　如果函数 $z = f(x,y)$ 在点 (x,y) 处可微分, 则该函数在点 (x,y) 的偏导数 $\dfrac{\partial z}{\partial x}, \dfrac{\partial z}{\partial y}$ 必定存在, 且有

$$A = \frac{\partial z}{\partial x}, \quad B = \frac{\partial z}{\partial y}.$$

证明　因为函数 $z = f(x,y)$ 在点 (x,y) 处可微, 所以其全增量可以表示为

$$\Delta z = A \cdot \Delta x + B \cdot \Delta y + o(\rho),$$

其中 A, B 与 $\Delta x, \Delta y$ 无关, $\rho = \sqrt{(\Delta x)^2 + (\Delta y)^2}$.

上式对任意的 $\Delta x, \Delta y$ 都成立, 特别地, 当 $\Delta y = 0$ 时有

$$\Delta z = \Delta_x z = f(x + \Delta x, y) - f(x, y) = A\Delta x + o(\rho).$$

而此时 $\rho = |\Delta x|$, 两端同除以 Δx 得

$$\frac{\Delta_x z}{\Delta x} = A + \frac{o(\rho)}{\Delta x},$$

因而

$$\lim_{\Delta x \to 0} \frac{\Delta_x z}{\Delta x} = \lim_{\Delta x \to 0} \left(A + \frac{o(\rho)}{\Delta x} \right) = \lim_{\Delta x \to 0} \left(A + \frac{o(\rho)}{|\Delta x|} \cdot \frac{|\Delta x|}{\Delta x} \right) = A,$$

即偏导数 $\dfrac{\partial z}{\partial x}$ 存在, 且 $\dfrac{\partial z}{\partial x} = A$.

同理可证 $\dfrac{\partial z}{\partial y}$ 存在, 且 $\dfrac{\partial z}{\partial y} = B$.

由此可知, 当 $z = f(x,y)$ 在点 (x,y) 处可微时, 必有

$$\mathrm{d}z = \frac{\partial z}{\partial x}\mathrm{d}x + \frac{\partial z}{\partial y}\mathrm{d}y.$$

类似于一元函数, 规定 $\Delta x = \mathrm{d}x, \Delta y = \mathrm{d}y$, 则有

$$\mathrm{d}z = \frac{\partial z}{\partial x}\mathrm{d}x + \frac{\partial z}{\partial y}\mathrm{d}y.$$

§8.3 全微分

定理 8-3-3（充分条件） 如果函数 $z = f(x,y)$ 在点 (x,y) 的某一邻域内偏导数 $\dfrac{\partial z}{\partial x}, \dfrac{\partial z}{\partial y}$ 存在且连续，则函数 $z = f(x,y)$ 在该点可微分（证明略）.

以上关于二元函数全微分的概念可以类似地推广到三元和三元以上的函数. 例如, 三元函数 $u = f(x,y,z)$, 如果三个偏导数 $\dfrac{\partial u}{\partial x}, \dfrac{\partial u}{\partial y}, \dfrac{\partial u}{\partial z}$ 连续, 则它可微且其全微分可表示为

$$\mathrm{d}u = \frac{\partial u}{\partial x}\mathrm{d}x + \frac{\partial u}{\partial y}\mathrm{d}y + \frac{\partial u}{\partial z}\mathrm{d}z.$$

例 8-3-1 计算函数 $z = x^2 y + y^2$ 的全微分.

解
$$\frac{\partial z}{\partial x} = 2xy, \quad \frac{\partial z}{\partial y} = x^2 + 2y,$$

于是有

$$\mathrm{d}z = 2xy\,\mathrm{d}x + \left(x^2 + 2y\right)\mathrm{d}y.$$

例 8-3-2 计算函数 $z = \mathrm{e}^{xy}$ 在点 $(2,1)$ 处的全微分.

解
$$\frac{\partial z}{\partial x} = y \cdot \mathrm{e}^{xy}, \quad \frac{\partial z}{\partial y} = x\,\mathrm{e}^{xy},$$

因此

$$\frac{\partial z}{\partial x}\bigg|_{\substack{x=2\\y=1}} = \mathrm{e}^2, \quad \frac{\partial z}{\partial y}\bigg|_{\substack{x=2\\y=1}} = 2\,\mathrm{e}^2,$$

于是有

$$\mathrm{d}z\bigg|_{\substack{x=2\\y=1}} = \mathrm{e}^2\,\mathrm{d}x + 2\,\mathrm{e}^2\,\mathrm{d}y.$$

例 8-3-3 计算函数 $u = x^2 + \sin\dfrac{y}{2} + \arctan\dfrac{z}{y}$ 的全微分.

解
$$\frac{\partial u}{\partial x} = 2x, \quad \frac{\partial u}{\partial y} = \frac{1}{2}\cos\frac{y}{2} - \frac{z}{y^2 + z^2}, \quad \frac{\partial u}{\partial z} = \frac{y}{y^2 + z^2},$$

所以

$$\mathrm{d}u = 2x\,\mathrm{d}x + \left(\frac{1}{2}\cos\frac{y}{2} - \frac{z}{y^2 + z^2}\right)\mathrm{d}y + \frac{y}{y^2 + z^2}\mathrm{d}z.$$

8.3.2 全微分在近似计算中的应用

由二元函数的全微分概念可知, 当二元函数 $z = f(x,y)$ 在点 $P(x,y)$ 的两个偏导数 $f'_x(x,y), f'_y(x,y)$ 连续, 并且 $|\Delta x|, |\Delta y|$ 都较小时, 有近似关系式:

$$\Delta z \approx \mathrm{d}z = f'_x(x,y) \cdot \Delta x + f'_y(x,y) \cdot \Delta y. \tag{8-3-1}$$

式 (8-3-1) 也可以表示为

$$f(x+\Delta x, y+\Delta y) \approx f(x,y) + f'_x(x,y) \cdot \Delta x + f'_y(x,y) \cdot \Delta y. \tag{8-3-2}$$

与一元函数的情形相类似，我们可以利用式 (8-3-1) 或式 (8-3-2) 对二元函数作近似计算和误差估计，举例如下.

例 8-3-4 计算 $(1.04)^{2.02}$ 的近似值.

解 设函数 $f(x,y)=x^y$，显然，$(1.04)^{2.02}$ 即为该函数在 $x=1.04, y=2.02$ 时的函数值. 取 $x_0=1, y_0=2, \Delta y=0.02$，则有

$$f(x_0,y_0)=f(1,2)=1,$$

而

$$f'_x(x,y)=y \cdot x^{y-1}, \quad f'_y(x,y)=x^y \cdot \ln x,$$

于是有

$$f'_x(x_0,y_0)=f'_x(1,2)=2, \quad f'_y(x_0,y_0)=f'_y(1,2)=0.$$

应用式 (8-3-2)，便有

$$(1.04)^{2.02} \approx 1+2\times 0.04+0\times 0.02=1.08.$$

例 8-3-5 设圆锥的底半径 r 由 30cm 增加到 30.1cm，高 h 由 60cm 减小到 59.5cm，试求体积变化的近似值.

解 圆锥体积公式 $V=\dfrac{1}{3}\pi r^2 h$.

取

$$r_0=30, \quad h_0=60, \quad \Delta r=0.1, \quad \Delta h=-0.5,$$

由

$$\frac{\partial V}{\partial r}=\frac{2}{3}\pi rh, \quad \frac{\partial V}{\partial h}=\frac{1}{3}\pi r^2,$$

得

$$\frac{\partial V}{\partial r}(r_0,h_0)=\frac{2}{3}\pi rh \bigg|_{\substack{r=30\\h=60}}=1200\pi,$$

$$\frac{\partial V}{\partial h}(r_0,h_0)=\frac{1}{3}\pi r^2 \bigg|_{\substack{r=30\\h=60}}=300\pi,$$

应用式 (8-3-1) 有

$$\Delta V \approx 1200\pi \times 0.1 + 300\pi \times (-0.5) = -30\pi (\text{cm}^3)$$

$$\approx -94.3 \text{cm}^3,$$

即体积减小约 94.3cm³.

习 题 8.3

1. 求下列函数的全微分:
(1) $z = \sqrt{\dfrac{x}{y}}$;　　　　(2) $z = \sqrt{\dfrac{ax+by}{ax-by}}$;　　　　(3) $z = e^{x^2+y^2}$;
(4) $z = \arctan(xy)$;　　　　(5) $u = \ln(x^2+y^2+z^2)$.

2. 求下列函数在给定条件下全微分的值:
(1) 函数 $z = x^2 y^3$, 当 $x=2, y=-1, \Delta x=0.02, \Delta y=-0.01$ 时;
(2) 函数 $z = e^{xy}$, 当 $x=1, y=1, \Delta x=0.15, \Delta y=0.1$ 时.

3. 计算下列各式的近似值:
(1) $\sqrt{(1.02)^3+(1.97)^3}$;　　(2) $(10.1)^{2.03}$.

4. 已知边长 $x=6\text{cm}$ 与 $y=8\text{cm}$ 的矩形, 求当 x 边增加 5cm, y 边减少 10cm 时, 此矩形对角线变化的近似值.

5. 用某种材料做一个开口长方体容器, 其外形长 5m, 宽 4m, 高 3m, 厚 20cm, 求所需材料的近似值与精确值.

§8.4 多元复合函数求导法则

本节我们将一元函数微分学中复合函数的求导法则推广到多元复合函数的情形. 多元复合函数的求导法则相对比较复杂, 它在多元函数微分学中起着重要的作用.

8.4.1 多元复合函数的求导法则

下面, 我们不妨从一种特殊情况开始讨论.

定理 8-4-1 设一元函数 $u = \phi(x)$ 及 $v = \psi(x)$ 都在点 x 处可导, 函数 $z = f(u,v)$ 在点 x 处的对应点 (u,v) 处具有连续偏导数, 则复合函数 $z = f[\phi(x), \psi(x)]$ 在点 x 处可导, 且有

$$\frac{dz}{dx} = \frac{\partial z}{\partial u} \cdot \frac{du}{dx} + \frac{\partial z}{\partial v} \cdot \frac{dv}{dx} \tag{8-4-1}$$

证明 给自变量 x 以增量 Δx, 则 $u = \phi(x), v = \psi(x)$ 有相应的增量 Δu 和 Δv, 从而 $z = f(u,v)$ 有全增量 Δz. 按照假定, 函数 $z = f(u,v)$ 在点 (u,v) 具有连续偏导数, 从而知其可微, 于是有

$$\Delta z = \frac{\partial z}{\partial u} \cdot \Delta u + \frac{\partial z}{\partial v} \cdot \Delta v + \omega, \tag{8-4-2}$$

其中 $\lim\limits_{\rho \to 0} \dfrac{\omega}{\rho} = 0$, 而 $\rho = \sqrt{(\Delta u)^2 + (\Delta v)^2}$.

将式 (8-4-2) 两边同除以 Δx，并求 $\Delta x \to 0$ 时的极限，则有

$$\lim_{\Delta x \to 0} \frac{\Delta z}{\Delta x} = \lim_{\Delta x \to 0} \left(\frac{\partial z}{\partial u} \cdot \frac{\partial u}{\Delta x} + \frac{\partial z}{\partial v} \cdot \frac{\partial v}{\Delta x} + \frac{\omega}{\Delta x} \right).$$

又因一元函数 u 与 v 可导，而 u 与 v 均连续，从而得 $\lim\limits_{\Delta x \to 0} \rho = 0$，于是

$$\lim_{\Delta x \to 0} \left(\frac{\omega}{\Delta x} \right)^2 = \lim_{\Delta x \to 0} \left(\frac{\omega^2}{\rho^2} \cdot \frac{\rho^2}{(\Delta x)^2} \right) = \lim_{\rho \to 0} \frac{\omega^2}{\rho^2} \cdot \lim_{\Delta x \to 0} \frac{(\Delta u)^2 + (\Delta v)^2}{(\Delta x)^2}$$

$$= \lim_{\rho \to 0} \frac{\omega^2}{\rho^2} \cdot \left[\left(\frac{du}{dx} \right)^2 + \left(\frac{dv}{dx} \right)^2 \right] = 0,$$

因此

$$\lim_{\Delta x \to 0} \frac{\omega}{\Delta x} = 0,$$

于是有

$$\lim_{\Delta x \to 0} \frac{\Delta z}{\Delta x} = \lim_{\Delta x \to 0} \left(\frac{\partial z}{\partial u} \cdot \frac{\Delta u}{\Delta x} \right) + \lim_{\Delta x \to 0} \left(\frac{\partial z}{\partial v} \cdot \frac{\Delta v}{\Delta x} \right) + \lim_{\Delta x \to 0} \frac{\omega}{\Delta x} = \frac{\partial z}{\partial u} \cdot \frac{du}{dx} + \frac{\partial z}{\partial v} \cdot \frac{dv}{dx},$$

即

$$\frac{dz}{dx} = \frac{\partial z}{\partial u} \cdot \frac{du}{dx} + \frac{\partial z}{\partial v} \cdot \frac{dv}{dx}.$$

这就证明了复合函数 $z = f[\phi(x), \psi(x)]$ 在点 x 处可导，且其导数可由式 (8-4-1) 计算，证毕.

例 8-4-1 设 $z = u^v$, $u = \sin 2x$, $v = \sqrt{x^2 - 1}$，求 $\dfrac{dz}{dx}$.

解 因

$$\frac{\partial z}{\partial u} = v \cdot u^{v-1}, \quad \frac{\partial z}{\partial v} = u^v \cdot \ln u,$$

而

$$\frac{du}{dx} = 2\cos 2x, \quad \frac{dv}{dx} = \frac{x}{\sqrt{x^2 - 1}},$$

于是由式 (8-4-1) 得

$$\frac{dz}{dx} = v \cdot u^{v-1} \cdot 2\cos 2x + u^v \cdot \ln u \cdot \frac{x}{\sqrt{x^2 - 1}}$$

$$= u^v \cdot \left(\frac{2v \cdot \cos 2x}{u} + \frac{x \cdot \ln u}{\sqrt{x^2 - 1}} \right)$$

$$= (\sin 2x)^{\sqrt{x^2 - 1}} \cdot \left(2\sqrt{x^2 - 1} \cdot \cot 2x + \frac{x \cdot \ln(\sin 2x)}{\sqrt{x^2 - 1}} \right).$$

这里需指出，上述定理中定义的复合函数 z，实质是变量 x 的一元函数 $z = f[\phi(x), \psi(x)]$，这时 z 对 x 的导数称为全导数，式 (8-4-1) 称为全导数公式.

§8.4 多元复合函数求导法则

更为一般地,假设函数 $z = f(u,v)$ 可微,而函数 $u = \phi(x,y)$ 和 $v = \psi(x,y)$ 对 x 和 y 的一阶偏导数都存在,则我们有下面多元复合函数求偏导数的定理.

定理 8-4-2 设 $u = \phi(x,y)$ 及 $v = \psi(x,y)$ 都在点 (x,y) 具有对 x 及对 y 的偏导数,函数 $z = f(u,v)$ 在 (x,y) 的对应点 (u,v) 处具有连续偏导数,则复合函数 $z = f[\phi(x,y), \psi(x,y)]$ 在点 (x,y) 的两个偏导数存在,且有

$$\frac{\partial z}{\partial x} = \frac{\partial z}{\partial u} \cdot \frac{\partial u}{\partial x} + \frac{\partial z}{\partial v} \cdot \frac{\partial v}{\partial x}, \tag{8-4-3}$$

$$\frac{\partial z}{\partial y} = \frac{\partial z}{\partial u} \cdot \frac{\partial u}{\partial y} + \frac{\partial z}{\partial v} \cdot \frac{\partial v}{\partial y}. \tag{8-4-4}$$

证明略.

事实上,这里求 $\frac{\partial z}{\partial x}$ 时,将 y 看做常量,此时,中间变量 u 及 v 即可看做变量 x 的一元函数. 但由于复合函数 $z = f[\phi(x,y), \psi(x,y)]$ 以及 $u = \phi(x,y)$ 和 $v = \psi(x,y)$ 都是 x, y 的二元函数. 因此应用定理 8-4-1 时应把式 (8-4-1) 中的导数记号改写成偏导数记号,便得式 (8-4-3),同样由式 (8-4-1) 可得式 (8-4-4).

例 8-4-2 设 $z = \mathrm{e}^u \cdot \sin v$ 而 $u = xy, v = x+y$,求 $\frac{\partial z}{\partial x}$ 和 $\frac{\partial z}{\partial y}$.

解

$$\frac{\partial z}{\partial x} = \frac{\partial z}{\partial u} \cdot \frac{\partial u}{\partial x} + \frac{\partial z}{\partial v} \cdot \frac{\partial v}{\partial x} = \mathrm{e}^u \cdot \sin v \cdot y + \mathrm{e}^u \cdot \cos v$$
$$= \mathrm{e}^{xy}[y \cdot \sin(x+y) + \cos(x+y)],$$

$$\frac{\partial z}{\partial y} = \frac{\partial z}{\partial u} \cdot \frac{\partial u}{\partial y} + \frac{\partial z}{\partial v} \cdot \frac{\partial v}{\partial y} = \mathrm{e}^u \cdot \sin v \cdot x + \mathrm{e}^u \cdot \cos v \cdot 1$$
$$= \mathrm{e}^{xy}[x \cdot \sin(x+y) + \cos(x+y)].$$

多元复合函数的复合关系有许多种,在定理 8-4-2 的基础上,为了更好地理解、记忆多元复合函数的求导法则,下面我们借助树形图法加以说明. 例如,在图 8-4-1 中,它揭示了定理 8-4-2 中所讨论的复合函数的复合关系和求导的运算途径.

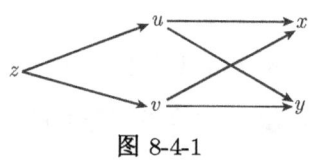

图 8-4-1

一方面从 z 引出的两个箭头指向 u 和 v,表示 z 是 u 和 v 的函数;同理,u 与 v 又同时是 x 和 y 的函数,这形象地给出了函数的复合关系,从图 8-4-1 中我们也可看出从 z 到 x 有两条途径,这也表示 z 对 x 的偏导数包括两项;每条途径有两个箭头组成,表示每项由两个导数相乘而得. 其中每个箭头表示左边一个变量对右边一个变量的导数,如 $z \to u, u \to x$ 分别表示 $\frac{\partial z}{\partial u}, \frac{\partial u}{\partial x}$. 由上分析知,多元复合函数偏导数的计算,只要我们明确函数的层次关系,结合树形图,考虑定理条件,不难得

其运算法则. 例如, 设 $u = \phi(x,y)$, $v = \psi(x,y)$ 及 $w = w(x,y)$ 都在点 (x,y) 具有对 x 及对 y 的偏导数, 函数 $z = f(u,v,w)$ 在对应点 (u,v,w) 具有连续偏导数, 易知, 复合函数 $z = f[\phi(x,y), \psi(x,y), w(x,y)]$ 在点 (x,y) 的两个偏导数都存在, 其树形图如前页图 8-4-1 所示, 易得其偏导数计算法则有

$$\frac{\partial z}{\partial x} = \frac{\partial z}{\partial u} \cdot \frac{\partial u}{\partial x} + \frac{\partial z}{\partial v} \cdot \frac{\partial v}{\partial x} + \frac{\partial z}{\partial w} \cdot \frac{\partial w}{\partial x},$$

$$\frac{\partial z}{\partial y} = \frac{\partial z}{\partial u} \cdot \frac{\partial u}{\partial y} + \frac{\partial z}{\partial v} \cdot \frac{\partial v}{\partial y} + \frac{\partial z}{\partial w} \cdot \frac{\partial w}{\partial y}.$$

例 8-4-3 设 $z = f\left(\dfrac{y}{x}, x+2y, y \cdot \sin x\right)$, f 具有一阶连续偏导数, 求 $\dfrac{\partial z}{\partial x}$ 与 $\dfrac{\partial z}{\partial y}$.

解 令 $u = \dfrac{y}{x}$, $v = x+2y$, $w = y \cdot \sin x$, 则

$$z = f(u,v,w),$$

于是有

$$\begin{aligned}\frac{\partial z}{\partial x} &= \frac{\partial f}{\partial u} \cdot \frac{\partial u}{\partial x} + \frac{\partial f}{\partial v} \cdot \frac{\partial v}{\partial x} + \frac{\partial f}{\partial w} \cdot \frac{\partial w}{\partial x} \\ &= f'_u \cdot \left(-\frac{y}{x^2}\right) + f'_v \cdot 1 + f'_w \cdot y \cos x = -\frac{y}{x^2} f'_1 + f'_2 + y \cdot \cos x f'_3,\end{aligned}$$

其中 f'_i 是多元复合函数偏导数计算中常用的记号, 它表示 z 对第 i 个中间变量的偏导数 $(i=1,2,3)$, 有了这种记法, 就不一定要明显地写出中间变量 u,v,w.

类似地, 可求得

$$\frac{\partial z}{\partial y} = \frac{1}{x} \cdot f'_1 + 2f'_2 + \sin x \cdot f'_3.$$

例 8-4-4 设 $z = x^2 y \cdot f(x^2-y^2, xy)$, f 具有一阶连续偏导数, 求 $\dfrac{\partial z}{\partial x}$ 与 $\dfrac{\partial z}{\partial y}$.

解 结合求偏导数的四则运算法则有

$$\begin{aligned}\frac{\partial z}{\partial x} &= 2xy \cdot f + x^2 y \cdot (f'_1 \cdot 2x + f'_2 \cdot y) \\ &= 2xy \cdot f + 2x^3 y f'_1 + 2x^2 y^2 f'_2, \\ \frac{\partial z}{\partial y} &= x^2 \cdot f + x^2 y \cdot (f'_1 \cdot (-2y) + f'_2 \cdot x) \\ &= x^2 \cdot f - 2x^2 y^2 f'_1 + x^3 y f'_2.\end{aligned}$$

例 8-4-5 设 $u = f(x,y,z) = e^{x^2+y^2+z^2}$, 而 $z = x^2 \cdot \sin y$, 求 $\dfrac{\partial u}{\partial x}$ 与 $\dfrac{\partial u}{\partial y}$.

§8.4 多元复合函数求导法则

解

$$\frac{\partial u}{\partial x} = \frac{\partial f}{\partial x} + \frac{\partial f}{\partial z} \cdot \frac{\partial z}{\partial x} = 2x \cdot e^{x^2+y^2+z^2} + 2z \cdot e^{x^2+y^2+z^2} \cdot 2x \cdot \sin y$$
$$= 2x\left(1 + 2x^2 \sin^2 y\right) \cdot e^{x^2+y^2+x^4 \cdot \sin^2 y},$$

$$\frac{\partial u}{\partial y} = \frac{\partial f}{\partial y} + \frac{\partial f}{\partial} \cdot \frac{\partial z}{\partial y} = 2y \cdot e^{x^2+y^2+z^2} + 2z \cdot e^{x^2+y^2+z^2} \cdot x^2 \cdot \cos y$$
$$= 2\left(y + x^4 \sin y \cos y\right) \cdot e^{x^2+y^2+x^4 \cdot \sin^2 y}.$$

注意 这里 $\frac{\partial z}{\partial x}$ 与 $\frac{\partial f}{\partial x}$ 是不同的，$\frac{\partial z}{\partial x}$ 是把复合函数 $u = f\left(x, y, x^2 \sin y\right)$ 中的 y 看做不变而对 x 的偏导数，$\frac{\partial f}{\partial x}$ 是把 $f(x, y, z)$ 中的 y 及 z 看做不变而对 x 的偏导数，$\frac{\partial z}{\partial y}$ 与 $\frac{\partial f}{\partial y}$ 也有类似的区别.

例 8-4-6 设 $z = uv + \sin t$ 而 $u = e^t, v = \cos t,$ 求全导数 $\frac{dz}{dt}$.

解

$$\frac{dz}{dt} = \frac{\partial z}{\partial u} \cdot \frac{du}{dt} + \frac{\partial z}{\partial v} \cdot \frac{dv}{dt} + \frac{\partial z}{\partial t}$$
$$= e^t \cos t - e^t \cdot \sin t + \cos t$$
$$= e^t (\cos t - \sin t) + \cos t.$$

例 8-4-7 设 $z = f\left(x^2 + y^2, xy\right)$，$f$ 具有二阶连续偏导数，求 $\frac{\partial^2 z}{\partial x \partial y}$.

解 令 $u = x^2 + y^2$, $v = xy$, 则 $z = f(u, v)$.
类似于例 8-4-3，为表达方面起见，引入如下记号：

$$f_1' = \frac{\partial f(u,v)}{\partial u}, \quad f_{12}'' = \frac{\partial^2 f(u,v)}{\partial u \partial v}.$$

这里下标 1 表示对第一个变量 u 求偏导数，下标 2 表示对第二个变量 v 求偏导数，同理有 $f_2', f_{11}'', f_{21}'', f_{22}''$.

由复合函数求导法则，有

$$\frac{\partial z}{\partial x} = \frac{\partial z}{\partial u} \cdot \frac{\partial u}{\partial x} + \frac{\partial z}{\partial v} \cdot \frac{\partial v}{\partial x} = f_1' \cdot 2x + f_2' \cdot y = 2x f_1' + y \cdot f_2',$$

$$\frac{\partial^2 z}{\partial x \partial y} = 2x \cdot \frac{\partial f_1'}{\partial y} + f_2' + y \cdot \frac{\partial f_2'}{\partial y}.$$

值得注意的是，在求 $\frac{\partial f_1'}{\partial y}, \frac{\partial f_2'}{\partial y}$ 时，应注意到 f_1' 及 f_2' 仍旧是 x, y 的复合函数.

根据复合函数求导法则,有

$$\frac{\partial f_1'}{\partial y} = \frac{\partial f_1'}{\partial u} \cdot \frac{\partial u}{\partial y} + \frac{\partial f_1'}{\partial v} \cdot \frac{\partial v}{\partial y} = f_{11}'' \cdot 2y + f_{12}'' \cdot x = 2y f_{11}'' + x \cdot f_{12}'',$$

$$\frac{\partial f_2'}{\partial y} = \frac{\partial f_2'}{\partial u} \cdot \frac{\partial u}{\partial y} + \frac{\partial f_2'}{\partial v} \cdot \frac{\partial v}{\partial y} = f_{21}'' \cdot 2y + f_{22}'' \cdot x = 2y f_{21}'' + x \cdot f_{22}'',$$

于是

$$\begin{aligned}\frac{\partial^2 z}{\partial x \partial y} &= 2x \cdot \left(2y \cdot f_{11}'' + x \cdot f_{12}''\right) + f_2' + y \cdot \left(2y f_{21}'' + x f_{22}''\right) \\ &= 4xy f_{11}'' + 2x^2 f_{12}'' + f_2' + 2y^2 f_{21}'' + xy f_{22}''.\end{aligned}$$

例 8-4-8 设 $z = f(\sin x, \cos y, e^{x+y})$, f 具有二阶连续偏导数, 求 $\dfrac{\partial^2 z}{\partial x \partial y}$.

解 由复合函数求导法则, 有

$$\frac{\partial z}{\partial x} = f_1' \cdot \cos x + f_2' \cdot 0 + f_3' \cdot e^{x+y} = \cos x \cdot f_1' + e^{x+y} \cdot f_3',$$

因而

$$\begin{aligned}\frac{\partial^2 z}{\partial x \partial y} &= \cos x \cdot \frac{\partial f_1'}{\partial y} + e^{x+y} \cdot f_3' + e^{x+y} \cdot \frac{\partial f_3'}{\partial y} \\ &= \cos x \cdot \left[f_{11}'' \cdot 0 + f_{12}'' \cdot (-\sin y) + f_{13}'' \cdot e^{x+y}\right] + e^{x+y} \cdot f_3' \\ &\quad + e^{x+y} \cdot \left[f_{31}'' \cdot 0 + f_{32}'' \cdot (-\sin y) + f_{33}'' \cdot e^{x+y}\right] \\ &= -\cos x \cdot \sin y \cdot f_{12}'' + \cos x \cdot e^{x+y} f_{13}'' + e^{x+y} f_3' - \sin y \cdot e^{x+y} f_{32}'' + e^{2x+2y} \cdot f_{33}''.\end{aligned}$$

8.4.2 全微分形式不变性

设函数 $z = f(u, v)$ 具有连续偏导数, 则有全微分公式

$$dz = \frac{\partial z}{\partial u} \cdot du + \frac{\partial z}{\partial v} \cdot dv.$$

如果 u, v 又是变量 x, y 的函数 $u = \phi(x, y)$, $v = \psi(x, y)$, 且这两个函数也具有连续偏导数, 则复合函数 $z = f[\phi(x, y), \psi(x, y)]$ 在 (x, y) 处可微, 且其全微分为

$$dz = \frac{\partial z}{\partial x} dx + \frac{\partial z}{\partial y} dy,$$

其中 $\dfrac{\partial z}{\partial x}$ 及 $\dfrac{\partial z}{\partial y}$ 分别由式 (8-4-2) 及式 (8-4-3) 给出.

另外, 将由式 (8-4-2)、式 (8-4-3) 给出的 $\dfrac{\partial z}{\partial x}$ 及 $\dfrac{\partial z}{\partial y}$ 代入上式, 我们有

§8.4 多元复合函数求导法则

$$dz = \left(\frac{\partial z}{\partial u} \cdot \frac{\partial z}{\partial x} + \frac{\partial z}{\partial v} \cdot \frac{\partial v}{\partial x}\right)dx + \left(\frac{\partial z}{\partial u} \cdot \frac{\partial u}{\partial y} + \frac{\partial z}{\partial v} \cdot \frac{\partial v}{\partial y}\right)dy$$

$$= \frac{\partial z}{\partial u}\left(\frac{\partial u}{\partial x}dx + \frac{\partial u}{\partial y}dy\right) + \frac{\partial z}{\partial v}\left(\frac{\partial v}{\partial x}dx + \frac{\partial v}{\partial y}dy\right)$$

$$= \frac{\partial z}{\partial u}du + \frac{\partial z}{\partial v}dv.$$

由此可见,在函数 $z = f(u, v)$ 中,无论 u, v 是自变量还是中间变量,它的全微分形式是一样的,这个性质叫做全微分形式的不变性.

例 8-4-9 利用全微分形式不变性解本节的例 8-4-2.

解 由 $z = e^u \cdot \sin v$,得

$$dz = e^u \sin v du + e^u \cdot \cos v dv,$$

因

$$du = d(x \cdot y) = ydx + xdy,$$

$$dv = d(x + y) = dx + dy,$$

代入后归并含 dx 及 dy 的项,得

$$dz = (e^u \sin v \cdot y + e^u \cos v) dx + (e^u \sin v \cdot x + e^u \cos v) dy.$$

由微分形式的不变性,得

$$\frac{\partial z}{\partial x} = e^{xy}[y\sin(x+y) + \cos(x+y)],$$

$$\frac{\partial z}{\partial y} = e^{xy}[x\sin(x+y) + \cos(x+y)].$$

与例 8-4-2 结果相同!

习 题 8.4

1. 求下列函数的全导数或偏导数:

(1) $z = u^2\ln v$ 而 $u = \dfrac{x}{y}, v = 3x - 2y$,求 $\dfrac{\partial z}{\partial x}, \dfrac{\partial z}{\partial y}$;

(2) $z = \dfrac{y}{x}$,而 $x = e^t, y = 1 - e^{2t}$,求 $\dfrac{dz}{dt}$;

(3) $z = \dfrac{x^2 - y}{x + y}$,而 $y = 2x - 3$,求 $\dfrac{dz}{dx}$;

(4) $z = u^v$,而 $u = x + 2y, v = x - y$,求 $\dfrac{\partial z}{\partial x}, \dfrac{\partial z}{\partial y}$.

2. 计算下列函数的高阶偏导数:

(1) $z = f(u, x, y)$, $u = xe^y$, 其中 f 具有二阶连续偏导数, 求 $\dfrac{\partial^2 z}{\partial x^2}, \dfrac{\partial^2 z}{\partial x \partial y}$;

(2) $z = f(xy, x^2 + y^2)$, 其中 f 具有二阶连续偏导数, 求 $\dfrac{\partial^2 z}{\partial x^2}, \dfrac{\partial^2 z}{\partial x \partial y}$.

3. 证明下列各题:

(1) 设 $z = f(x^2 + y^2)$, 且 f 是可微函数, 求证: $y\dfrac{\partial z}{\partial x} - x\dfrac{\partial z}{\partial y} = 0$.

(2) 设 $z = f[e^{xy}, \cos(xy)]$, 且 f 是可微函数, 求证: $x\dfrac{\partial z}{\partial x} - y\dfrac{\partial z}{\partial y} = 0$.

(3) 设函数 $g(r)$ 有二阶导数, $f(x, y) = g(r)$, $r = \sqrt{x^2 + y^2}$, 求证: $\dfrac{\partial^2 f}{\partial x^2} + \dfrac{\partial^2 f}{\partial y^2} = g''(r) + \dfrac{1}{r}g'(r), (x, y) \neq (0, 0)$.

4. 设 $z = xy + xF(u)$, 而 $u = \dfrac{y}{x}$, $F(u)$ 为可导函数, 证明: $x \cdot \dfrac{\partial z}{\partial x} + y \cdot \dfrac{\partial z}{\partial y} = z + xy$.

5. 设 $z = \dfrac{y}{f(x^2 - y^2)}$, 其中 $f(u)$ 为可导函数, 验证 $\dfrac{1}{x} \cdot \dfrac{\partial z}{\partial x} + \dfrac{1}{y} \cdot \dfrac{\partial z}{\partial y} = \dfrac{z}{y^2}$.

§8.5 隐函数的求导法则

8.5.1 一个方程确定的隐函数的求导法则

在一元函数中, 我们已经提出了隐函数的概念, 并且提出了不经过显化直接由方程

$$F(x, y) = 0 \tag{8-5-1}$$

所确定的隐函数的导数的方法. 现在介绍隐函数存在定理, 并根据多元复合函数的求导法则导出多元隐函数的导数公式.

定理 8-5-1 (隐函数存在定理 1) 设函数 $F(x, y)$ 在点 $P(x_0, y_0)$ 的某一邻域内具有连续偏导数, 且 $F(x_0, y_0) = 0$, $F'_y(x_0, y_0) \neq 0$. 则方程 $F(x, y) = 0$ 在点 (x_0, y_0) 的某一邻域内恒能唯一确定一个连续且具有连续导数的函数 $y = f(x)$, 它满足条件 $y_0 = f(x_0)$, 并有

$$\frac{dy}{dx} = -\frac{F'_x}{F'_y}. \tag{8-5-2}$$

式 (8-5-2) 就是隐函数的求导公式.

这个定理我们不证, 现仅就式 (8-5-2) 作如下推导.

将方程 (8-5-1) 所确定的函数 $y = f(x)$ 代入式 (8-5-1), 得恒等式

$$F(x, f(x)) \equiv 0,$$

§8.5 隐函数的求导法则

其左边可以看做是 x 的一个复合函数，求这个函数的全导数，即有

$$\frac{\partial F}{\partial x} + \frac{\partial F}{\partial y} \cdot \frac{\mathrm{d}y}{\mathrm{d}x} = 0.$$

由于 F_y' 连续，且 $F_y'(x_0, y_0) \neq 0$，所以存在 (x_0, y_0) 的一个邻域，在这个邻域内 $F_y' \neq 0$，于是得

$$\frac{\mathrm{d}y}{\mathrm{d}x} = -\frac{F_x'}{F_y'}. \tag{8-5-3}$$

隐函数存在定理可以推广到多元函数，既然一个二元方程 (8-5-1) 可以确定一个一元隐函数，那么一个三元方程 $F(x, y, z) = 0$ 就有可能确定一个二元隐函数。

与定理 8-5-1 相仿，我们同样可以由三元函数 $F(x, y, z)$ 的性质来断定由方程 $F(x, y, z) = 0$ 所确定的二元函数 $z = f(x, y)$ 的存在性及这个函数的性质，这就是下面的定理。

定理 8-5-2 (**隐函数存在定理 2**)　设函数 $F(x, y, z) = 0$ 在点 $P(x_0, y_0, z_0)$ 的某一邻域内具有连续偏导数，且 $F(x_0, y_0, z_0) = 0$，$F_z'(x_0, y_0, z_0) \neq 0$，则方程 $F(x, y, z) = 0$ 在点 (x_0, y_0, z_0) 的某个邻域内恒能唯一确定一个连续且具有连续偏导数的函数 $z = f(x, y)$，它满足条件 $z_0 = f(x_0, y_0)$，并有

$$\frac{\partial z}{\partial x} = -\frac{F_x'}{F_z'}, \quad \frac{\partial z}{\partial y} = -\frac{F_y'}{F_z'}. \tag{8-5-4}$$

这个定理我们不证。与定理 8.5.1 类似，仅就式 (8-5-4) 作如下推导。

由定理条件可知

$$F(x, y, f(x, y)) \equiv 0,$$

将公式两端分别对 x 和 y 求偏导数，应用复合函数求导法则有

$$F_x' + F_z' \cdot \frac{\partial z}{\partial x} = 0, \quad F_y' + F_z' \cdot \frac{\partial z}{\partial y} = 0.$$

因为 F_z' 连续，且 $F_z'(x_0, y_0, z_0) \neq 0$，所以存在点 (x_0, y_0, z_0) 的一个邻域，在这个邻域内 $F_z' \neq 0$，于是得

$$\frac{\partial z}{\partial x} = -\frac{F_x'}{F_z'}, \quad \frac{\partial z}{\partial y} = -\frac{F_y'}{F_z'}.$$

式 (8-5-4) 即是求二元隐函数的偏导数的计算公式。

例 8-5-1　设 $z^3 - 3xyz = a^3$ 确定二元函数 $z = f(x, y)$，求 $\dfrac{\partial z}{\partial x}, \dfrac{\partial^2 z}{\partial x \partial y}$。

解　设 $F(x, y, z) = z^3 - 3xyz - a^3$，则

$$F_x' = -3yz, \quad F_y' = -3xz, \quad F_z' = 3z^2 - 3xy.$$

应用式 (8-5-4) 得

$$\frac{\partial z}{\partial x} = -\frac{F'_x}{F'_z} = -\frac{-3yz}{3z^2 - 3xy} = \frac{yz}{z^2 - xy},$$

$$\frac{\partial z}{\partial y} = -\frac{F'_y}{F'_z} = -\frac{-3xz}{3z^2 - 3xy} = \frac{xz}{z^2 - xy}.$$

对 $\frac{\partial z}{\partial x}$ 再一次对 y 求偏导数有

$$\frac{\partial^2 z}{\partial x \partial y} = \frac{\left(z + y \cdot \frac{\partial z}{\partial y}\right) \cdot (z^2 - xy) - yz\left(2z \cdot \frac{\partial z}{\partial y} - x\right)}{(z^2 - xy)^2}$$

$$= \frac{\left(z + \frac{xyz}{(z^2 - xy)}\right) \cdot (z^2 - xy) - yz\left(\frac{2xz^2}{z^2 - xy} - x\right)}{(z^2 - xy)^2}$$

$$= \frac{z^3 - 2xyz^3 + xyz^3 - x^2y^2z}{(z^2 - xy)^3} = \frac{z^3 - xyz^3 - x^2y^2z}{(z^2 - xy)^3}.$$

例 8-5-2 设方程 $F(x^2 - y^2, y^2 - z^2) = 0$ 确定了二元函数 $z = z(x,y)$,试证:$yz\frac{\partial z}{\partial x} + zx\frac{\partial z}{\partial y} = xy$.

证明 设 $G(x,y,z) = F(x^2 - y^2, y^2 - z^2)$,则有

$$G'_x = F'_1 \cdot 2x + F'_2 \cdot 0 = 2xF'_1,$$
$$G'_y = F'_1 \cdot (-2y) + F'_2 \cdot 2y = 2y(F'_2 - F'_1),$$
$$G'_z = F'_1 \cdot 0 + F'_2 \cdot (-2z) = -2z \cdot F'_2.$$

于是

$$\frac{\partial z}{\partial x} = -\frac{G'_x}{G'_z} = -\frac{2xF'_1}{-2zF'_2} = \frac{xF'_1}{zF'_2},$$

$$\frac{\partial z}{\partial y} = -\frac{G'_y}{G'_z} = -\frac{2y(F'_2 - F'_1)}{-2zF'_2} = \frac{y(F'_2 - F'_1)}{zF'_2},$$

所以有

$$yz\frac{\partial z}{\partial x} + zx\frac{\partial z}{\partial y} = yz\frac{xF'_1}{zF'_2} + \frac{y(F'_2 - F'_1)}{F'_2} = \frac{xyF'_1 + xyF'_2 - xyF'_1}{F'_2} = xy.$$

8.5.2 一个方程组确定的隐函数的求导法则

已知,由方程组 $\begin{cases} F(x,y,u,v) = 0, \\ G(x,y,u,v) = 0 \end{cases}$ 确定了多元函数 $u = u(x,y), v = v(x,y)$,

§8.5 隐函数的求导法则

求 $\dfrac{\partial u}{\partial x}, \dfrac{\partial u}{\partial y}, \dfrac{\partial v}{\partial x}, \dfrac{\partial v}{\partial y}$, 其中 F, G 可求偏导数.

定理 8-5-3 (隐函数存在定理 3) 设 $F(x,y,u,v), G(x,y,u,v)$ 在点 $P(x_0, y_0, u_0, v_0)$ 的某一邻域内有对各个变量的连续偏导数, 且 $F(x_0, y_0, u_0, v_0) = 0$, $G(x_0, y_0, u_0, v_0) = 0$, 且偏导数所组成的函数行列式 (或称雅可比式) $J = \dfrac{\partial(F,G)}{\partial(u,v)} = \begin{vmatrix} \dfrac{\partial F}{\partial u} & \dfrac{\partial F}{\partial v} \\ \dfrac{\partial G}{\partial u} & \dfrac{\partial G}{\partial v} \end{vmatrix}$ 在点 $P(x_0, y_0, u_0, v_0)$ 不等于零, 则方程组 $\begin{cases} F(x,y,u,v) = 0, \\ G(x,y,u,v) = 0 \end{cases}$ 在点 $P(x_0, y_0, u_0, v_0)$ 的某一邻域内恒能唯一确定一组单值连续, 且具有连续偏导数的函数 $u = u(x,y)$, $v = v(x,y)$, 它们满足条件 $u_0 = u(x_0, y_0), v_0 = v(x_0, y_0)$, 并有

$$\frac{\partial u}{\partial x} = -\frac{1}{J}\frac{\partial(F,G)}{\partial(x,v)} = -\frac{\begin{vmatrix} F_x & F_v \\ G_x & G_v \end{vmatrix}}{\begin{vmatrix} F_u & F_v \\ G_u & G_v \end{vmatrix}},$$

$$\frac{\partial v}{\partial x} = -\frac{1}{J}\frac{\partial(F,G)}{\partial(u,x)} = -\frac{\begin{vmatrix} F_u & F_x \\ G_u & G_x \end{vmatrix}}{\begin{vmatrix} F_u & F_v \\ G_u & G_v \end{vmatrix}},$$

$$\frac{\partial u}{\partial y} = -\frac{1}{J}\frac{\partial(F,G)}{\partial(y,v)} = -\frac{\begin{vmatrix} F_y & F_v \\ G_y & G_v \end{vmatrix}}{\begin{vmatrix} F_u & F_v \\ G_u & G_v \end{vmatrix}},$$

$$\frac{\partial v}{\partial y} = -\frac{1}{J}\frac{\partial(F,G)}{\partial(u,y)} = -\frac{\begin{vmatrix} F_u & F_y \\ G_u & G_y \end{vmatrix}}{\begin{vmatrix} F_u & F_v \\ G_u & G_v \end{vmatrix}}.$$

例 8-5-3 设 $\begin{cases} xu - yv = 0, \\ yu + xv = 1, \end{cases}$ 求 $\dfrac{\partial u}{\partial x}, \dfrac{\partial u}{\partial y}, \dfrac{\partial v}{\partial x}$ 和 $\dfrac{\partial v}{\partial y}$.

解 解法一 运用公式直接推导的方法.

解法二 将所给方程的两边对 x 求导并移项, 得

$$\begin{cases} x\dfrac{\partial u}{\partial x} - y\dfrac{\partial v}{\partial x} = -u, \\ y\dfrac{\partial u}{\partial x} + x\dfrac{\partial v}{\partial x} = -v, \end{cases}$$

可得

$$J = \begin{vmatrix} x & -y \\ y & x \end{vmatrix} = x^2 + y^2,$$

在 $J \neq 0$ 的条件下,

$$\frac{\partial u}{\partial x} = \frac{\begin{vmatrix} -u & -y \\ -v & x \end{vmatrix}}{\begin{vmatrix} x & -y \\ y & x \end{vmatrix}} = -\frac{xu + yv}{x^2 + y^2}, \quad \frac{\partial v}{\partial x} = \frac{\begin{vmatrix} x & -u \\ y & -v \end{vmatrix}}{\begin{vmatrix} x & -y \\ y & x \end{vmatrix}} = \frac{yu - xv}{x^2 + y^2},$$

将所给方程的两边对 y 求导, 用同样方法得

$$\frac{\partial u}{\partial y} = \frac{xv - yu}{x^2 + y^2}, \quad \frac{\partial v}{\partial y} = -\frac{xu + yv}{x^2 + y^2}.$$

习　题　8.5

1. 求由下列方程所确定的隐函数的导数或偏导数:

(1) $xy + x + y = 1$, 求 $\dfrac{\mathrm{d}y}{\mathrm{d}x}$;

(2) $xy + \ln y - \ln x = 0$, 求 $\dfrac{\mathrm{d}y}{\mathrm{d}x}$;

(3) $\sin y + \mathrm{e}^x - xy^2 = 0$, 求 $\dfrac{\mathrm{d}y}{\mathrm{d}x}$;

(4) $\mathrm{e}^z = xyz$, 求 $\dfrac{\partial z}{\partial x}, \dfrac{\partial z}{\partial y}$;

(5) $x + y - z = x\mathrm{e}^{z-x-y}$, 求 $\dfrac{\partial z}{\partial x}, \dfrac{\partial z}{\partial y}$;

(6) $\dfrac{x}{z} = \ln \dfrac{z}{y}$, 求 $\dfrac{\partial z}{\partial x}, \dfrac{\partial z}{\partial y}, \dfrac{\partial^2 z}{\partial x \partial y}$.

2. 计算下列各题:

(1) 设 $F(u,v)$ 有连续偏导数, 方程 $F(x+y+z, x^2+y^2+z^2) = 0$ 确定的函数为 $z = f(x,y)$, 求 $\dfrac{\partial z}{\partial x}, \dfrac{\partial z}{\partial y}$;

(2) 设 $u = f(x,y,z)$ 有连续偏导数, $y = y(x)$ 和 $z = z(x)$ 分别由方程 $\mathrm{e}^{xy} - y = 0$ 和 $\mathrm{e}^z - xz = 0$ 所确定, 求 $\dfrac{\mathrm{d}u}{\mathrm{d}x}$.

3. 证明下列各题:

(1) 设 $F(u,v)$ 有连续的偏导数, 方程 $F(cx-az, cy-bz)=0$ 确定函数 $z=f(x,y)$. 试证: $a\dfrac{\partial z}{\partial x}+b\dfrac{\partial z}{\partial y}=c$.

(2) 方程 $f\left(\dfrac{y}{z}, \dfrac{z}{x}\right)=0$ 确定 z 是 x,y 的函数, f 有连续的偏导数, 且 $f'_v(u,v)\neq 0$. 求证: $x\dfrac{\partial z}{\partial x}+y\dfrac{\partial z}{\partial y}=z$.

4. 求由下列方程组所确定的函数的导数或偏导数:

(1) 设 $\begin{cases} z=x^2+y^2, \\ x^2+2y^2+3z^2=20, \end{cases}$ 求 $\dfrac{\mathrm{d}y}{\mathrm{d}x}, \dfrac{\mathrm{d}z}{\mathrm{d}x}$;

(2) 设 $\begin{cases} u=f(ux, v+y), \\ v=g(u-x, v^2y), \end{cases}$ 求 $\dfrac{\partial u}{\partial x}, \dfrac{\partial v}{\partial x}$ (其中 f,g 具有一阶连续偏导数).

5. 设 $y=f(x,t)$ 而 t 是由方程 $F(x,y,t)=0$ 所确定的 x,y 的函数, 其中 f,F 都具有一阶连续偏导数, 试证: $\dfrac{\mathrm{d}y}{\mathrm{d}x}=\dfrac{\dfrac{\partial f}{\partial x}\cdot\dfrac{\partial F}{\partial t}-\dfrac{\partial f}{\partial t}\cdot\dfrac{\partial F}{\partial x}}{\dfrac{\partial f}{\partial t}\cdot\dfrac{\partial F}{\partial y}+\dfrac{\partial F}{\partial t}}$.

§8.6 二元函数的极值和最值

8.6.1 二元函数的极值

与一元函数相类似, 下面我们以二元函数为例, 首先给出函数的极值概念及极值存在的充分必要条件, 进而讨论多元函数的极值问题.

定义 8-6-1 设函数 $z=f(x,y)$ 在点 $P_0(x_0,y_0)$ 的某一邻域 $U(P_0)$ 内有定义, 如果对于该邻域内异于 $P_0(x_0,y_0)$ 的点 $P(x,y)$ 都有 $f(x,y)<f(x_0,y_0)$ 或 $f(x_0,y_0)>f(x,y)$, 则称函数 $f(x,y)$ 在点 (x_0,y_0) 有极大值 (或极小值)$f(x_0,y_0)$, 点 (x_0,y_0) 称为函数 $z=f(x,y)$ 的极大值点 (或极小值点), 极大值与极小值统称为极值, 使函数取得极值的点称为函数的极值点.

例 8-6-1 函数 $z=3x^2+4y^2$ 在点 $(0,0)$ 处有极小值. 因为对于点 $(0,0)$ 的任一邻域内异于 $(0,0)$ 的点, 函数 $z=3x^2+4y^2$ 的值都为正, 而在点 $(0,0)$ 处的函数值为零. 从几何上看这是显然的, 因为点 $(0,0)$ 是开口朝上的椭圆抛物面 $z=3x^2+4y^2$ 的顶点.

例 8-6-2 函数 $z=-\sqrt{x^2+y^2}$ 在点 $(0,0)$ 处有极大值. 因为在点 $(0,0)$ 处函数值为零, 而对于点 $(0,0)$ 的任一邻域内异于 $(0,0)$ 的点, 函数值都为负. 点 $(0,0,0)$ 是位于 xOy 平面下方的锥面 $z=-\sqrt{x^2+y^2}$ 的顶点.

例 8-6-3 函数 $z=xy$ 在点 $(0,0)$ 处既不取得极大值也不取得极小值. 因为在点 $(0,0)$ 处的函数值为 0, 而在点 $(0,0)$ 的任一邻域内, 总有使函数值为正的点,也有使函数值为负的点.

以上关于二元函数的极值概念, 可推广到 n 元函数, 设 n 元函数 $u = f(P)$ 在点 P_0 的某一邻域 $U(P_0)$ 内有定义, 如果对于该邻域内异于 P_0 的任何点 P 都有

$$f(P) < f(P_0) \quad \text{或} \quad f(P_0) > f(P)$$

则称函数 $u = f(P)$ 在点 P_0 有极大值 (或极小值) $f(P_0)$.

二元函数的极值问题, 一般可利用偏导数来解决.

定理 8-6-1 (极值存在的必要条件) 设函数 $z = f(x,y)$ 在点 (x_0, y_0) 具有偏导数, 且在点 (x_0, y_0) 处有极值, 则有

$$f'_x(x_0, y_0) = 0, \quad f'_y(x_0, y_0) = 0.$$

证明 不妨设 $z = f(x, y)$ 在点 (x_0, y_0) 处有极大值. 根据定义, 在点 (x_0, y_0) 的某一邻域内异于 (x_0, y_0) 的点 (x, y) 都适合不等式

$$f(x, y) < f(x_0, y_0).$$

特殊地, 在该邻域内取 $y = y_0$ 而 $x \neq x_0$ 的点, 自然有

$$f(x, y_0) < f(x_0, y_0),$$

也即一元函数 $f(x, y_0)$ 在 $x = x_0$ 处取得极大值, 因而必有

$$f'_x(x_0, y_0) = 0.$$

类似地可证

$$f'_y(x_0, y_0) = 0.$$

从几何上看, 此时如果曲面 $z = f(x, y)$ 在点 (x_0, y_0, z_0) 处有切平面, 则切平面

$$z - z_0 = f'_x(x_0, y_0)(x - x_0) + f'_y(x_0, y_0)(y - y_0)$$

即为平行于 xOy 坐标面的平面 $z - z_0 = 0$.

由定理 8-6-1 的证明易知, 如果三元函数 $u = f(x, y, z)$ 在点 $P_0(x_0, y_0, z_0)$ 具有偏导数, 且在点 $P(x_0, y_0, z_0)$ 取得极值, 则有

$$f'_x(x_0, y_0, z_0) = 0, \quad f'_y(x_0, y_0, z_0) = 0, \quad f'_z(x_0, y_0, z_0) = 0.$$

仿照一元函数, 我们称同时满足 $f'_x(x_0, y_0) = 0$, $f'_y(x_0, y_0) = 0$ 的点 (x_0, y_0) 为二元函数 $z = f(x, y)$ 的驻点. 由定理 8-6-1 可知, 具有偏导数的函数的极值点必定

§8.6 二元函数的极值和最值

是驻点,但函数的驻点却不一定是极值点. 例如, 点 $(0,0)$ 是函数 $z = xy$ 的驻点,但函数在该点无极值. 那么在什么条件下,驻点是函数的极值点呢?

定理 8-6-2（极值的充分条件） 设函数 $z = f(x,y)$ 在点 (x_0, y_0) 的某邻域内连续,且有一阶及二阶连续偏导数, 又 $f'_x(x_0,y_0) = 0$, $f'_y(x_0,y_0) = 0$, 令

$$A = f''_{xx}(x_0,y_0), \quad B = f''_{xy}(x_0,y_0), \quad C = f''_{yy}(x_0,y_0),$$

则

(1) 当 $B^2 - AC < 0$ 且 $A < 0$ 时, 函数 $z = f(x,y)$ 有极大值 $f(x_0,y_0)$; 当 $B^2 - AC < 0$ 且 $A > 0$ 时, 函数 $z = f(x,y)$ 有极大值 $f(x_0,y_0)$.

(2) 当 $B^2 - AC > 0$ 时, $f(x_0,y_0)$ 不是极值.

(3) 当 $B^2 - AC = 0$ 时, 函数 $f(x,y)$ 在点 (x_0,y_0) 可能有极值, 也可能没有极值.

证明从略.

综上所述, 若函数 $z = f(x,y)$ 具有二阶连续偏导数, 我们就可以按照下列步骤求出函数的极值:

第一步, 解方程组 $\begin{cases} f'_x(x,y) = 0, \\ f'_y(x,y) = 0, \end{cases}$ 求得函数 $z = f(x,y)$ 的所有驻点.

第二步, 对于每一个驻点 (x_0,y_0), 求出其相应二阶偏导数的值 A, B 和 C.

第三步, 定出 $B^2 - AC$ 的符号, 按定理 8-6-2 的判定 $f(x_0,y_0)$ 是不是极值、是极大值还是极小值.

例 8-6-4 求函数 $f(x,y) = x^3 - y^3 + 3x^2 + 3y^2 - 9x$ 的极值.

解 解方程组

$$\begin{cases} f'_x(x,y) = 3x^2 + 6x - 9 = 0, \\ f'_y(x,y) = -3y^2 + 6y = 0, \end{cases}$$

得驻点为 $(1,0), (1,2), (-3,0), (-3,2)$.

列表讨论有:

驻点 (x_0,y_0)	A	B	C	$B^2 - AC$ 的符号	结论
$(1,0)$	12	0	6	−	极小值 $f(1,0) = -5$
$(1,2)$	12	0	−6	+	不是极值
$(-3,0)$	−12	0	6	+	不是极值
$(-3,2)$	−12	0	−6	−	极大值 $f(-3,2) = 31$

讨论函数的极值问题时, 如果函数在所讨论的区域内具有偏导数, 则由定理 8-6-1 可知, 极值只可能在驻点处取得. 然而, 如果函数在个别点处的偏导数不存在, 这些点当然不是驻点, 但也可能是极值点. 例如, 在例 8-6-2 中, 函数 $z = -\sqrt{x^2 + y^2}$

在点 $(0,0)$ 处的偏导数不存在，但该函数在点 $(0,0)$ 处却具有极大值. 因此, 在考虑函数的极值问题时, 除了应考虑函数的驻点外, 对那些偏导数不存在的点也应该考虑.

8.6.2 条件极值

与一元函数相类似，我们可以利用函数的极值求函数的最大值和最小值. 我们知道, 如果函数 $z = f(x, y)$ 在有界闭区域 D 上连续, 则 $f(x, y)$ 在 D 上必定能取得最大值和最小值. 这种使函数取得最大值或最小值的点既可能在 D 的内部, 也可能在 D 的边界上. 如果使函数取得最大值或最小值的点在区域 D 的内部, 则这个点必定是函数的驻点, 或者是一阶偏导数中至少有一个不存在的点, 因此, 求有界闭区域 D 上二元函数的最大值和最小值时, 可先求出函数在 D 内的驻点及一阶偏导数不存在的点处的函数值再求出及该函数在 D 的边界上的最大值、最小值, 然后比较这些值, 其中最大者就是该函数在闭区域 D 上的最大值, 最小者就是函数在闭区域 D 上的最小值.

在实际问题中, 求二元函数在区域 D 上的最大值、最小值的情形一般都比较复杂, 但是, 如果根据问题的实际意义, 知道函数在区域 D 内存在最大值或最小值, 又知函数在 D 内可微, 且只有唯一的驻点, 那么可以肯定, 该驻点处的函数值就是函数在 D 上的最大值或最小值.

例 8-6-5 要制造一个无盖的长方形水槽, 已知它的底面造价为每平方米 18 元, 侧面造价为每平方米 6 元. 设计的总造价为 216 元, 问如何选取它的尺寸, 才能使水槽容积最大?

解 设水槽的长, 宽, 高分别为 x, y, z, 则容积 V 为

$$V = xyz, \quad x > 0, y > 0, z > 0.$$

由题设知

$$18xy + 6(2xz + 2yz) = 216,$$

即

$$3xy + 2xz + 2yz = 36,$$

也即

$$z = \frac{36 - 3xy}{2(x+y)} = \frac{3}{2} \cdot \frac{12 - xy}{x+y},$$

所以

$$V = \frac{3}{2} \cdot \frac{12xy - x^2 y^2}{x+y}.$$

可见水槽容积 V 是 x 和 y 的二元函数. 这就是目标函数, 下面求使这函数取得最大值的点.

§8.6 二元函数的极值和最值

令
$$\begin{cases} V'_x = \dfrac{3}{2}\dfrac{(12y-2xy^2)(x+y)-(12xy-x^2y^2)}{(x+y)^2} = 0, \\ V'_y = \dfrac{3}{2}\dfrac{(12x-2x^2y)(x+y)-(12xy-x^2y^2)}{(x+y)^2} = 0, \end{cases}$$

解得 $x=2, y=2$，于是得 $z=3$.

由问题的实际意义可知，函数 $V(x,y)$ 在 $x>0, y>0$ 时确有最大值，而函数 $V=V(x,y)$ 只有一个驻点，因此，当 $x=2, y=2$ 时，V 取得最大值，也即，当取长为 2m，宽为 2m，高为 3m 时，水槽的容积最大.

8.6.3 拉格朗日乘数法

在许多实际问题中，求多元函数的极值时，对于函数的自变量，除了限制在函数的定义域内以外，往往还受其他附加条件的限制. 如例 8-6-5 中，求函数 $V=xyz$ 的最大值，自变量 x,y,z 要受附加条件 $3xy+2z(x+y)=36$ 的约束. 我们把这种对自变量有其他附加条件约束的极值称为条件极值，而称对自变量仅限制在定义域内，此外并无其他附加条件约束的极值为无条件极值.

当附加的约束条件比较简单时，条件极值问题可化为无条件极值问题来处理. 如例 8-6-5，从约束条件 $3xy+2z(x+y)=36$ 中解出 $z=\dfrac{3(12-xy)}{2(x+y)}$ 代入函数 $V(x,y,z)$ 中，将其化为二元函数 $V=V(x,y)$ 的无条件极值问题处理. 但在很多情形下，将条件极值化为无条件极值来处理并不简单. 下面我们介绍一种直接求解条件极值的方法——拉格朗日乘数法.

设二元函数 $f(x,y)$ 和 $\phi(x,y)$ 在所考虑的区域内有连续的一阶偏导数，且 $\phi'_x(x,y), \phi'_y(x,y)$ 不同时为零，则我们可按下步骤求得函数 $z=f(x,y)$ 在约束条件 $\phi(x,y)=0$ 下的极值：

第一步，构造拉格朗日函数. 令 $L(x,y,\lambda)=f(x,y)+\lambda\phi(x,y)$，其中 λ 称为拉格朗日乘数.

第二步，解联立方程组
$$\begin{cases} L'_x = f'_x(x,y) + \lambda\phi'_x(x,y) = 0, \\ L'_y = f'_y(x,y) + \lambda\phi'_y(x,y) = 0, \\ \phi(x,y) = 0, \end{cases}$$

得拉格朗日函数 $L(x,y,\lambda)$ 的驻点 (x_0, y_0, λ_0)，其中 (x_0, y_0) 即是函数 $f(x,y)$ 在条件 $\phi(x,y)=0$ 下的可能极值点.

第三步, 判定 (x_0, y_0) 是否为极值点. 一般地, 它可以由具体问题的性质进行判定.

以上求条件极值的方法称为拉格朗日乘数法.

事实上, 如果函数 $z = f(x, y)$ 在条件 $\phi(x, y) = 0$ 下在 (x_0, y_0) 处取得极值. 那么首先应有 $\phi(x_0, y_0) = 0$. 在上面求条件极值的前提假设下, 不妨设 $\phi'_y(x_0, y_0) \neq 0$. 由隐函数存在定理可知, 方程 $\phi(x, y) = 0$ 确定一个连续且具有连续导数的函数 $y = \psi(x)$, 将其代入 $z = f(x, y)$ 得变量 x 的函数有

$$z = f[x, \phi(x)],$$

于是函数 $z = f(x, y)$ 在条件 $\phi(x, y) = 0$ 下于 (x_0, y_0) 处取得的极值也即函数 $z = f[x, \phi(x)]$ 在 $x = x_0$ 处取得的极值, 由一元可导函数取得极值的必要条件知

$$\frac{\mathrm{d}z}{\mathrm{d}x}\bigg|_{x=x_0} = f'_x(x_0, y_0) + f'_y(x_0, y_0) \cdot \frac{\mathrm{d}y}{\mathrm{d}x}\bigg|_{x=x_0} = 0,$$

而 $y = \psi(x)$ 是由 $\phi(x, y) = 0$ 所确定的隐函数, 由隐函数求导法则有

$$\frac{\mathrm{d}y}{\mathrm{d}x}\bigg|_{x=x_0} = -\frac{\phi'_x(x_0, y_0)}{\phi'_y(x_0, y_0)},$$

因此有

$$f'_x(x_0, y_0) - f'_y(x_0, y_0) \cdot \frac{\phi'_x(x_0, y_0)}{\phi'_y(x_0, y_0)} = 0.$$

令 $-\dfrac{\phi'_x(x_0, y_0)}{\phi'_y(x_0, y_0)} = \lambda$, 则有

$$\begin{cases} f'_x(x_0, y_0) + \lambda \phi'_x(x_0, y_0) = 0, \\ f'_y(x_0, y_0) + \lambda \phi'_y(x_0, y_0) = 0. \end{cases}$$

结合以上讨论, 我们便得到函数 $z = f(x, y)$ 在条件 $\phi(x, y) = 0$ 下在 (x_0, y_0) 点处取得极值的必要条件即为

$$\begin{cases} f'_x(x_0, y_0) + \lambda \phi'_x(x_0, y_0) = 0, \\ f'_y(x_0, y_0) + \lambda \phi'_y(x_0, y_0) = 0, \\ \phi(x_0, y_0) = 0. \end{cases}$$

拉格朗日乘数法可以推广到自变量多于两个而约束条件多于一个的情形. 例如, 可求函数 $u = f(x, y, z, t)$, 在附加条件 $\phi(x, y, z, t) = 0, \psi(x, y, z, t) = 0$ 下的极值. 可以先作拉格朗日函数 $L(x, y, z, \lambda, t) = f(x, y, z, t) + \lambda \phi(x, y, z, t) + \mu \psi(x, y, z, t)$, 其中 λ, μ 均为参数, 求其对变量 x, y, z, t 的一阶偏导数, 并令其为零, 然后结合约

§8.6 二元函数的极值和最值

束条件 $\phi(x,y,z,t) = 0, \psi(x,y,z,t) = 0$. 解联立方程组得出的 (x,y,z,t) 即是函数 $u = f(x,y,z,t)$ 在附加条件 $\phi(x,y,z,t) = 0, \psi(x,y,z,t) = 0$ 下的可能极值点.

例 8-6-6 用拉格朗日乘数法求解例 8-6-5.

解 设水槽的长, 宽, 高分别为 x, y, z, 容积为 V. 问题即求函数 $V = xyz$ 在条件 $3xy + 2z(x+y) = 36$ 下的极值.

构造拉格朗日函数有

$$L(x,y,z) = xyz + \lambda[3xy + 2z(x+y) - 36],$$

令

$$\begin{cases} L'_x = yz + 3\lambda y + 2\lambda z = 0, \\ L'_y = xz + 3\lambda x + 2\lambda z = 0, \\ L'_z = xy + 2\lambda(x+y) = 0, \\ 3xy + 2z(x+y) - 36 = 0, \end{cases}$$

解方程组得

$$\begin{cases} x = 2, \\ y = 2, \\ z = 3. \end{cases}$$

根据问题的实际意义, 确实存在最大值, 且可能的极值点只有一个. 因此, 当长为 2m, 宽为 2m, 高为 3m 时, 水槽容积最大.

习 题 8.6

1. 求下列函数的极值:
(1) $z = x^2 - xy + y^2 + 9x - 6y + 20$;
(2) $z = 4(x-y) - x^2 - y^2$;
(3) $z = x^3 + y^3 - 3xy$;
(4) $z = xy(a-x-y)\ (a \neq 0)$.

2. 某厂家生产的一种产品同时在两个市场销售, 售价分别为 P_1 和 P_2, 销售量分别为 Q_1 和 Q_2, 需求函数分别为 $Q_1 = 24 - 0.2P_1, Q_2 = 10 - 0.05P_2$, 总成本函数为 $C = 35 + 40(Q_1 + Q_2)$. 试问: 厂家如何确定两个市场的售价, 使其所获总利润最大? 最大利润是多少?

3. 在半径为 a 的半球内, 内接一长方体, 问各棱长多少时, 其体积为最大?

4. 试在底半径为 r, 高为 h 的正圆锥内内接一个体积最大的长方体, 问这长方体的长、宽、高各应等于多少?

5. 用拉格朗日乘数法计算下列各题:
(1) 欲围一个面积为 60m² 的矩形场地, 正面所用材料每米造价 10 元, 其余三面每米造价 5 元. 求场地长、宽各多少米时, 所用材料费最少?

(2) 用 a 元购料,建造一个宽与深相同的长方体水池,已知四周的单位面积材料费为底面单位面积材料费的 1.2 倍,已知底面单位面积材料费为 m 元.求水池长与宽(深)各多少,才能使容积最大?

(3) 设生产某种产品的数量与所用两种原料 A,B 的数量 x,y 间有关系式 $P(x,y) = 0.005x^2y$,欲用 150 元购料,已知 A,B 原料的单价分别为 1 元、2 元,问购进两种原料各多少,可使生产的产品数量最多?

6. 求抛物线 $y^2 = 4x$ 上的点,使它与直线 $x - y + 4 = 0$ 相距最近.

章末自测 8

(A)

1. 填空题.

(1) 设 $f(x,y) = x^2 + y^2$,$g(x,y) = x^2 - y^2$,则 $f[g(x,y), y^2] =$ _____;

(2) 设 $z = x + y + f(x - y)$,且当 $y = 0$ 时,$z = x^2$,则 $z =$ _____;

(3) 设 $f(x,y) = x^2 \cdot \arctan y - y^2 \arctan \dfrac{x}{y}$,则 $\dfrac{\partial f}{\partial x}\bigg|_{(0,y)} =$ _____;

(4) 设 $z = 1 + x + (1 + x^2)\phi(ax + y)$,若已知:当 $x = 0$ 时,$z = \ln(ey^2)$,则 $\mathrm{d}z =$ _____;

(5) 设 $z = f(x,y)$,由 $z^5 + xz^4 + yz^3 = 1$ 所确定,则 $f'_x(0,0) =$ _____.

2. 求下列函数的定义域并图示:

(1) $z = \dfrac{1}{\sqrt{x+y}} + \dfrac{1}{\sqrt{x-y}}$;   (2) $z = \ln(y - x) + \dfrac{\sqrt{x}}{\sqrt{1 - x^2 - y^2}}$;

(3) $u = \arccos \dfrac{z}{\sqrt{x^2 + y^2}}$.

3. 求下列各极限:

(1) $\lim\limits_{(x,y) \to (0,1)} \dfrac{1 + xy}{x^2 + y^2}$;   (2) $\lim\limits_{(x,y) \to (0,0)} \dfrac{3 - \sqrt{xy + 9}}{xy}$;   (3) $\lim\limits_{(x,y) \to (2,0)} \dfrac{\tan(xy)}{y}$.

4. 问函数 $z = \dfrac{y^2 + 2x}{y^2 - 2x}$ 在何处间断?

5. 求下列函数的偏导数:

(1) $s = \dfrac{u^2 + v^2}{uv}$;   (2) $z = \sin(xy) + \cos^2(xy)$;

(3) $z = \ln \tan \dfrac{x}{y}$;   (4) $u = x^{\frac{y}{z}}$.

6. 曲线 $\begin{cases} z = \dfrac{x^2 + y^2}{4}, \\ y = 4 \end{cases}$,在点 $(2,4,5)$ 处的切线对于 x 轴的倾角是多少?

7. 设 $f(x,y) = x + (y - 1)\arcsin\sqrt{\dfrac{x}{y}}$,求 $f_x(x,1)$.

8. 求下列函数的 $\dfrac{\partial^2 z}{\partial x^2}, \dfrac{\partial^2 z}{\partial y^2}, \dfrac{\partial^2 z}{\partial x \partial y}$：

(1) $z = \arctan \dfrac{y}{x}$； (2) $z = y^x$.

9. 求下列函数的全微分：

(1) $z = \dfrac{y}{\sqrt{x^2+y^2}}$； (2) $u = x^{yz}$.

10. 求函数 $z = \dfrac{xy}{\sqrt{x^2+y^2}}$ 当 $x=2, y=1, \Delta x = 0.01, \Delta y = 0.03$ 时的全增量和全微分.

11. 计算 $\sqrt{(1.02)^3 + (1.93)^3}$ 的近似值.

12. 已知边长为 $x = 6\text{cm}$ 与 $y = 8\text{cm}$ 的矩形，如果 x 边增加 5cm 而 y 边减少 10cm，问这个矩形的对角线的近似变化怎样？

13. 设 $z = e^u \ln v$，而 $u = xy, v = x^2 + y^2$，求 $\dfrac{\partial z}{\partial x}, \dfrac{\partial z}{\partial y}$.

14. 设 $z = \arcsin(x - y)$，而 $x = 3t, y = 4t^3$，求 $\dfrac{\mathrm{d}z}{\mathrm{d}t}$.

15. 设 $u = \dfrac{e^{ax}(y - z)}{a^2 + 1}$，而 $y = a\sin x, z = \cos x$，求 $\dfrac{\mathrm{d}u}{\mathrm{d}x}$.

16. 求下列函数的一阶偏导数（其中 f 具有一阶连续偏导数）：

(1) $u = f(x^2 - y^2, e^{xy})$； (2) $u = f(x, xy, xyz)$.

17. 设 $z = \dfrac{1}{x} f(3x - y, \cos y)$，求 $\dfrac{\partial z}{\partial x}, \dfrac{\partial z}{\partial y}$.

18. 设 $z = f(x^2 + y^2)$，其中 f 就有二阶导数，求 $\dfrac{\partial^2 z}{\partial x^2}, \dfrac{\partial^2 z}{\partial x \partial y}, \dfrac{\partial^2 z}{\partial y^2}$.

19. 求下列函数的 $\dfrac{\partial^2 z}{\partial x^2}, \dfrac{\partial^2 z}{\partial x \partial y}, \dfrac{\partial^2 z}{\partial y^2}$（其中 f 具有二阶连续偏导数）：

(1) $z = f\left(x, \dfrac{x}{y}\right)$； (2) $z = f(u, x, y)$，其中 $u = xe^y$；

20. 设 $e^z = xyz$，求 $\dfrac{\partial z}{\partial x}$ 及 $\dfrac{\partial z}{\partial y}$.

21. 设 $z = z(x, y)$ 由方程 $F(yz, x^2) = 0$ 确定，求 $\mathrm{d}z$.

22. 设 $x = x(y, z), y = y(x, z), z = z(x, z)$ 都是由方程 $F(x, y, z) = 0$ 所确定的具有连续偏导数的函数，求 $\dfrac{\partial x}{\partial y} \cdot \dfrac{\partial y}{\partial z} \cdot \dfrac{\partial z}{\partial x}$.

23. 设 $2\sin(x + 2y - 3z) = x + 2y - 3z$，计算 $\dfrac{\partial z}{\partial x} + \dfrac{\partial z}{\partial y}$.

24. 求下列方程组所确定函数的导数或偏导数：

(1) 设 $\begin{cases} x + y + z = 0, \\ x^2 + y^2 + z^2 = 1, \end{cases}$ 求 $\dfrac{\mathrm{d}x}{\mathrm{d}z}, \dfrac{\mathrm{d}y}{\mathrm{d}z}$；

(2) 设 $\begin{cases} x = e^u + u \sin v, \\ y = e^u - u \cos v, \end{cases}$ 求 $\dfrac{\partial u}{\partial x}, \dfrac{\partial u}{\partial y}, \dfrac{\partial v}{\partial x}, \dfrac{\partial v}{\partial y}$.

25. 求函数 $f(x, y) = e^{2x}(x + y^2 + 2y)$ 的极值.

26. 求函数 $z=xy$ 在适合条件 $x+y=1$ 下的极大值.

27. 欲选一个无盖的长方形水池,已知底部造价为每平方米 a 元,侧面造价为每平方米 b 元,现用 A 元造一个容积最大的水池,求它的尺寸.

28. 要造一个容积等于定数 k 的长方体无盖水池,应如何选择水池的尺寸,方可使它的表面积最小.

29. 在平面 xOy 上求一点,使它到 $x=0$, $y=0$ 及 $x+2y-16=0$ 三直线的距离平方之和为最小.

(B)

1. 填空题.

(1) 设 $z=\dfrac{\arcsin(x^2+y^2)}{\sqrt{y-\sqrt{x}}}$,其定义域为_____.

(2) 设 $f(x,y)=\begin{cases}\dfrac{\sin(x^2y)}{xy}, & xy\neq 0,\\ 0, & xy=0,\end{cases}$ 则 $f_x(0,1)=$_____.

(3) 已知函数 $z=f(x+y,x-y)=x^2-y^2$,则 $\dfrac{\partial z}{\partial x}+\dfrac{\partial z}{\partial y}=$_____.

(4) 函数 $f(x,y,z)=\left(\dfrac{x}{y}\right)^{\frac{1}{z}}$,则 $\mathrm{d}f_{(1,1,1)}=$_____.

(5) $f(x,y)$ 在点 (x,y) 处可微分是 $f(x,y)$ 在该点连续的_____的条件,$f(x,y)$ 在点 (x,y) 处连续是 $f(x,y)$ 在该点可微分的_____的条件.

(6) $z=f(x,y)$ 在点 (x,y) 的偏导数 $\dfrac{\partial z}{\partial x}$ 及 $\dfrac{\partial z}{\partial y}$ 存在是 $f(x,y)$ 在该点可微分的_____条件.

(7) 由方程 $xyz+\sqrt{x^2+y^2+z^2}=\sqrt{2}$ 所确定的函数 $z=z(x,y)$ 在点 $(1,0,-1)$ 处的全微分为_____.

(8) 设 $u=\mathrm{e}^{-x}\sin\dfrac{x}{y}$,则 $\dfrac{\partial^2 u}{\partial x\partial y}$ 在点 $\left(2,\dfrac{1}{\pi}\right)$ 处的值为_____.

(9) 设 $z=\dfrac{1}{x}f(xy)+y\phi(ax+y)$,$f,\phi$ 具有二阶连续导数,则 $\dfrac{\partial^2 z}{\partial x\partial y}=$_____.

2. 求函数 $f(x,y)=\dfrac{\sqrt{4x-y^2}}{\ln(1-x^2-y^2)}$ 的定义域,并求 $\lim\limits_{(x,y)\to\left(\frac{1}{2},0\right)}f(x,y)$.

3. 证明:$\lim\limits_{(x,y)\to(0,0)}\dfrac{xy}{\sqrt{x^2+y^2}}=0$.

4. 证明下列极限不存在:

(1) $\lim\limits_{(x,y)\to(0,0)}\dfrac{x^2y^2}{x^2y^2+(x-y)^2}$; (2) $\lim\limits_{(x,y)\to(0,0)}\dfrac{xy^2}{x^2+y^4}$.

5. 求下列函数的偏导数:

(1) $z=(1+xy)^y$; (2) $z=\mathrm{e}^{-kn^2t}\cos nx$; (3) $z=(x^2+y^2)\mathrm{e}^{\frac{x^2+y^2}{xy}}$.

6. 设 $f(x,y) = \begin{cases} \dfrac{x^2 y}{x^2 + y^2}, & x^2 + y^2 \neq 0, \\ 0, & x^2 + y^2 = 0, \end{cases}$ 求 $f_x(x,y)$ 及 $f_y(x,y)$.

7. 设 $z = \arctan \dfrac{x}{y}$, 而 $x = u+v$, $y = u-v$, 验证: $\dfrac{\partial z}{\partial u} + \dfrac{\partial z}{\partial v} = \dfrac{u-v}{u^2 + v^2}$.

8. 讨论函数 $f(x,y) = \begin{cases} (x^2 + y^2)\sin\dfrac{1}{x^2 + y^2}, & (x,y) \neq (0,0), \\ 0, & (x,y) = (0,0) \end{cases}$ 在 $(0,0)$ 点处的连续性、偏导数存在性、可微性.

9. $z = \tan(\dfrac{y}{x})^{\frac{1}{y}}$, 求 $\dfrac{\partial z}{\partial x}$ 及 $\dfrac{\partial z}{\partial y}$.

10. 设 f, g 为连续可微函数, $u = f(x, xy)$, $v = g(x + xy)$, 求 $\dfrac{\partial u}{\partial x} \cdot \dfrac{\partial v}{\partial x}$.

11. 设 $z = f(2x - y) + g(x, xy)$, 其中函数 $f(t)$ 二阶可导, $g(u, v)$ 具有连续二阶偏导数, 求 $\dfrac{\partial^2 z}{\partial x \partial y}$.

12. 设 $u = f(x,y)$ 的所有二阶偏导数连续, 而 $x = \dfrac{s - \sqrt{3}t}{2}$, $y = \dfrac{\sqrt{3}s + t}{2}$, 证明: $\left(\dfrac{\partial u}{\partial x}\right)^2 + \left(\dfrac{\partial u}{\partial y}\right)^2 = \left(\dfrac{\partial u}{\partial s}\right)^2 + \left(\dfrac{\partial u}{\partial t}\right)^2$ 及 $\dfrac{\partial^2 u}{\partial x^2} + \dfrac{\partial^2 u}{\partial y^2} = \dfrac{\partial^2 u}{\partial s^2} + \dfrac{\partial^2 u}{\partial t^2}$.

13. 设 $x = \mathrm{e}^u \cos v$, $y = \mathrm{e}^u \sin v$, $z = uv$, 试求 $\dfrac{\partial z}{\partial x}$ 和 $\dfrac{\partial z}{\partial y}$.

14. 在方程 $\dfrac{\partial^2 u}{\partial x^2} - \dfrac{\partial^2 u}{\partial y^2} = 0$ 中, 函数 u 具有二阶连续偏导数, 令 $\begin{cases} \xi = x - y, \\ \eta = x + y, \end{cases}$ 求 u 以 ξ, η 为自变量的新方程.

15. 设 $\mathrm{e}^z - xyz = 0$, 求 $\dfrac{\partial^2 z}{\partial x^2}$.

16. 设 $z = z(x,y)$ 由方程 $z^2 = x + y + f(y,z)$ 所确定, 求 $\dfrac{\partial z}{\partial x}$, $\dfrac{\partial z}{\partial y}$.

17. 设 $z = z(x,y)$ 由方程 $z = x^2 + \int_{\sqrt{z}}^{y-x} \mathrm{e}^{t^2} \mathrm{d}t$ 所确定, 求 $\dfrac{\partial z}{\partial x}$, $\dfrac{\partial z}{\partial y}$.

18. 求平面 $\dfrac{u}{a^2}x + \dfrac{v}{b^2}y + \dfrac{w}{c^2}z = 1$ 的三截距之积在条件 $\dfrac{u^2}{a^2} + \dfrac{v^2}{b^2} + \dfrac{w^2}{c^2} = 1$ 之下的最小值.

19. 经过 $\left(2, 1, \dfrac{1}{3}\right)$ 的所有的平面中, 哪一个平面与坐标面围成的立体体积最小? 最小体积是多少?

20. 抛物面 $z = x^2 + y^2$ 被平面 $x + y + z = 1$ 截成一椭圆, 求原点到这个椭圆的最长与最短距离.

(C)

1. 设 $z = \left(\tan\dfrac{y}{x}\right)^{\frac{1}{y}}$，求 $\dfrac{\partial z}{\partial x}$ 及 $\dfrac{\partial z}{\partial y}$.

2. $u = f(x,y,z)$，$\phi(x^2, \mathrm{e}^y, z) = 0$，$y = \sin x$，其中 f, ϕ 都具有一阶连续偏导数，且 $\dfrac{\partial \phi}{\partial x} \neq 0$，求 $\dfrac{\mathrm{d}u}{\mathrm{d}x}$.

3. 变换 $\begin{cases} u = x - 2y, \\ v = x + ay \end{cases}$ 可把方程 $6\dfrac{\partial^2 z}{\partial x^2} + \dfrac{\partial^2 z}{\partial x \partial y} - \dfrac{\partial^2 z}{\partial y^2} = 0$ 转化为 $\dfrac{\partial^2 z}{\partial u \partial v} = 0$，求常数 a.

4. 函数 $z = x^2 - xy + y^2$ 在区域 $|x| + |y| \leqslant 1$ 的最大值、最小值.

第 9 章 重 积 分

对面积、体积、质量等几何量或物理量的计算导出了定积分的概念. 在一元函数定积分的基础上建立起来的二重积分更接近于客观对象, 故能处理更一般的问题.

二重积分和定积分一样, 都是利用和式的极限定义的. 但是, 由于定积分的积分区域通常只是线性区间, 而二重积分的积分区域则是各类平面区域, 所以积分区域的恰当表示和积分顺序的合理选择是保证二重积分计算过程简洁正确的关键.

本章将从几何和物理学问题出发引进二重积分的概念, 然后介绍它的性质、计算方法和应用.

§9.1 二重积分的概念与性质

9.1.1 二重积分的概念

1. 曲顶柱体的体积

设有一空间立体 Ω, 它的底是 xOy 面上的有界区域 D, 它的侧面是以 D 的边界曲线为准线, 而母线平行于 Z 轴的柱面, 它的顶是曲面 $z = f(x,y)$.

当 $(x,y) \in D$ 时, $f(x,y)$ 在 D 上连续且 $f(x,y) \geq 0$, 以后称这种立体为**曲顶柱体**.

曲顶柱体的体积 V 可以这样来计算 (图 9-1-1):

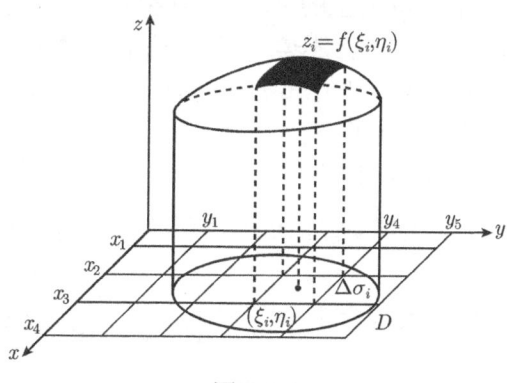

图 9-1-1

(1) 用任意一组曲线网将区域 D 分成 n 个小区域 $\Delta\sigma_1, \Delta\sigma_2, \cdots, \Delta\sigma_n$, 以这些

小区域的边界曲线为准线, 作母线平行于 z 轴的柱面, 这些柱面将原来的曲顶柱体 Ω 分划成 n 个小曲顶柱体 $\Delta V_1, \Delta V_2, \cdots, \Delta V_n$(假设 $\Delta\sigma_i$ 所对应的小曲顶柱体为 ΔV_i. 这里 $\Delta\sigma_i$ 既代表第 i 个小区域, 又表示它的面积值; ΔV_i 既代表第 i 个小曲顶柱体, 又代表它的体积值). 从而

$$V = \sum_{i=1}^{n} \Delta V_i.$$

(2) 由于 $f(x,y)$ 在 D 上连续, 对于同一个小区域来说, 函数值的变化不大. 因此, 可以将小曲顶柱体近似地看做小平顶柱体, 于是

$$\Delta V_i \approx f(\xi_i, \eta_i)\Delta\sigma_i, \quad \forall (\xi_i, \eta_i) \in \Delta\sigma_i.$$

(3) 整个曲顶柱体的体积近似值为

$$V \approx \sum_{i=1}^{n} f(\xi_i \eta_i)\Delta\sigma_i.$$

(4) 为得到 V 的精确值, 只需让数值 n 越来越大, n 个小区域越来越小, 即让每个小区域向某点收缩. 为此, 我们引入区域直径的概念:

一个闭区域的直径是指区域上任意两点距离的最大者.

所谓让区域向一点收缩性地变小, 意指让区域的直径趋向于零.

设 n 个小区域直径中的最大者为 λ, 即 $\lambda = \max\{\Delta\sigma_i\}\,(i=1,2,\cdots,n)$, 则

$$V = \lim_{\lambda \to 0} \sum_{i=1}^{n} f(\xi_i, \eta_i)\Delta\sigma_i.$$

2. 平面薄片的质量

设有一平面薄片占有 xOy 面上的区域 D, 它在 (x,y) 处的面密度为 $\rho(x,y)$, 这里 $\rho(x,y) > 0$, 而且 $\rho(x,y)$ 在 D 上连续, 现计算该平面薄片的质量 m(图 9-1-2).

将区域 D 分成 n 个小区域 $\Delta\sigma_1, \Delta\sigma_2, \cdots, \Delta\sigma_n$, 用 λ_i 记 $\Delta\sigma_i$ 的直径, $\Delta\sigma_i$ 既代表第 i 个小区域又代表它的面积.

当 $\lambda = \max\limits_{1 \leqslant i \leqslant n}\{\lambda_i\}$ 很小时, 由于 $\rho(x,y)$ 连续, 每小片区域的质量可近似地看做是均匀的, 那么第小 i 块区域质量的近似值可取为 $\rho(\xi_i, \eta_i)\Delta\sigma_i, \forall (\xi_i, \eta_i) \in \Delta\sigma_i$, 于是

$$m \approx \sum_{i=1}^{n} \rho(\xi_i, \eta_i)\Delta\sigma_i, \quad m = \lim_{\lambda \to 0} \sum_{i=1}^{n} \rho(\xi_i, \eta_i)\Delta\sigma_i.$$

两个完全不同的问题, 抽去实际意义都归结为同一形式的极限问题. 由此得到一个更广泛、更抽象的数学概念——二重积分.

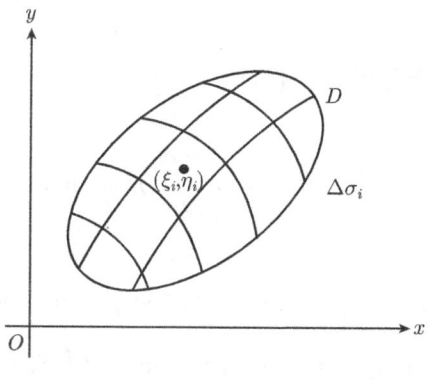

图 9-1-2

3. 二重积分的定义

定义 9-1-1 设 $f(x,y)$ 是有界闭区域 D 上的有界函数,将区域 D 任意分成 n 个小闭区域 $\Delta\sigma_1, \Delta\sigma_2, \cdots, \Delta\sigma_n$,其中 $\Delta\sigma_i$ 既代表第 i 个小区域又表示它的面积,λ_i 表示它的直径. 记 $\lambda = \max\limits_{1 \leqslant i \leqslant n}\{\lambda_i\}$,$\forall (\xi_i, \eta_i) \in \Delta\sigma_i$,作和式 $\sum\limits_{i=1}^{n} f(\xi_i, \eta_i)\Delta\sigma_i$. 若极限 $\lim\limits_{\lambda \to 0}\sum\limits_{i=1}^{n} f(\xi_i, \eta_i)\Delta\sigma_i$ 存在,则称此极限值为函数 $f(x,y)$ 在闭区域 D 上的二重积分, 记作 $\iint\limits_{D} f(x,y)\mathrm{d}\sigma$. 即

$$\iint\limits_{D} f(x,y)\mathrm{d}\sigma = \lim\limits_{\lambda \to 0}\sum\limits_{i=1}^{n} f(\xi_i, \eta_i)\Delta\sigma_i.$$

其中 $f(x,y)$ 称为被积函数,$f(x,y)\mathrm{d}\sigma$ 称为被积表达式,$\mathrm{d}\sigma$ 称为面积元素,x,y 称为积分变量,D 称为积分区域,$\sum\limits_{i=1}^{n} f(\xi_i, \eta_i)\Delta\sigma_i$ 称为积分和式.

4. 二重积分存在定理

若 $f(x,y)$ 在闭区域 D 上连续,则 $f(x,y)$ 在 D 上的二重积分存在.

在以后的讨论中,我们总假定 $f(x,y)$ 在闭区域 D 上连续,所以 $f(x,y)$ 在 D 上的二重积分存在.

5. 二重积分的几何意义

若 $f(x,y) \geqslant 0$,二重积分表示以 $f(x,y)$ 为曲顶,以 D 为底的曲顶柱体的体积.

9.1.2 二重积分的性质

二重积分与定积分有相类似的性质.

性质 9-1-1
$$\iint_D [\alpha \cdot f(x,y) + \beta \cdot g(x,y)] \mathrm{d}\sigma = \alpha \cdot \iint_D f(x,y)\mathrm{d}\sigma + \beta \cdot \iint_D g(x,y)\mathrm{d}\sigma.$$

其中 α, β 是常数.

性质 9-1-2 若区域 D 分为两个部分区域 D_1, D_2,则
$$\iint_D f(x,y)\mathrm{d}\sigma = \iint_{D_1} f(x,y)\mathrm{d}\sigma + \iint_{D_2} f(x,y)\mathrm{d}\sigma.$$

性质 9-1-3 若在 D 上, $f(x,y) \equiv 1, \sigma$ 为区域 D 的面积,则
$$\sigma = \iint_D 1\mathrm{d}\sigma = \iint_D \mathrm{d}\sigma.$$

性质 9-1-4 若在 D 上, $f(x,y) \leqslant \varphi(x,y)$,则有不等式
$$\iint_D f(x,y)\mathrm{d}\sigma \leqslant \iint_D \varphi(x,y)\mathrm{d}\sigma.$$

特别地, 由于 $-|f(x,y)| \leqslant f(x,y) \leqslant |f(x,y)|$,有
$$\left|\iint_D f(x,y)\mathrm{d}\sigma\right| \leqslant \iint_D |f(x,y)|\mathrm{d}\sigma.$$

性质 9-1-5 估值不等式

设 M 与 m 分别是 $f(x,y)$ 在闭区域 D 上最大值和最小值, σ 为闭区域 D 的面积,则
$$m \cdot \sigma \leqslant \iint_D f(x,y)\mathrm{d}\sigma \leqslant M \cdot \sigma.$$

性质 9-1-6 二重积分的中值定理

设函数 $f(x,y)$ 在闭区域 D 上连续, σ 为闭区域 D 的面积,,则在 D 上至少存在一点 (ξ, η), 使得
$$\iint_D f(x,y)\mathrm{d}\sigma = f(\xi, \eta) \cdot \sigma.$$

例 9-1-1 用二重积分的性质, 比较下列积分的大小: $\iint_D (x+y)^3 \mathrm{d}\sigma$ 与 $\iint_D (x+y)^2 \mathrm{d}\sigma$. 其中积分区域 D 由 x 轴、y 轴与直线 $x + y = 1$ 所围成.

解 区域 D 为 $D=\{(x,y)|0\leqslant x, 0\leqslant y, \text{且 } x+y\leqslant 1\}$，因此当 $(x,y)\in D$ 时有 $(x+y)^3 \leqslant (x+y)^2$，从而

$$\iint\limits_D (x+y)^3 \,\mathrm{d}\sigma \leqslant \iint\limits_D (x+y)^2 \,\mathrm{d}\sigma.$$

例 9-1-2 估计二重积分 $I=\iint\limits_D (x^2+4y^2+9)\,\mathrm{d}\sigma$ 的值，D 是圆域 $x^2+y^2\leqslant 4$.

解 求被积函数 $f(x,y)=x^2+4y^2+9$ 在区域 D 上可能的最值. 由 $\begin{cases}\dfrac{\partial f}{\partial x}=2x=0,\\ \dfrac{\partial f}{\partial y}=8y=0\end{cases}$ 可知 $(0,0)$ 是驻点，且 $f(0,0)=9$，在边界上，

$$f(x,y)=x^2+4(4-x^2)+9=25-3x^2, \quad -2\leqslant x\leqslant 2,$$
$$13\leqslant f(x,y)\leqslant 25, \quad f_{\max}=25, \quad f_{\min}=9.$$

而 $\sigma=\pi^2\cdot 2^2=4\pi$，于是有

$$36\pi = 9\cdot 4\pi \leqslant I \leqslant 25\cdot 4\pi = 100\pi.$$

§9.2 二重积分的计算

利用二重积分的定义来计算二重积分十分复杂，通常不用定义计算二重积分，二重积分的计算是通过两个定积分的计算 (即二次积分) 来实现的.

9.2.1 直角坐标系下二重积分的计算

由于二重积分的定义中对区域 D 的划分是任意的，若用一组平行于坐标轴的直线来划分区域 D，那么除了靠近边界曲线的一些小区域之外，绝大多数的小区域都是矩形，因此，可以将 $\mathrm{d}\sigma$ 记作 $\mathrm{d}x\mathrm{d}y$（并称 $\mathrm{d}x\mathrm{d}y$ 为直角坐标系下的**面积元素**），二重积分也可表示成为 (图 9-2-1)

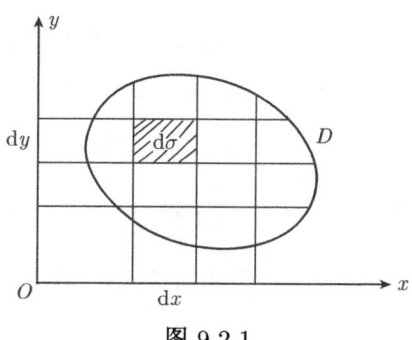

图 9-2-1

$$\iint\limits_{D} f(x,y)\mathrm{d}x\mathrm{d}y.$$

现在我们假定 $f(x,y) \geqslant 0$; 假定积分区域 D 可用不等式 $a \leqslant x \leqslant b, \varphi_1(x) \leqslant y \leqslant \varphi_2(x)$ 表示, 其中 $\varphi_1(x), \varphi_2(x)$ 在 $[a,b]$ 上连续. 区域如图 9-2-2 所示的两种形式 (Ⅰ型区域).

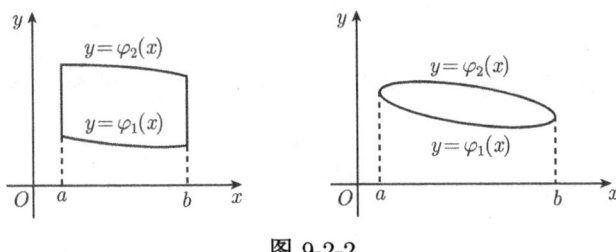

图 9-2-2

根据二重积分的几何意义可知, $\iint\limits_{D} f(x,y)\mathrm{d}\sigma$ 的值表示以曲面 $f(x,y)$ 为曲顶、以平面区域 D 为底的曲顶柱体的体积.

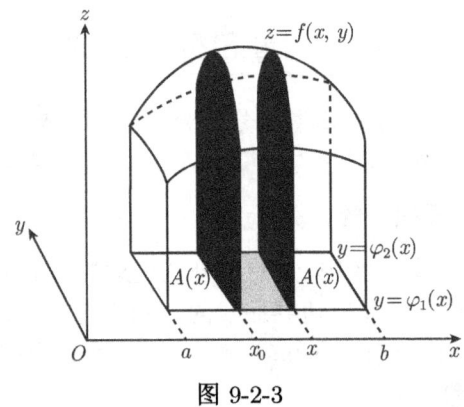

图 9-2-3

在区间 $[a,b]$ 上任意取定一个点 x_0, 作平行于 yOz 面的平面 $x=x_0$, 这平面截曲顶柱体所得截面是一个以区间 $[\varphi_1(x_0), \varphi_2(x_0)]$ 为底、曲线 $z=f(x_0,y)$ 为曲边的曲边梯形, 其面积为 $A(x_0) = \int_{\varphi_1(x_0)}^{\varphi_2(x_0)} f(x_0,y)\mathrm{d}y$ (图 9-2-3).

一般地, 过区间 $[a,b]$ 上任一点 x 且平行于 yOz 面的平面截曲顶柱体所得截面的面积为 $A(x) = \int_{\varphi_1(x)}^{\varphi_2(x)} f(x,y)\mathrm{d}y$. 利用计算平行截面面积为已知的立体的体积的方法, 该曲顶柱体的体积为

§9.2 二重积分的计算

$$V = \int_a^b A(x)\mathrm{d}x = \int_a^b \left[\int_{\varphi_1(x)}^{\varphi_2(x)} f(x,y)\mathrm{d}y\right]\mathrm{d}x,$$

从而有

$$\iint_D f(x,y)\mathrm{d}\sigma = \int_a^b \left[\int_{\varphi_1(x)}^{\varphi_2(x)} f(x,y)\mathrm{d}y\right]\mathrm{d}x. \tag{9-2-1}$$

上述积分叫做先对 y, 后对 x 的二次积分, 即先把 x 看做常数, $f(x,y)$ 只看做 y 的函数, 对 $f(x,y)$ 计算一次从 $\varphi_1(x)$ 到 $\varphi_2(x)$ 的定积分, 然后把所得的结果 (是一个单独的 x 的一元函数) 再对 x 从 a 到 b 计算一次定积分.

习惯上这个先对 y, 后对 x 的二次积分也常记作

$$\iint_D f(x,y)\mathrm{d}x\mathrm{d}y = \int_a^b \mathrm{d}x \int_{\varphi_1(x)}^{\varphi_2(x)} f(x,y)\mathrm{d}y. \tag{9-2-2}$$

对一般的 $f(x,y)$ (在 D 上连续), 式 (9-2-1)、式 (9-2-2) 总是成立的.

例 9-2-1 计算

$$I = \iint_D (1-x^2)\mathrm{d}\sigma, \quad D = \{(x,y)|-1 \leqslant x \leqslant 1, 0 \leqslant y \leqslant 2\}.$$

解

$$I = \int_{-1}^1 \mathrm{d}x \int_0^2 (1-x^2)\mathrm{d}y = \int_{-1}^1 [(1-x^2)y]_0^2 \mathrm{d}x$$
$$= \int_{-1}^1 2(1-x^2)\mathrm{d}x = \left[2x - \frac{2}{3}x^3\right]_{-1}^1 = \frac{8}{3}.$$

类似地, 如果积分区域 D 可以用下述不等式:

$$c \leqslant y \leqslant d, \quad \phi_1(y) \leqslant x \leqslant \phi_2(y)$$

表示, 如图 9-2-4 所示 (II 型区域), 且函数 $\phi_1(y), \phi_2(y)$ 在 $[a,d]$ 上连续, $f(x,y) \geqslant 0$ 在 D 上连续, 则

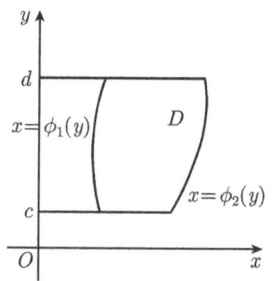 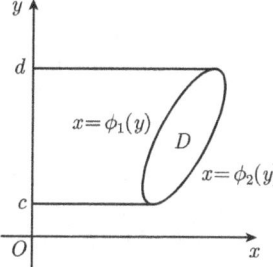

图 9-2-4

$$\iint\limits_D f(x,y)\mathrm{d}\sigma = \int_c^d \mathrm{d}y \int_{\phi_1(y)}^{\phi_2(y)} f(x,y)\mathrm{d}x. \qquad (9\text{-}2\text{-}3)$$

显然, 式 (9-2-3) 是先对 x, 后对 y 的二次积分.

二重积分化二次积分时应注意以下问题.

1. 积分区域的形状

前面所画的两类积分区域的形状具有一个共同点:

对于 I 型 (或 II 型) 区域, 用平行于 y 轴 (x 轴) 的直线穿过区域内部, 直线与区域的边界相交不多于两点. 所以 I 型区域又称 X 型区域, II 型区域又称 Y 型区域.

如果积分区域不满足这一条件, 可对区域进行分割, 化归为 I 型 (或 II 型) 区域的并集.

2. 积分限的确定

二重积分化为二次积分, 确定两个定积分的限是关键. 其基本方法上是:

画出积分区域 D 的图形 (图 9-2-5) 在 $[a,b]$ 上任取一点 x, 过 x 作平行于 y 轴的直线, 该直线穿过区域 D, 与区域 D 的边界有两个交点 $(x,\phi_1(x))$ 与 $(x,\phi_2(x))$, 这里的一元函数 $\varphi_1(x), \varphi_2(x)$ 就是将 x 看做常数而对 y 积分时的下限和上限; 又因 x 是在区间 $[a,b]$ 上任意取的, 所以再将 x 看做变量而对 x 积分时, 积分的下限为 a、上限为 b. 即

$$D: \begin{cases} \varphi_1(x) \leqslant y \leqslant \varphi_2(x), \\ a \leqslant x \leqslant b. \end{cases}$$

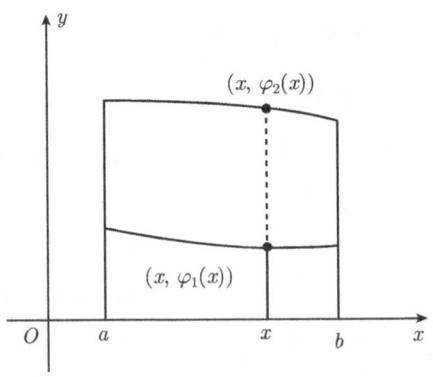

图 9-2-5

例 9-2-2 求 $I = \iint\limits_D xy\mathrm{d}\sigma$, 其中 D 是 $x=1, y=x$ 及 $y=2$ 所围成的闭区域 (图 9-2-6).

解 解法一 [X 型]

$$I = \int_1^2 dx \int_x^2 xy\,dy = \int_1^2 \left[x \cdot \frac{y^2}{2}\right]_x^2 dx$$
$$= \int_1^2 \left(2x - \frac{x^3}{2}\right) dx = \left[x^2 - \frac{x^4}{8}\right]_1^2 = \frac{9}{8}.$$

解法二 [Y 型]

$$I = \int_1^2 dy \int_1^y xy\,dx = \int_1^2 \left[y \cdot \frac{x^2}{2}\right]_1^y dy$$
$$= \int_1^2 \left(\frac{y^3}{2} - \frac{y}{2}\right) dy = \left[\frac{y^4}{8} - \frac{y^2}{4}\right]_1^2 = \frac{9}{8}.$$

例 9-2-3 求 $\iint\limits_{D} (x^2+y)dxdy$，其中 D 是由抛物线 $y=x^2$ 和 $x=y^2$ 在第一象限所围平面闭区域 (图 9-2-7).

解 先求两曲线的交点

$$\begin{cases} y = x^2 \\ x = y^2 \end{cases} \Rightarrow (0,0)\,,\,(1,1),$$

则

$$\iint\limits_{D}(x^2+y)dxdy = \int_0^1 dx \int_{x^2}^{\sqrt{x}}(x^2+y)dy$$
$$= \int_0^1 \left[x^2(\sqrt{x}-x^2) + \frac{1}{2}(x-x^4)\right] dx = \frac{33}{140}.$$

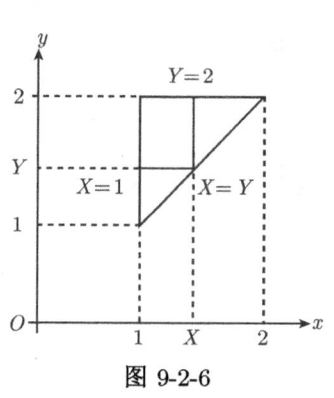

图 9-2-6

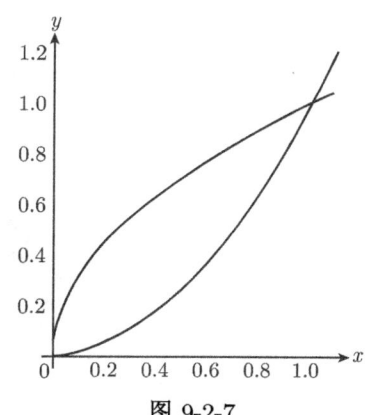

图 9-2-7

例 9-2-4 计算 $\iint\limits_D 2xy\mathrm{d}\sigma$，其中 D 是由 x 轴、y 轴和抛物线 $y = 1 - x^2$ 在第一象限内所围成的区域.

解
$$D : 0 \leqslant x \leqslant 1, 0 \leqslant y \leqslant 1 - x^2,$$

$$\iint\limits_D 2xy\mathrm{d}\sigma = \int_0^1 \mathrm{d}x \int_0^{1-x^2} 2xy\mathrm{d}y = \int_0^1 \left[xy^2\right]_0^{1-x^2} \mathrm{d}x = \int_0^1 x\left(1-x^2\right)^2 \mathrm{d}x$$
$$= \int_0^1 \left(x - 2x^3 + x^5\right) \mathrm{d}x = \frac{1}{6}.$$

类似地，
$$D : 0 \leqslant y \leqslant 1, 0 \leqslant x \leqslant \sqrt{1-y},$$

$$\iint\limits_D 2xy\mathrm{d}\sigma = \int_0^1 \mathrm{d}y \int_0^{\sqrt{1-y}} 2xy\mathrm{d}x = \int_0^1 \left[x^2 y\right]_0^{\sqrt{1-y}} \mathrm{d}y = \int_0^1 y(1-y)\mathrm{d}y = \frac{1}{6}.$$

例 9-2-5 求由下列曲面所围成的立体体积：$z = x + y$, $z = xy$, $x + y = 1$, $x = 0$, $y = 0$.

解 所围立体在 xOy 面上的投影见图 9-2-8, 因为 $0 \leqslant x + y \leqslant 1$, 所以 $x + y \geqslant xy$, 所求体积
$$V = \iint\limits_D (x + y - xy)\mathrm{d}\sigma$$
$$= \int_0^1 \mathrm{d}x \int_0^{1-x} (x + y - xy)\mathrm{d}y$$
$$= \int_0^1 [x(1-x) + \frac{1}{2}(1-x)^3]\mathrm{d}x = \frac{7}{24}.$$

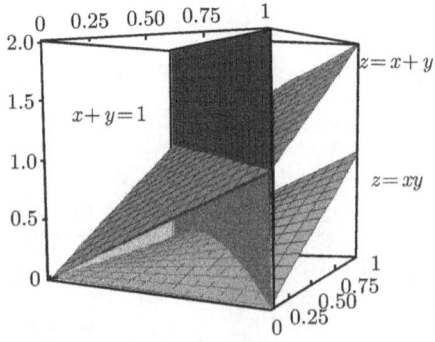

图 9-2-8

9.2.2 极坐标系下二重积分的计算

1. 换元公式

按照二重积分的定义有

$$\iint\limits_D f(x,y)\mathrm{d}\sigma = \lim_{\lambda \to 0} \sum_{i=1}^n f(\xi_i, \eta_i)\Delta\sigma_i.$$

现研究这一和式极限在极坐标中的形式.

用以极点 O 为中心的一族同心圆 $r=$ 常数以及从极点出发的一族射线 $\theta=$ 常数, 将 D 剖分成个小闭区域 (图 9-2-9). 除了包含边界点的一些小闭区域外, 小闭区域 $\Delta\sigma_i$ 的面积可如下计算:

$$\begin{aligned}\Delta\sigma_i &= \frac{1}{2}(r_i+\Delta r_i)^2\Delta\theta_i - \frac{1}{2}r_i^2\Delta\theta_i = \frac{1}{2}(2r_i+\Delta r_i)\Delta r_i\Delta\theta_i \\ &= \frac{r_i+(r_i+\Delta r_i)}{2}\Delta r_i\Delta\theta_i = \bar{r}_i\Delta r_i\Delta\theta_i.\end{aligned}$$

其中 $\bar{r}_i$ 表示相邻两圆弧半径的平均值.

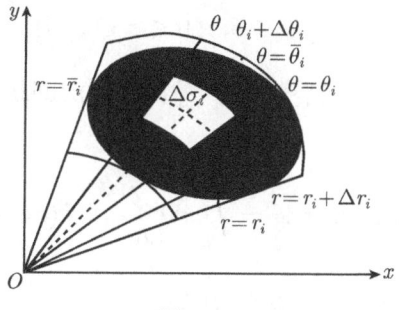

图 9-2-9

在小区域 $\Delta\sigma_i$ 上取点 $(\bar{r}_i, \bar{\theta}_i)$, 设该点直角坐标为 (ξ_i, η_i), 据直角坐标与极坐标的关系有

$$\xi_i = \bar{r}_i\cos\bar{\theta}_i, \quad \eta_i = \bar{r}_i\sin\bar{\theta}_i,$$

于是

$$\lim_{\lambda\to 0}\sum_{i=1}^n f(\xi_i,\eta_i)\Delta\sigma_i = \lim_{\lambda\to 0}\sum_{i=1}^n f(\bar{r}_i\cos\bar{\theta}_i, \bar{r}_i\sin\bar{\theta}_i)\cdot \bar{r}_i\Delta r_i\Delta\theta_i,$$

即

$$\iint\limits_D f(x,y)\mathrm{d}\sigma = \iint\limits_D f(r\cos\theta, r\sin\theta)r\mathrm{d}r\mathrm{d}\theta,$$

或
$$\iint_D f(x,y)\mathrm{d}x\mathrm{d}y = \iint_D f(r\cos\theta, r\sin\theta)r\mathrm{d}r\mathrm{d}\theta. \tag{9-2-4}$$

式 (9-2-4) 称为二重积分由直角坐标变量变换成极坐标变量的变换公式,其中, $r\mathrm{d}r\mathrm{d}\theta$ 就是极坐标中的面积元素.

2. 极坐标下的二重积分计算法

极坐标系中的二重积分,同样可以化为二次积分来计算.

类型 (1): 积分区域 D 可表示成下述形式:

$$\alpha \leqslant \theta \leqslant \beta, \quad \varphi_1(\theta) \leqslant r \leqslant \varphi_2(\theta),$$

其中函数 $\varphi_1(\theta), \varphi_2(\theta)$ 在 $[\alpha,\beta]$ 上连续 (图 9-2-10), 则

$$\iint_D f(r\cos\theta, r\sin\theta)r\mathrm{d}r\mathrm{d}\theta = \int_\alpha^\beta \mathrm{d}\theta \int_{\varphi_1(\theta)}^{\varphi_2(\theta)} f(r\cos\theta, r\sin\theta)r\mathrm{d}r.$$

类型 (2): 积分区域 D 为下述形式:

$$D: \alpha \leqslant \theta \leqslant \beta, \quad 0 \leqslant r \leqslant \varphi(\theta).$$

显然, 这只是类型 (Ⅰ) 的特殊形式 $\varphi_1(\theta) \equiv 0$ (即极点在积分区域的边界上, 图 9-2-11). 故

$$\iint_D f(r\cos\theta, r\sin\theta)r\mathrm{d}r\mathrm{d}\theta = \int_\alpha^\beta \mathrm{d}\theta \int_0^{\varphi(\theta)} f(r\cos\theta, r\sin\theta)r\mathrm{d}r.$$

类型 (3): 积分区域 D 为下述形式 (图 9-2-12):

$$D: 0 \leqslant \theta \leqslant 2\pi, \quad 0 \leqslant r \leqslant \varphi(\theta),$$

则

$$\iint_D f(r\cos\theta, r\sin\theta)r\mathrm{d}r\mathrm{d}\theta = \int_0^{2\pi} \mathrm{d}\theta \int_0^{\varphi(\theta)} f(r\cos\theta, r\sin\theta)r\mathrm{d}r.$$

将二重积分化为极坐标形式进行计算, 其关键之处在于: 将积分区域 D 用极坐标变量 r,θ 表示成如下形式:

$$D: \alpha \leqslant \theta \leqslant \beta, \quad \varphi_1(\theta) \leqslant r \leqslant \varphi_2(\theta).$$

将区域用极坐标变量来表示的步骤如下:

(1) 先画出区域 D 的简图,据图确定极角的最大变化范围 $[\alpha,\beta]$;

(2) 再过 $[\alpha,\beta]$ 内任一点 θ 作射线穿过区域,与区域的边界有两交点,将它们用极坐标表示,这样就得到了极径的变化范围 $[\varphi_1(\theta),\varphi_2(\theta)]$.

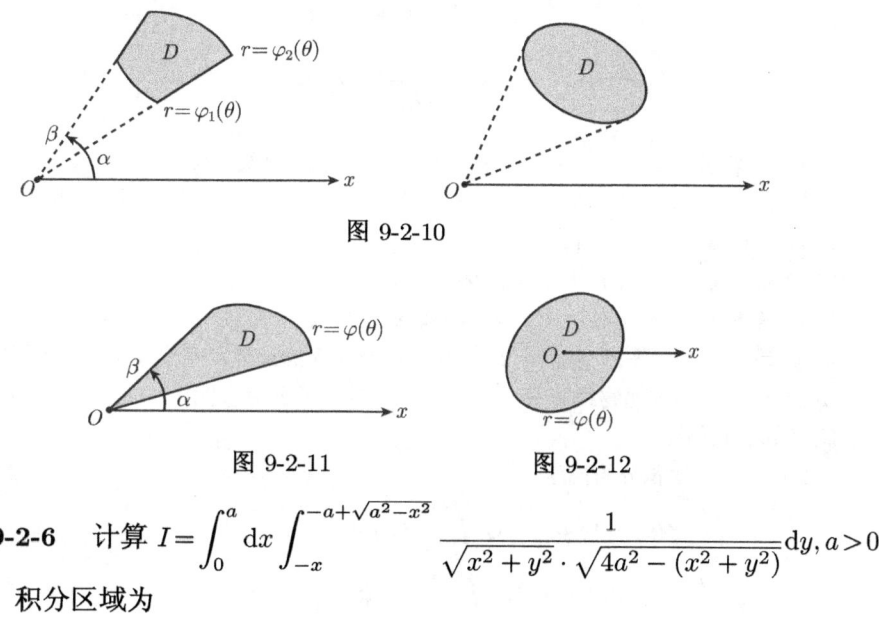

图 9-2-10

图 9-2-11   图 9-2-12

例 9-2-6 计算 $I=\int_0^a \mathrm{d}x \int_{-x}^{-a+\sqrt{a^2-x^2}} \dfrac{1}{\sqrt{x^2+y^2}\cdot\sqrt{4a^2-(x^2+y^2)}}\mathrm{d}y, a>0$.

解 积分区域为

$$D: 0\leqslant x\leqslant a,\quad -x\leqslant y\leqslant -a+\sqrt{a^2-x^2}.$$

区域的简图如图 9-2-13 所示.

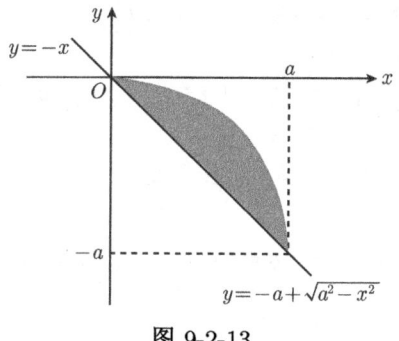

图 9-2-13

该区域在极坐标下的表示形式为

$$D: -\frac{\pi}{4}\leqslant \theta\leqslant 0,\quad 0\leqslant r\leqslant -2a\sin\theta.$$

则

$$I = \iint_D \frac{r\,dr\,d\theta}{r\sqrt{4a^2-r^2}} = \int_{-\frac{\pi}{4}}^{0} d\theta \int_{0}^{-2a\sin\theta} \frac{dr}{\sqrt{4a^2-r^2}}$$

$$= \int_{-\frac{\pi}{4}}^{0} (-\theta)\,d\theta = -\frac{1}{2}\theta^2 \Big|_{-\frac{\pi}{4}}^{0} = \frac{\pi^2}{32}.$$

习 题 9.2

1. 化二重积分 $\iint_D f(x,y)\,dx\,dy$ 为二次积分 (写出两种积分次序).

(1) $D = \{(x,y)\,|\,|x| \leqslant 1, |y| \leqslant 1\}$;

(2) D 是由 y 轴, $y = 1$ 及 $y = x$ 围成的区域;

(3) D 是由 x 轴, $y = \ln x$ 及 $x = e$ 围成的区域;

(4) D 是由 x 轴, 圆 $x^2 + y^2 - 2x = 0$ 在第一象限的部分及直线 $x + y = 2$ 围成的区域;

(5) D 是由 x 轴与抛物线 $y = 4 - x^2$ 在第二象限的部分及圆 $x^2 + y^2 - 4y = 0$ 在第一象限的部分围成的区域.

2. 交换下列二次积分的次序:

(1) $\int_{1}^{2} dx \int_{x}^{x^2} f(x,y)\,dy + \int_{2}^{8} dx \int_{x}^{8} f(x,y)\,dy$;

(2) $\int_{0}^{1} dy \int_{0}^{y} f(x,y)\,dx + \int_{1}^{2} dy \int_{0}^{2-y} f(x,y)\,dx$.

3. 求证: $\int_{0}^{1} dy \int_{0}^{\sqrt{y}} e^y f(x)\,dx = \int_{0}^{1} (e - e^{x^2}) f(x)\,dx$.

4. 计算下列二重积分:

(1) $\iint_D x e^{xy}\,d\sigma$, $D = \{(x,y)\,|\,0 \leqslant x \leqslant 1, 0 \leqslant y \leqslant 1\}$;

(2) $\iint_D \frac{y}{(1+x^2+y^2)^{3/2}}\,d\sigma$, $D = \{(x,y)\,|\,0 \leqslant x \leqslant 1, 0 \leqslant y \leqslant 1\}$;

(3) $\iint_D xy^2\,d\sigma$, D 是由抛物线 $y^2 = 2px$ 和直线 $x = \frac{p}{2}$ $(p > 0)$ 围成的区域;

(4) $\iint_D (x+6y)\,d\sigma$, D 是由 $y = x, y = 5x, x = 1$ 所围成的区域;

(5) $\iint_D (x^2+y^2)\,d\sigma$, D 是由 $y = x, y = x+a, y = a, y = 3a(a > 0)$ 所围成的区域;

(6) $\iint_D e^{-(x^2+y^2)}\,d\sigma$, D 是圆域 $x^2 + y^2 \leqslant R^2$;

(7) $\iint_D (4-x-y)\,d\sigma$, D 是圆域 $x^2 + y^2 \leqslant 2y$.

§9.2 二重积分的计算

(8) $\iint\limits_{D} \dfrac{\sin x}{x} \mathrm{d}x\mathrm{d}y$, D 是由直线 $y = x$ 及抛物线 $y = x^2$ 围成的区域.

5. 计算下列曲线所围成的平面图形的面积:

(1) $y = x^2, y = x + 2$;

(2) $y = \sin x, y = \cos x, x = 0$ (位于第一象限内的部分);

(3) $y = x^2, y = x, y = 2x$.

6. 计算下列曲面所围成立体的体积:

(1) $z = 1 + x + y, z = 0, x + y = 1, x = 0, y = 0$;

(2) $z = x^2 + y^2, y = 1, z = 0, y = x^2$.

数学家简介 —— 莱布尼茨

戈特弗里德·威廉·凡·莱布尼茨 (Gottfriend Wilhelm von Leibniz, 1646 年 7 月 1 日 ~1716 年 11 月 14 日) 德国最重要的自然科学家、数学家、物理学家、历史学家和哲学家, 一位举世罕见的科学天才, 和牛顿 (1643 年 1 月 4 日 ~1727 年 3 月 31 日) 同为微积分的创建人. 他博览群书, 涉猎百科, 对丰富人类的科学知识宝库作出了不可磨灭的贡献.

一、始创微积分

17 世纪下半叶, 欧洲科学技术迅猛发展, 由于生产力的提高和社会各方面的迫切需要, 经各国科学家的努力与历史的积累, 建立在函数与极限概念基础上的微积分理论应运而生了.

微积分思想, 最早可以追溯到希腊时由阿基米德等提出的计算面积和体积的方法. 1665 年牛顿创始了微积分, 莱布尼茨在 1673~1676 年也发表了微积分思想的论著.

以前, 微分和积分作为两种数学运算、两类数学问题, 是被分别加以研究的. 卡瓦列里、巴罗、沃利斯等得到了一系列求面积 (积分)、求切线斜率 (导数) 的重要结果, 但这些结果都是孤立的、不连贯的.

只有莱布尼茨和牛顿将积分和微分真正沟通起来, 明确地找到了两者内在的直接联系: 微分和积分是互逆的两种运算. 而这正是微积分建立的关键所在. 只有确立了这一基本关系, 才能在此基础上构建系统的微积分学, 并从对各种函数的微分和求积公式中, 总结出共同的算法程序, 使微积分方法普遍化, 发展成用符号表示的微积分运算法则. 因此, 微积分 "是牛顿和莱布尼茨大体上完成的, 但不是由他们发明的".

然而关于微积分创立的优先权, 在数学史上曾掀起了一场激烈的争论. 实际上, 牛顿在微积分方面的研究虽早于莱布尼茨, 但莱布尼茨成果的发表则早于牛顿.

莱布尼茨 1684 年 10 月在《教师学报》上发表的论文 "一种求极大极小的奇妙类型的计算", 是最早的微积分文献. 这篇仅有六页的论文, 内容并不丰富, 说理也颇含糊, 但却有着划时代的意义.

牛顿在三年后（即 1687 年）出版的《自然哲学的数学原理》的第一版和第二版中也写道："十年前在我和最杰出的几何学家莱布尼茨的通信中，我表明我已经知道确定极大值和极小值的方法、作切线的方法以及类似的方法，但我在交换的信件中隐瞒了这方法，…… 这位最卓越的科学家在回信中写道，他也发现了一种同样的方法．他诉述了他的方法，它与我的方法几乎没有什么不同，除了他的措辞和符号而外"（但在第三版及以后再版时，这段话被删掉了）．

因此，后来人们公认牛顿和莱布尼茨是各自独立地创建微积分的．

牛顿从物理学出发，运用集合方法研究微积分，其应用上更多地结合了运动学，造诣高于莱布尼茨．莱布尼茨则从几何问题出发，运用分析学方法引进微积分概念、得出运算法则，其数学的严密性与系统性是牛顿所不及的．

莱布尼茨认识到好的数学符号能节省思维劳动，运用符号的技巧是数学成功的关键之一．因此，他所创设的微积分符号远远优于牛顿的符号，这对微积分的发展有极大影响．1713 年，莱布尼茨发表了"微积分的历史和起源"一文，总结了自己创立微积分学的思路，说明了自己成就的独立性．

二、数学上的众多成就

莱布尼茨在数学方面的成就是巨大的，他的研究及成果渗透到高等数学的许多领域．他的一系列重要数学理论的提出，为后来的数学理论奠定了基础．

莱布尼茨曾讨论过负数和复数的性质，得出复数的对数并不存在，共轭复数的和是实数的结论．在后来的研究中，莱布尼茨证明了自己结论是正确的．他还对线性方程组进行过研究，对消元法从理论上进行了探讨，并首先引入了行列式的概念，提出行列式的某些理论，此外，莱布尼茨还创立了符号逻辑学的基本概念．

三、多才多艺的莱布尼茨

莱布尼茨奋斗的主要目标是寻求一种可以获得知识和创造发明的普遍方法，这种努力导致许多数学的发现．莱布尼茨多才多艺，在历史上很少有人能和他相比，他的研究领域及其成果遍及数学、物理学、力学、逻辑学、生物学、化学、地理学、解剖学、动物学、植物学、气体学、航海学、地质学、语言学、法学、哲学、历史和外交等．

四、中西文化交流之倡导者

莱布尼茨对中国的科学、文化和哲学思想十分关注，他是最早研究中国文化和中国哲学的德国人．他向耶稣会来华传教士格里马尔迪了解到许多有关中国的情况，包括养蚕纺织、造纸印染、冶金矿产、天文地理、数学文字等，并将这些资料编辑成册出版．他认为中西相互之间应建立一种交流认识的新型关系．

章末自测 9

(A)

1. 填空题．

(1) 交换下列二次积分的积分次序：

① $\int_0^1 \mathrm{d}y \int_{\sqrt{y}}^{\sqrt{2-y}} f(x,y)\mathrm{d}x = $ _____；

② $\int_0^2 \mathrm{d}y \int_{y^2}^{2y} f(x,y)\mathrm{d}x = $ _____;

③ $\int_0^1 \mathrm{d}y \int_0^y f(x,y)\mathrm{d}x = $ _____;

④ $\int_0^1 \mathrm{d}y \int_{-\sqrt{1-y^2}}^{\sqrt{1-y^2}} f(x,y)\mathrm{d}x = $ _____;

⑤ $\int_1^e \mathrm{d}x \int_0^{\ln x} f(x,y)\mathrm{d}y = $ _____;

⑥ $\int_0^4 \mathrm{d}y \int_{-\sqrt{4-y}}^{\frac{1}{2}(y-4)} f(x,y)\mathrm{d}x = $ _____;

(2) 积分 $\int_0^2 \mathrm{d}x \int_x^2 \mathrm{e}^{-y^2} \mathrm{d}y$ 的值等于_____;

(3) 设 $D = \{(x,y) | 0 \leqslant x \leqslant 1, 0 \leqslant y \leqslant 1\}$, 利用二重积分的性质估计 $I = \iint\limits_D xy(x+y)\mathrm{d}\sigma$ 的值为_____.

(4) 设区域 D 是由 x 轴、y 轴与直线 $x+y=1$ 所围成, 根据二重积分的性质, 试比较积分 $I = \iint\limits_D (x+y)^2 \mathrm{d}\sigma$ 与 $I = \iint\limits_D (x+y)^3 \mathrm{d}\sigma$ 的大小:_____.

(5) 设 $D = \left\{(x,y) \big| 0 \leqslant x \leqslant \frac{\pi}{2}, 0 \leqslant y \leqslant \frac{\pi}{2}\right\}$, 则积分 $I = \iint\limits_D \sqrt{1-\sin^2(x+y)}\mathrm{d}x\mathrm{d}y$ 的值为_____.

2. 把下列积分化为极坐标形式, 并计算积分值:

(1) $\int_0^{2a} \mathrm{d}x \int_0^{\sqrt{2ax-x^2}} (x^2+y^2)\mathrm{d}y$;

(2) $\int_0^a \mathrm{d}x \int_0^x \sqrt{x^2+y^2}\mathrm{d}y$.

3. 利用极坐标计算下列各题:

(1) $\iint\limits_D \mathrm{e}^{x^2+y^2}\mathrm{d}\sigma$, 其中 D 是由圆周 $x^2+y^2=1$ 及坐标轴所围成的在第一象限内的闭区域;

(2) $\iint\limits_D \ln(1+x^2+y^2)\mathrm{d}\sigma$, 其中 D 是由圆周 $x^2+y^2=1$ 及坐标轴所围成的在第一象限的闭区域;

(3) $\iint\limits_D \arctan\frac{y}{x}\mathrm{d}\sigma$, 其中 D 是由圆周 $x^2+y^2=4, x^2+y^2=1$ 及直线 $y=0, y=x$ 所围成的在第一象限的闭区域.

4. 选用适当的坐标计算下列各题:

(1) $\iint\limits_D \frac{x^2}{y^2}\mathrm{d}\sigma$, 其中 D 是直线 $x=2, y=x$ 及曲线 $xy=1$ 所围成的闭区域;

(2) $\iint\limits_{D}(1+x)\sin y\,\mathrm{d}\sigma$,其中 D 是顶点分别为 $(0,0),(1,0),(1,2)$ 和 $(0,1)$ 的梯形闭区域;

(3) $\iint\limits_{D}\sqrt{R^2-x^2-y^2}\,\mathrm{d}\sigma$,其中 D 是圆周 $x^2+y^2=Rx$ 所围成的闭区域;

(4) $\iint\limits_{D}\sqrt{x^2+y^2}\,\mathrm{d}\sigma$,其中 D 是圆环形闭区域 $\{(x,y)|\,a^2\leqslant x^2+y^2\leqslant b^2\}$.

5. 计算由四个平面 $x=0,\,y=0,\,x=1,\,y=1$ 所围成的柱体被平面 $z=0$ 及 $2x+3y+z=6$ 截得的立体的体积.

6. 求由平面 $x=0,\,y=0,\,x+y=1$ 所围成的柱体被平面 $z=0$ 及抛物面 $x^2+y^2=6-z$ 截得的立体的体积.

7. 计算以 xOy 面上的圆周 $x^2+y^2=ax$ 围成的闭区域为底,而以曲面 $z=x^2+y^2$ 为顶的曲顶柱体的体积.

(B)

1. 根据二重积分的性质,比较下列积分的大小:

(1) $\iint\limits_{D}(x+y)^2\,\mathrm{d}\sigma$ 与 $\iint\limits_{D}(x+y)^3\,\mathrm{d}\sigma$,其中积分区域 D 是由圆周 $(x-2)^2+(y-1)^2=2$ 所围成;

(2) $\iint\limits_{D}\ln(x+y)\,\mathrm{d}\sigma$ 与 $\iint\limits_{D}[\ln(x+y)]^2\,\mathrm{d}\sigma$,其中 D 是三角形闭区域,三顶点分别为 $(1,0)$, $(1,1),(2,0)$.

2. 计算下列二重积分:

(1) $\iint\limits_{D}\mathrm{e}^{x+y}\,\mathrm{d}\sigma$,其中 $D=\{(x,y)\,|\,|x|+|y|\leqslant 1\}$;

(2) $\iint\limits_{D}(x^2+y^2-x)\,\mathrm{d}\sigma$,其中 D 是由直线 $y=2,\,y=x$ 及 $y=2x$ 所围成的闭区域;

(3) $\iint\limits_{D}(y^2+3x-6y+9)\,\mathrm{d}\sigma$,其中 $D=\{(x,y)\,|\,x^2+y^2\leqslant R^2\}$.

3. 化二重积分 $I=\iint\limits_{D}f(x,y)\,\mathrm{d}\sigma$ 为二次积分 (分别列出对两个变量先后次序不同的两个二次积分),其中积分区域 D 是:

(1) 由 x 轴及半圆周 $x^2+y^2=r^2\,(y\geqslant 0)$ 所围成的闭区域.

(2) 环形闭区域 $\{(x,y)\,|\,1\leqslant x^2+y^2\leqslant 4\}$.

4. 求由曲面 $z=x^2+2y^2$ 及 $z=6-2x^2-y^2$ 所围成的立体的体积.

5. 用二重积分计算立体 Ω 的体积 V,其中 Ω 由平面 $z=0,\,y=x,\,y=x+a,\,y=2a$ 和 $z=3x+2y$ 所围成 $(a>0)$.

6. 计算二重积分 $\iint\limits_{D}y\,\mathrm{d}x\mathrm{d}y$,其中 D 是由直线 $x=-2,\,y=0$ 以及曲线 $x=-\sqrt{2y-y^2}$

所围成的平面区域.

7. 计算二重积分 $I = \iint\limits_{D} \sqrt{|y-x^2|} \mathrm{d}x\mathrm{d}y$,其中积分区域 D 是由 $0 \leqslant y \leqslant 2$ 和 $|x| \leqslant 1$ 确定.

8. 求二重积分 $\iint\limits_{D} y\left[1 + x\mathrm{e}^{\frac{1}{2}(x^2+y^2)}\right]\mathrm{d}x\mathrm{d}y$,其中 D 是由直线 $y = x$,及 $x = 1$ 围成的平面区域.

第10章 无穷级数

无穷级数是表示数和函数、研究函数性质以及进行数值计算的一种非常有用的数学工具. 无穷级数分为常数项级数和函数项级数两大类. 本章内容主要包括常数项级数、幂级数以及将函数展成幂级数.

§10.1 常数项级数的概念与性质

10.1.1 常数项级数的概念

解决实际中的很多问题往往有一个近似到精确的过程, 在这种过程中, 会遇到由有限个数量相加到无穷多个数量相加的问题, 有限个实数相加一定是一个实数, 那么无限多个实数相加是否一定是一个实数呢? 研究下面的实例.

例 10-1-1 求圆的面积 A.

圆内接正六边形的面积 a_1,

圆内接正十二边形的面积 $a_1 + a_2$,

圆内接正二十四边形的面积 $a_1 + a_2 + a_3$,

……

圆内接正 3×2^n 边形的面积 $a_1 + a_2 + \cdots + a_n$,

$$A \approx a_1 + a_2 + \cdots + a_n,$$

$$n \to \infty, \quad a_1 + a_2 + \cdots + a_n \to A.$$

例 10-1-2 无限多个实数的和

$$1 + 2 + 3 + \cdots + n + \cdots = \lim_{n \to \infty}(1 + 2 + 3 + \cdots + n) = \lim_{n \to \infty} \frac{1}{2}n(n+1) = +\infty$$

不是一个实数.

例 10-1-3 我国古代哲学家庄周所著的《庄子·天下篇》引用过一句话: "一尺之棰, 日取其半, 万世不竭." 其含义是: 一根长为一尺的木棍, 每天截下一半, 这样的过程可以一直进行下去. 我们把每天截下那一部分的长度加起来: $\dfrac{1}{2} + \dfrac{1}{2^2} + \dfrac{1}{2^3} + \cdots + \dfrac{1}{2^n} + \cdots$. 这就得到无限个数相加的情况, 即

§10.1 常数项级数的概念与性质

$$\lim_{n\to\infty}\left(\frac{1}{2}+\frac{1}{2^2}+\cdots+\frac{1}{2^n}\right)=\lim_{n\to\infty}\frac{1-\left(\frac{1}{2}\right)^{n+1}}{1-\frac{1}{2}}=2.$$

这里也可以看成是数列 $\left\{\dfrac{1}{2^n}\right\}$ 的各项依次相加的表达式.

一般而言, 我们就得到数项级数的定义.

定义 10-1-1 已知数列 $\{u_n\}$ 即 $u_1, u_2, \cdots, u_n, \cdots$ 将各项用加号连接起来

$$u_1+u_2+u_3+\cdots+u_n+\cdots \quad \text{或} \quad \sum_{n=1}^{+\infty} u_n \tag{10-1-1}$$

称为常数项级数, 简称级数. 其中 u_n 称为级数 (10-1-1) 的第 n 项或一般项.

定义 10-1-2 级数 $\sum\limits_{n=1}^{+\infty} u_n$ 的前 n 项的和用 s_n 来表示, 即

$$s_n = u_1 + u_2 + \cdots + u_n \quad \text{或} \quad s_n = \sum_{k=1}^{n} u_k,$$

称为级数 $\sum\limits_{n=1}^{+\infty} u_n$ 的前 n 项部分和.

既然级数是用加号连接而成的, 很自然地, 我们要求它的和. 但由于无穷级数有无穷多项, 不能用普通的方法求和. 事实上无穷级数的和究竟存在与否也还是个问题. 为了解决这个问题, 还是要依靠极限这个工具. 于是有下面的定义.

定义 10-1-3 若级数 $\sum\limits_{n=1}^{+\infty} u_n$ 的部分和数列 $\{s_n\}$ 收敛, 即 $\lim\limits_{n\to\infty} s_n = s$, 则称级数 $\sum\limits_{n=1}^{+\infty} u_n$ 收敛, s 称为级数 $\sum\limits_{n=1}^{+\infty} u_n$ 的和, 记作

$$s = \sum_{n=1}^{+\infty} u_n = u_1 + u_2 + \cdots + u_n + \cdots,$$

并称 $r_n = u_{n+1} + u_{n+2} + \cdots = \sum\limits_{k=n+1}^{+\infty} u_k = s - s_n$ 为级数 $\sum\limits_{n=1}^{+\infty} u_n$ 的余项.

若数列 $\{s_n\}$ 发散, 则称级数 (10-1-1) **发散**.

例 10-1-4 证明等比级数 (几何级数) $a + aq + aq^2 + \cdots + aq^{n-1} + \cdots (a \neq 0)$, 当 $|q| < 1$ 时收敛, 当 $|q| \geqslant 1$ 时发散.

证明 当 $q \neq 1$ 时, 其前 n 项和 $s_n = a + aq + aq^2 + \cdots + aq^{n-1} = a \cdot \dfrac{1-q^n}{1-q}$.

若 $|q| < 1$, 则 $\lim\limits_{n\to\infty} q^n = 0$, 于是

$$\lim_{n\to\infty} s_n = \lim_{n\to\infty} a\frac{1-q^n}{1-q} = \frac{a}{1-q},$$

即当 $|q| < 1$ 时等比级数收敛, 且其和为 $\dfrac{a}{1-q}$.

若 $|q| > 1$, 则 $\lim\limits_{n\to\infty} |q|^n = +\infty$, $n \to \infty$ 时, s_n 是无穷大量, 级数发散.

若 $q = 1$, 则级数成为 $a + a + a + \cdots$, 于是 $s_n = na$, $\lim\limits_{n\to\infty} s_n = +\infty$, 级数发散.

若 $q = -1$, 则级数成为 $a - a + a - a + \cdots$, 当 n 为奇数时, $s_n = a$, 而当 n 为偶数时, $s_n = 0$, 当 $n \to \infty$ 时, 数列 $\{s_n\}$ 无极限, 从而级数发散.

综上所述, 当 $|q| < 1$ 时, 级数 $\sum\limits_{n=0}^{+\infty} aq^n$ 收敛, 其和为 $\dfrac{a}{1-q}$; 当 $|q| \geqslant 1$ 时, 级数 $\sum\limits_{n=0}^{+\infty} aq^n$ 发散.

说明 例 10-1-4 的结论要熟记, 以后我们可以直接使用此结论判别几何级数的敛散性.

例 10-1-5 讨论下列级数的敛散性:

(1) $\sum\limits_{n=0}^{+\infty} \left(\dfrac{2}{3}\right)^n$; (2) $\sum\limits_{n=1}^{+\infty} \mathrm{e}^n$.

解 (1) 因为级数 $\sum\limits_{n=0}^{+\infty} \left(\dfrac{2}{3}\right)^n$ 是公比 $q = \dfrac{2}{3}$ 的几何级数, 且 $|q| = \dfrac{2}{3} < 1$, 根据例 10-1-4 的结论知, 级数 $\sum\limits_{n=0}^{+\infty} \left(\dfrac{2}{3}\right)^n$ 收敛, 其和 $\dfrac{1}{1-\dfrac{2}{3}} = 3$.

(2) 因为级数 $\sum\limits_{n=1}^{+\infty} \mathrm{e}^n$ 是公比 $q = \mathrm{e}$ 的几何级数, 且 $|q| = \mathrm{e} > 1$, 根据例 10-1-4 的结论知, 级数 $\sum\limits_{n=1}^{+\infty} \mathrm{e}^n$ 发散.

例 10-1-6 判别级数 $\sum\limits_{n=1}^{+\infty} \dfrac{2}{(2n-1)(2n+1)} = \dfrac{2}{1\cdot 3} + \dfrac{2}{3\cdot 5} + \dfrac{2}{5\cdot 7} + \cdots + \dfrac{2}{(2n-1)(2n+1)} + \cdots$ 的敛散性.

解 由于 $\dfrac{2}{(2n-1)(2n+1)} = \dfrac{1}{2n-1} - \dfrac{1}{2n+1}$ $(n = 1, 2, \cdots)$, 所以

$$s_n = \frac{2}{1\cdot 3} + \frac{2}{3\cdot 5} + \frac{2}{5\cdot 7} + \cdots + \frac{2}{(2n-1)(2n+1)}$$

$$= \left(1 - \frac{1}{3}\right) + \left(\frac{1}{3} - \frac{1}{5}\right) + \cdots + \left(\frac{1}{2n-1} - \frac{1}{2n+1}\right)$$
$$= 1 - \frac{1}{2n+1},$$

故 $\lim\limits_{n \to \infty} s_n = \lim\limits_{n \to \infty}\left(1 - \frac{1}{2n+1}\right) = 1$，因此所给级数收敛，其和为 1.

例 10-1-7 证明调和级数 $\sum\limits_{n=1}^{+\infty} \frac{1}{n} = 1 + \frac{1}{2} + \frac{1}{3} + \cdots + \frac{1}{n} + \cdots$ 发散.

证明 由微分学可证得一个不等式 $x > \ln(1+x)$，当 $x > 0$ 时 (图 10-1-1)
由于

$$\begin{aligned}
s_n &= 1 + \frac{1}{2} + \frac{1}{3} + \cdots + \frac{1}{n} > \ln(1+1) + \ln\left(1+\frac{1}{2}\right) \\
&\quad + \ln\left(1+\frac{1}{3}\right) + \cdots + \ln\left(1+\frac{1}{n}\right) \\
&= \ln 2 + \ln\frac{3}{2} + \ln\frac{4}{3} + \cdots + \ln\frac{n+1}{n} \\
&= \ln\left(2 \cdot \frac{3}{2} \cdot \frac{4}{3} \cdot \cdots \cdot \frac{n+1}{n}\right) \\
&= \ln(1+n) \to +\infty \, (n \to \infty),
\end{aligned}$$

则调和级数 $\sum\limits_{n=1}^{+\infty} \frac{1}{n}$ 发散.

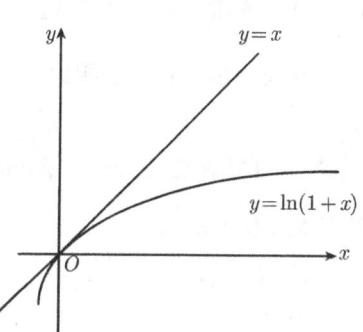

图 10-1-1

说明 例 10-1-7 的结论要熟记，以后我们可以直接使用此结论判别级数的敛散性.

例 10-1-8 判别下列级数的敛散性，若收敛，求其和.

(1) $\sum\limits_{n=1}^{+\infty} \frac{2n+1}{n^2(n+1)^2}$； (2) $\sum\limits_{n=1}^{+\infty} \ln\frac{n+3}{n+4}$.

解 (1) 由于
$$u_n = \frac{2n+1}{n^2(n+1)^2} = \frac{1}{n^2} - \frac{1}{(n+1)^2},$$
于是
$$s_n = 1 - \frac{1}{2^2} + \frac{1}{2^2} - \frac{1}{3^2} + \cdots + \frac{1}{n^2} - \frac{1}{(n+1)^2} = 1 - \frac{1}{(n+1)^2},$$
则
$$\lim_{n \to \infty} s_n = \lim_{n \to \infty}\left[1 - \frac{1}{(n+1)^2}\right] = 1,$$
故级数 $\sum\limits_{n=1}^{+\infty} \frac{2n+1}{n^2(n+1)^2}$ 收敛，其和为 1.

(2) 因为
$$u_n = \ln\frac{n+3}{n+4} = \ln(n+3) - \ln(n+4),$$
所以
$$s_n = \ln 4 - \ln 5 + \ln 5 - \ln 6 + \cdots + \ln(n+3) - \ln(n+4) = \ln 4 - \ln(n+4),$$
而
$$\lim_{n\to\infty} s_n = \lim_{n\to\infty}[\ln 4 - \ln(n+4)] = +\infty,$$
则级数 $\sum_{n=1}^{+\infty} \ln\frac{n+3}{n+4}$ 发散.

10.1.2 收敛级数的基本性质

性质 10-1-1 如果级数 $\sum_{n=1}^{+\infty} u_n$ 与级数 $\sum_{n=1}^{+\infty} v_n$ 都收敛, 它们的和分别是 U 与 V, 则对任意常数 a 与 b, 以 $au_n + bv_n$ 为一般项的级数 $\sum_{n=1}^{+\infty}(au_n + bv_n)$ 也收敛, 且其和为 $aU + bV$.

证明 设
$$U_n = u_1 + u_2 + \cdots + u_n,$$
则
$$\lim_{n\to\infty} U_n = U,$$
$$V_n = v_1 + v_2 + \cdots + v_n,$$
则
$$\lim_{n\to\infty} V_n = V,$$
又设 $\sum_{n=1}^{+\infty}(au_n + bv_n)$ 的前 n 项和是 s_n, 则有
$$s_n = aU_n + bV_n,$$
因此
$$\lim_{n\to\infty} s_n = aU + bV,$$
所以
$$\sum_{n=1}^{+\infty}(au_n + bv_n) = aU + bV.$$

例 10-1-9 讨论级数 $\left(\dfrac{1}{2} - \dfrac{2}{3}\right) + \left(\dfrac{1}{2^2} - \dfrac{2^2}{3^2}\right) + \cdots + \left(\dfrac{1}{2^n} - \dfrac{2^n}{3^n}\right) + \cdots$ 的敛散性.

解 因为几何级数 $\sum\limits_{n=1}^{+\infty} \dfrac{1}{2^n}, \sum\limits_{n=1}^{+\infty} \left(\dfrac{2}{3}\right)^n$ 均收敛, 由性质 10-1-1 得, 原级数 $\sum\limits_{n=1}^{+\infty} \left[\left(\dfrac{1}{2}\right)^n + \left(\dfrac{2}{3}\right)^n\right]$ 收敛.

【注意】 如果级数 $\sum\limits_{n=1}^{+\infty} u_n$ 与级数 $\sum\limits_{n=1}^{+\infty} v_n$ 都发散, 但级数 $\sum\limits_{n=1}^{+\infty} (u_n + v_n)$ 的敛散性不能确定.

例如, 虽然级数 $\sum\limits_{n=1}^{+\infty} (-1)^n, \sum\limits_{n=1}^{+\infty} (-1)^{n+1}$ 均发散, 但级数 $\sum\limits_{n=1}^{+\infty} [(-1)^n + (-1)^{n+1}]$ 收敛; 级数 $\sum\limits_{n=1}^{+\infty} (-1)^n, \sum\limits_{n=1}^{+\infty} (-1)^{n+2}$ 均发散, 而级数 $\sum\limits_{n=1}^{+\infty} [(-1)^n + (-1)^{n+2}]$ 也是发散.

推论 10-1-1 如果级数 $\sum\limits_{n=1}^{+\infty} u_n$ 收敛, 级数 $\sum\limits_{n=1}^{+\infty} v_n$ 发散, 则级数 $\sum\limits_{n=1}^{+\infty} (au_n + bv_n)$ 发散.

例 10-1-10 讨论级数 $1 + \dfrac{2}{3} + 2 - \left(\dfrac{2}{3}\right)^2 + 3 + \left(\dfrac{2}{3}\right)^3 + 4 - \left(\dfrac{2}{3}\right)^4 + \cdots + n + (-1)^{n-1} \left(\dfrac{2}{3}\right)^n + \cdots$ 的敛散性.

解 因为级数 $\sum\limits_{n=1}^{+\infty} n$ 发散, 而级数 $\sum\limits_{n=1}^{+\infty} \left(\dfrac{2}{3}\right)^n$ 收敛, 根据推论 10-1-1 知, 级数 $\sum\limits_{n=1}^{+\infty} \left[n + (-1)^{n-1} \left(\dfrac{2}{3}\right)^n\right]$ 发散.

性质 10-1-2 在一个级数前面加上或去掉有限项, 则不改变级数的敛散性; 但在级数收敛时, 一般说来要改变原级数的和.

证明 设级数 $\sum\limits_{n=1}^{+\infty} u_n = u_1 + u_2 + \cdots + u_m + u_{m+1} + \cdots$ 改变有限项以后, 从第 $m+1$ 项开始都没有改变, 设新级数为

$$\sum_{n=1}^{+\infty} v_n = v_1 + v_2 + \cdots + v_m + v_{m+1} + \cdots \quad n > m, v_n = u_n.$$

又设
$$u_1 + u_2 + \cdots + u_m = a, \quad v_1 + v_2 + \cdots + v_m = b,$$

记级数 $\sum\limits_{n=1}^{+\infty} u_n$ 前 n 和为 U_n, $\sum\limits_{n=1}^{+\infty} v_n$ 前 n 项和是 V_n, 则当 $n > m$ 时, 有

$$U_n = V_n + a - b,$$

因此 $\{U_n\}$ 与 $\{V_n\}$ 具有相同的敛散性.

性质 10-1-3 如果一个级数收敛, 则加括号后所形成的新级数也收敛, 且和不变.

证明 设级数 $\sum\limits_{n=1}^{+\infty} u_n$ 收敛, 且和是 s. 不失一般性, 不妨设加括号后的新级数为
$$(u_1 + u_2) + (u_3 + u_4 + u_5) + (u_6 + u_7) + \cdots,$$
用 W_m 表示新级数的前 m 项部分和, 用 S_n 表示原级数的前 n 项相应部分和, 因此有
$$W_1 = s_2, \quad W_2 = s_5, \quad W_3 = s_7, \quad \cdots, \quad W_m = s_n, \quad \cdots,$$
显然, $m \leqslant n$, 则 $m \to \infty$ 时, 必有 $n \to \infty$, 于是
$$\lim_{m \to \infty} W_n = \lim_{n \to \infty} s_n = s.$$

【注意】 性质 10-1-3 的逆命题并不成立, 即有些级数加括号后收敛, 原级数却发散.

例如, 级数 $(1-1) + (1-1) + \cdots + (1-1) + \cdots$ 收敛于 0, 但级数 $1 - 1 + 1 - 1 + \cdots + (-1)^{n-1} + \cdots$ 却发散.

例 10-1-11 讨论级数 $\sum\limits_{n=1}^{+\infty} \dfrac{1}{4+n}$ 的敛散性.

解 该级数是调和级数 $\sum\limits_{n=1}^{+\infty} \dfrac{1}{n}$ 去掉前三项所得, 由于调和级数 $\sum\limits_{n=1}^{+\infty} \dfrac{1}{n}$, 所以级数 $\sum\limits_{n=1}^{+\infty} \dfrac{1}{4+n}$ 发散.

10.1.3 收敛级数的必要条件

定理 10-1-1 如果级数 $\sum\limits_{n=1}^{+\infty} u_n$ 收敛, 则 $\lim\limits_{n \to \infty} u_n = 0$.

证明 因为级数 $\sum\limits_{n=1}^{+\infty} u_n$ 收敛, 可设 $\lim\limits_{n \to \infty} s_n = s$. 由于 $u_n = s_n - s_{n-1}$, 则
$$\lim_{n \to \infty} u_n = \lim_{n \to \infty} s_n - \lim_{n \to \infty} s_{n-1} = s - s = 0.$$

【注意】 定理 10-1-1 的逆命题不成立.

例如, 调和级数
$$\sum_{n=1}^{+\infty} \frac{1}{n} = 1 + \frac{1}{2} + \frac{1}{3} + \cdots + \frac{1}{n} + \cdots,$$

§10.1 常数项级数的概念与性质

虽然 $\lim\limits_{n\to\infty} u_n = \lim\limits_{n\to\infty} \dfrac{1}{n} = 0$,但调和级数 $\sum\limits_{n=1}^{+\infty} \dfrac{1}{n}$ 发散.

推论 10-1-2 如果 $\lim\limits_{n\to\infty} u_n \neq 0$,则级数 $\sum\limits_{n=1}^{+\infty} u_n$ 一定发散.

例 10-1-12 讨论级数 $\sum\limits_{n=1}^{+\infty} (-1)^{n-1} \dfrac{n}{n+1}$ 的敛散性.

解 因为 $\lim\limits_{n\to\infty} u_n = \lim\limits_{n\to\infty} (-1)^{n-1} \dfrac{n}{n+1} \neq 0$,根据推论 10-1-2 知,级数 $\sum\limits_{n=1}^{+\infty} (-1)^{n-1} \dfrac{n}{n+1}$ 发散.

例 10-1-13 判别下列级数的敛散性,若收敛,求其和.

(1) $\sum\limits_{n=1}^{+\infty} \dfrac{n^n}{(n+1)^n}$; (2) $\sum\limits_{n=1}^{+\infty} \left[\dfrac{3}{n(n+1)} + \dfrac{1}{2^n} \right]$.

解 (1) 因为

$$\lim_{n\to\infty} u_n = \lim_{n\to\infty} \dfrac{n^n}{(n+1)^n} = \lim_{n\to\infty} \dfrac{1}{\left(1+\dfrac{1}{n}\right)^n} = \dfrac{1}{e} \neq 0,$$

所以级数 $\sum\limits_{n=1}^{+\infty} \dfrac{n^n}{(n+1)^n}$ 发散.

(2) 由于

$$\sum_{n=1}^{+\infty} \left[\dfrac{3}{n(n+1)} + \dfrac{1}{2^n} \right] = \sum_{n=1}^{+\infty} \dfrac{3}{n(n+1)} + \sum_{n=1}^{+\infty} \dfrac{1}{2^n},$$

而级数 $\sum\limits_{n=1}^{+\infty} \dfrac{3}{n(n+1)}$ 收敛于 3,级数 $\sum\limits_{n=1}^{+\infty} \dfrac{1}{2^n}$ 收敛于 1,由级数的性质知,级数 $\sum\limits_{n=1}^{+\infty} \left[\dfrac{3}{n(n+1)} + \dfrac{1}{2^n} \right]$ 收敛,其和为 4.

习 题 10.1

1. 根据级数发散与收敛性定义判定下列级数敛散性:

(1) $\sum\limits_{n=1}^{+\infty} (\sqrt{n+1} - \sqrt{n})$. (2) $\sum\limits_{n=1}^{+\infty} \dfrac{1}{n(n+1)}$.

2. 判定下列级数敛散性:

(1) $\sum\limits_{n=1}^{+\infty} \dfrac{(-1)^{n-1}}{2^n}$; (2) $\sum\limits_{n=1}^{+\infty} \dfrac{n}{6n+4}$;

(3) $\sum_{n=1}^{+\infty}\left(\dfrac{1}{2^n}+\dfrac{1}{3^n}\right)$;   (4) $\sum_{n=1}^{+\infty}\sin\dfrac{n\pi}{2}$.

3. 级数 $\sum_{n=1}^{+\infty}u_n$ 收敛, 且 $k\neq 0$, 试判定下列级数敛散性:

(1) $\sum_{n=1}^{+\infty}ku_n$;   (2) $\sum_{n=1}^{+\infty}(k+u_n)$;

(3) $k+\sum_{n=1}^{+\infty}u_n$;   (4) $\sum_{n=k}^{+\infty}u_n$.

§10.2 正项级数及其审敛法

在 10.1 节, 我们用级数收敛和发散的定义直接判断了几个级数的敛散性. 但这个方法比较原始, 不易成功, 因而希望找到更为快捷的方法, 从这一节开始, 我们要建立一系列级数的收敛和发散的判别法, 或称为审敛法. 因此, 我们首先研究正项级数的审敛法.

10.2.1 正项级数的概念

定义 10-2-1 如果级数 $\sum_{n=1}^{+\infty}u_n$ 各项都是正数或零, 即 $u_n\geqslant 0$, 则称级数 $\sum_{n=1}^{+\infty}u_n$ 为*正项级数*.

显然, 正项级数的部分和数列 $\{s_n\}$ 是单调递增数列:

$$s_1\leqslant s_2\leqslant s_3\leqslant\cdots\leqslant s_{n-1}\leqslant s_n\leqslant\cdots.$$

定理 10-2-1 正项级数 $\sum_{n=1}^{+\infty}u_n$ 收敛的充要条件是: 它的部分和数列 $\{s_n\}$ 有界.

证明 充分性: 因为正项级数 $\sum_{n=1}^{+\infty}u_n$ 的部分和数列 $\{s_n\}$ 是单调递增的; 若数列 $\{s_n\}$ 有界, 根据收敛数列的必要条件知, $\lim\limits_{n\to\infty}s_n$ 存在, 则正项级数 $\sum_{n=1}^{+\infty}u_n$ 收敛.

必要性: 由于正项级数 $\sum_{n=1}^{+\infty}u_n$ 收敛, 于是 $\lim\limits_{n\to\infty}s_n$ 存在, 根据有极限的数列必有界, 得数列 $\{s_n\}$ 有界.

10.2.2 正项级数的审敛法

定理 10-2-2 (比较审敛法) 设级数 $\sum_{n=1}^{+\infty}u_n$ 及 $\sum_{n=1}^{+\infty}v_n$ 均为正项级数, 且 $u_n\leqslant$

§10.2 正项级数及其审敛法

v_n $(n=1,2,\cdots)$ 则:

(1) 若级数 $\sum\limits_{n=1}^{+\infty} v_n$ 收敛, 则级数 $\sum\limits_{n=1}^{+\infty} u_n$ 收敛;

(2) 若级数 $\sum\limits_{n=1}^{+\infty} u_n$ 发散, 则级数 $\sum\limits_{n=1}^{+\infty} v_n$ 发散.

证明 设级数 $\sum\limits_{n=1}^{+\infty} u_n$ 与级数 $\sum\limits_{n=1}^{+\infty} v_n$ 的部分和数列分别为 U_n, V_n.

(1) 设级数 $\sum\limits_{n=1}^{+\infty} v_n$ 收敛于 V, 因为 $u_n \leqslant v_n$, 所以级数 $\sum\limits_{n=1}^{+\infty} u_n$ 的部分和数列

$$U_n = u_1 + u_2 + \cdots + u_n \leqslant v_1 + v_2 + \cdots + v_n \leqslant V, \quad n=1,2,\cdots,$$

即部分和数列 $\{U_n\}$ 有界, 由定理 10-2-1 知, 级数 $\sum\limits_{n=1}^{+\infty} u_n$ 收敛.

(2) 因为级数 $\sum\limits_{n=1}^{+\infty} u_n$ 发散, 所以数列 $\{U_n\}$ 无界, 而

$$V_n = v_1 + v_2 + \cdots + v_n \geqslant u_1 + u_2 + \cdots + u_n = U_n,$$

则数列 $\{V_n\}$ 无界, 由定理 10-2-1 知, 级数 $\sum\limits_{n=1}^{+\infty} v_n$ 发散.

例 10-2-1 讨论 p 级数 $\sum\limits_{n=1}^{+\infty} \dfrac{1}{n^p} = 1 + \dfrac{1}{2^p} + \cdots + \dfrac{1}{n^p} + \cdots$ 的敛散性 $(p>0)$.

解 当 $p \leqslant 1$ 时, $\dfrac{1}{n^p} \geqslant \dfrac{1}{n}$, 因为调和级数 $\sum\limits_{n=1}^{+\infty} \dfrac{1}{n}$ 发散, 由比较审敛法知, 级数 $\sum\limits_{n=1}^{+\infty} \dfrac{1}{n^p}$ 发散.

设 $p>1$, 当 $n-1 \leqslant x \leqslant n$ 时, 有 $\dfrac{1}{n^p} \leqslant \dfrac{1}{x^p}$, 所以

$$\dfrac{1}{n^p} = \int_{n-1}^{n} \dfrac{1}{n^p} \mathrm{d}x \leqslant \int_{n-1}^{n} \dfrac{1}{x^p} \mathrm{d}x = \dfrac{1}{p-1}\left[\dfrac{1}{(n-1)^{p-1}} - \dfrac{1}{n^{p-1}}\right], \quad n=2,3,\cdots.$$

考虑级数

$$\sum_{n=2}^{+\infty} \left[\dfrac{1}{(n-1)^{p-1}} - \dfrac{1}{n^{p-1}}\right], \tag{10-2-1}$$

其部分和

$$S_n = \left[1 - \dfrac{1}{2^{p-1}}\right] + \left[\dfrac{1}{2^{p-1}} - \dfrac{1}{3^{p-1}}\right] + \cdots + \left[\dfrac{1}{n^{p-1}} - \dfrac{1}{(n+1)^{p-1}}\right]$$

$$= 1 - \frac{1}{(n+1)^{p-1}} \to 1, \quad n \to \infty,$$

故级数 (10-2-1) 收敛,由比较审敛法知,级数 $\sum_{n=1}^{+\infty} \frac{1}{n^p}$ 当 $p > 1$ 时收敛.

综上所述,p 级数 $\sum_{n=1}^{+\infty} \frac{1}{n^p}$,当 $p > 1$ 时收敛,当 $p \leqslant 1$ 时发散.

【说明】 例 10-2-1 的结论要熟记,以后我们可以直接使用此结论判别级数的敛散性.

例如,级数 $\sum_{n=1}^{+\infty} \frac{1}{n^3}$ 是 $p = 3$ 的 p 级数,所以该级数收敛;而级数 $\sum_{n=1}^{+\infty} \frac{1}{\sqrt{n}}$ 是 $p = \frac{1}{2}$ 的 p 级数,所以该级数发散.

例 10-2-2 讨论下列级数的敛散性:

(1) $\sum_{n=1}^{+\infty} \frac{n}{n^3+1}$; (2) $\sum_{n=1}^{+\infty} \frac{1}{\sqrt{n(n+1)}}$; (3) $\sum_{n=1}^{+\infty} \frac{\sin^2 n}{2^n}$.

解 (1) 因为 $u_n = \frac{n}{n^3+1} < \frac{n}{n^3} = \frac{1}{n^2}$,又级数 $\sum_{n=1}^{+\infty} \frac{1}{n^2}$ 收敛,由比较审敛较法知,级数 $\sum_{n=1}^{+\infty} \frac{n}{n^3+1}$ 收敛.

(2) 因为 $u_n = \frac{1}{\sqrt{n(n+1)}} > \frac{1}{\sqrt{n \cdot n}} = \frac{1}{n}$,而级数 $\sum_{n=1}^{+\infty} \frac{1}{n}$ 发散,由比较审敛较法知,故级数 $\sum_{n=1}^{+\infty} \frac{1}{\sqrt{n(n+1)}}$ 发散.

(3) 因为 $u_n = \frac{\sin^2 n}{2^n} \leqslant \frac{1}{2^n}$,又级数 $\sum_{n=1}^{+\infty} \frac{1}{2^n}$ 收敛,故级数 $\sum_{n=1}^{+\infty} \frac{\sin^2 n}{2^n}$ 收敛.

从上面的例子可以看出,用比较审敛法判断一个级数的敛散性,往往要找到一个收敛级数或发散的级数进行比较. 鉴于具体操作比较麻烦常常可以改用下面的定理.

定理 10-2-3(比较审敛法的极限形式) 设 $\sum_{n=1}^{+\infty} u_n$ 和 $\sum_{n=1}^{+\infty} v_n$ 都是正项级数,如果:

(1) $\lim_{n \to \infty} \frac{u_n}{v_n} = l \ (0 \leqslant l < +\infty)$,且级数 $\sum_{n=1}^{+\infty} v_n$ 收敛,则级数 $\sum_{n=1}^{+\infty} u_n$ 收敛.

§10.2 正项级数及其审敛法

(2) $\lim\limits_{n\to\infty}\dfrac{u_n}{v_n}=l>0$ 或 $\lim\limits_{n\to\infty}\dfrac{u_n}{v_n}=+\infty$,且级数 $\sum\limits_{n=1}^{+\infty}v_n$ 发散,则级数 $\sum\limits_{n=1}^{+\infty}u_n$ 发散.

证明 (1) 由极限定义可知,对于 $\varepsilon=1$, $\exists N$,使当 $n>N$ 时,有 $\dfrac{u_n}{v_n}<l+1$,即 $u_n<(l+1)v_n$,再由比较审敛法可得级数 $\sum\limits_{n=1}^{+\infty}u_n$ 收敛.

(2) 按已知条件可知极限 $\lim\limits_{n\to\infty}\dfrac{v_n}{u_n}$ 存在,如果级数 $\sum\limits_{n=1}^{+\infty}u_n$ 收敛,则由结论 (1) 必有级数 $\sum\limits_{n=1}^{+\infty}v_n$ 收敛,但已知级数 $\sum\limits_{n=1}^{+\infty}v_n$ 发散,因此级数 $\sum\limits_{n=1}^{+\infty}u_n$ 不可能收敛,即级数 $\sum\limits_{n=1}^{+\infty}u_n$ 发散.

例 10-2-3 判定下列级数的敛散性:

(1) $\sum\limits_{n=1}^{+\infty}\ln\left(1+\dfrac{1}{n}\right)$; (2) $\sum\limits_{n=1}^{+\infty}\left(1-\cos\dfrac{\pi}{n}\right)$.

解 (1) 取 $v_n=\dfrac{1}{n}$,有

$$\lim_{n\to\infty}\dfrac{\ln\left(1+\dfrac{1}{n}\right)}{\dfrac{1}{n}}=1,$$

由于级数 $\sum\limits_{n=1}^{+\infty}\dfrac{1}{n}$ 发散,由比较审敛法的极限形式知,则级数 $\sum\limits_{n=1}^{+\infty}\ln\left(1+\dfrac{1}{n}\right)$ 也发散.

(2) 因为 $1-\cos\dfrac{\pi}{n}\sim\dfrac{\pi^2}{2n^2}$ $(n\to+\infty)$,所以

$$\lim_{n\to\infty}\dfrac{1-\cos\dfrac{\pi}{n}}{\dfrac{\pi^2}{2n^2}}=1,$$

而级数 $\dfrac{\pi^2}{2}\sum\limits_{n=1}^{+\infty}\dfrac{1}{n^2}$ 收敛,由比较审敛法的极限形式知,级数 $\sum\limits_{n=1}^{+\infty}\left(1-\cos\dfrac{\pi}{n}\right)$ 收敛.

定理 10-2-4 (比值审敛法) 设 $\sum\limits_{n=1}^{+\infty}u_n$ 为正项级数,且 $u_n>0$ $(n=1,2,3,\cdots)$,如果极限

$$\lim_{n\to\infty}\dfrac{u_{n+1}}{u_n}=\rho,$$

则

(1) 当 $\rho < 1$ 时, 级数收敛;

(2) 当 $\rho > 1$ $\left(\text{或} \lim\limits_{n\to\infty} \dfrac{u_{n+1}}{u_n} = +\infty\right)$ 时, 级数发散.

证明 (1) 当 $\rho < 1$, 取一个适当正数 ε, 使 $\rho + \varepsilon = \gamma < 1$, 根据数列极限定义, $\exists$ 自然数 m, 使 $n \geqslant m$, 有
$$\frac{u_{n+1}}{u_n} < \rho + \varepsilon = \gamma,$$
因此
$$u_{m+1} < \gamma u_m, \quad u_{m+2} < \gamma u_{m+1} < \gamma^2 u_m, \quad u_{m+3} < \gamma u_{m+2} < \gamma^3 u_m, \cdots,$$
这样, 级数 $u_{m+1} + u_{m+2} + u_{m+3} + \cdots$ 各项小于收敛的等比级数
$$\gamma u_m + \gamma^2 u_m + \gamma^3 u_m + \cdots, \quad \gamma < 1$$
的各对应项, 所以它也收敛; 由于 $\sum\limits_{n=1}^{+\infty} u_n$ 只比它多了前 m 项, 因此, 级数 $\sum\limits_{n=1}^{+\infty} u_n$ 也收敛.

(2) 当 $\rho > 1$, 取一个适当正数 ε, 使 $\rho - \varepsilon > 1$, 根据极限定义, 当 $n \geqslant m$ 时, 有 $\dfrac{u_{n+1}}{u_n} > \rho - \varepsilon > 1$, 即 $u_{n+1} > u_n$, 从而 $\lim\limits_{n\to\infty} u_n \neq 0$, 可知 $\sum\limits_{n=1}^{+\infty} u_n$ 发散.

类似可证, 当 $\lim\limits_{n\to\infty} \dfrac{u_{n+1}}{u_n} = +\infty$, 级数 $\sum\limits_{n=1}^{+\infty} u_n$ 发散.

【注意】 当 $\rho = 1$ 时, 级数 $\sum\limits_{n=1}^{+\infty} u_n$ 可能收敛也可能发散.

例如, p 级数 $\sum\limits_{n=1}^{+\infty} \dfrac{1}{n^p}$, 虽然
$$\lim_{n\to\infty} \frac{u_{n+1}}{u_n} = \lim_{n\to\infty} \frac{\dfrac{1}{(n+1)^p}}{\dfrac{1}{n^p}} = 1;$$
但是, 当 $p > 1$ 时, p 级数收敛; 当 $p \leqslant 1$ 时, p 级数发散.

例 10-2-4 讨论下列级数的敛散性:

(1) $\sum\limits_{n=1}^{+\infty} \dfrac{2^n \cdot n!}{n^n}$; (2) $\sum\limits_{n=1}^{+\infty} \dfrac{2^n}{n}$; (3) $\sum\limits_{n=1}^{+\infty} n \sin \dfrac{1}{3^n}$.

解 (1) 因为

§10.2 正项级数及其审敛法

$$\frac{u_{n+1}}{u_n} = \frac{2^{n+1} \cdot (n+1)!}{(n+1)^{n+1}} \cdot \frac{n^n}{2^n \cdot n!} = 2 \cdot \left(\frac{n}{n+1}\right)^n = 2 \cdot \frac{1}{\left(1+\frac{1}{n}\right)^n},$$

所以

$$\lim_{n\to\infty} \frac{u_{n+1}}{u_n} = \lim_{n\to+\infty} \frac{2}{\left(1+\frac{1}{n}\right)^n} = \frac{2}{e} < 1,$$

由比值审敛法知, 级数 $\sum\limits_{n=1}^{+\infty} \dfrac{2^n \cdot n!}{n^n}$ 收敛.

(2) 因为

$$\lim_{n\to\infty} \frac{u_{n+1}}{u_n} = \lim_{n\to\infty} \frac{2^{n+1}}{n+1} \cdot \frac{n}{2^n} = 2 > 1,$$

由比值审敛法知, 级数 $\sum\limits_{n=1}^{+\infty} \dfrac{2^n}{n}$ 发散.

(3) 因为

$$\lim_{n\to\infty} \frac{u_{n+1}}{u_n} = \lim_{n\to\infty} \frac{(n+1)\sin\frac{1}{3^{n+1}}}{n\sin\frac{1}{3^n}} = \lim_{n\to\infty} \frac{\frac{1}{3^{n+1}}}{\frac{1}{3^n}} = \frac{1}{3} < 1,$$

由比值审敛法知, 级数 $\sum\limits_{n=1}^{+\infty} n\sin\dfrac{1}{3^n}$ 收敛.

定理 10-2-5 (根值审敛法) 设 $\sum\limits_{n=1}^{+\infty} u_n$ 为正项级数, 如果

$$\lim_{n\to\infty} \sqrt[n]{u_n} = \rho,$$

则

(1) 当 $\rho < 1$ 时, 级数 $\sum\limits_{n=1}^{+\infty} u_n$ 收敛;

(2) 当 $\rho > 1$ (或 $\lim\limits_{n\to\infty} \sqrt[n]{u_n} = +\infty$) 时, 级数 $\sum\limits_{n=1}^{+\infty} u_n$ 发散.

证明 (1) 当 $\rho < 1$, 取一个适当正数 ε, 使 $\rho + \varepsilon = \gamma < 1$, 依极限定义, 存在 $N > 0$, 使 $n > N$, 有

$$\rho - \varepsilon < \sqrt[n]{u_n} < \rho + \varepsilon = \gamma,$$

则

$$u_n < \gamma^n, \quad n > N,$$

因为级数 $\sum\limits_{m=1}^{+\infty}\gamma^{N+m}$ 收敛,由比较审敛法知,所以级数 $\sum\limits_{m=1}^{+\infty}u_{N+m}$ 收敛,从而级数 $\sum\limits_{n=1}^{+\infty}u_n$ 收敛.

(2) 当 $\rho>1$,取一个适当正数 ε,使 $\rho-\varepsilon>1$,依极限定义,当 $n>N$ 时,有

$$\rho-\varepsilon<\sqrt[n]{u_n}<\rho+\varepsilon=\gamma,$$

即

$$u_n>1,$$

于是 $\lim\limits_{n\to\infty}u_n\neq 0$,则级数 $\sum\limits_{m=1}^{+\infty}u_{N+m}$ 发散,故级数 $\sum\limits_{n=1}^{+\infty}u_n$ 发散.

【注意】 当 $\rho=1$ 时,级数 $\sum\limits_{n=1}^{+\infty}u_n$ 可能收敛也可能发散.

例 10-2-5 判定下列级数的敛散性:

(1) $\sum\limits_{n=1}^{+\infty}\left(\dfrac{n}{2n+1}\right)^n$; (2) $\sum\limits_{n=1}^{+\infty}n^n\mathrm{e}^{-n}$.

解 (1) 因为

$$\lim_{n\to\infty}\sqrt[n]{u_n}=\lim_{n\to\infty}\sqrt[n]{\left(\dfrac{n}{2n+1}\right)^n}=\lim_{n\to\infty}\dfrac{n}{2n+1}=\dfrac{1}{2}<1,$$

由根值审敛法知,级数 $\sum\limits_{n=1}^{+\infty}\left(\dfrac{n}{2n+1}\right)^n$ 收敛;

(2) 因为

$$\lim_{n\to\infty}\sqrt[n]{u_n}=\lim_{n\to\infty}\sqrt[n]{n^n\mathrm{e}^{-n}}=\lim_{n\to\infty}n\mathrm{e}^{-1}=+\infty,$$

由根值审敛法知,级数 $\sum\limits_{n=1}^{+\infty}n^n\mathrm{e}^{-n}$ 发散.

定理 10-2-6 (极限审敛法) 设 $\sum\limits_{n=1}^{+\infty}u_n$ 为正项级数:

(1) 如果 $\lim\limits_{n\to\infty}nu_n=l>0$(或 $\lim\limits_{n\to+\infty}nu_n=+\infty$),则级数 $\sum\limits_{n=1}^{+\infty}u_n$ 发散;

(2) 如果 $p>1$,而 $\lim\limits_{n\to\infty}n^p u_n=l(0\leqslant l<+\infty)$,则级数 $\sum\limits_{n=1}^{+\infty}u_n$ 收敛.

§10.2 正项级数及其审敛法

证明 (1) 在极限形式的比较审敛法中，取 $v_n = \dfrac{1}{n}$，由调和级数 $\sum\limits_{n=1}^{+\infty} \dfrac{1}{n}$ 发散，知结论成立；

(2) 在极限形式的比较审敛法中，取 $v_n = \dfrac{1}{n^p}$，当 $p > 1$ 时，p 级数 $\sum\limits_{n=1}^{+\infty} \dfrac{1}{n^p}$ 收敛，故结论成立.

例 10-2-6 判定级数 $\sum\limits_{n=1}^{+\infty} \sqrt{n+1}\left(1 - \cos\dfrac{\pi}{n}\right)$ 的收敛性.

解 因为
$$\lim_{n\to\infty} n^{\frac{3}{2}} u_n = \lim_{n\to\infty} n^{\frac{3}{2}} \sqrt{n+1}\left(1 - \cos\dfrac{\pi}{n}\right)$$
$$= \lim_{n\to\infty} n^2 \sqrt{\dfrac{n+1}{n}} \cdot \dfrac{1}{2}\left(\dfrac{\pi}{n}\right)^2 = \dfrac{1}{2}\pi^2,$$

根据极限审敛法知，所给级数收敛.

例 10-2-7 判定级数 $\sum\limits_{n=1}^{+\infty} \dfrac{n^3[\sqrt{2} + (-1)^n]^n}{3^n}$ 的收敛性.

解 因为
$$0 < \dfrac{n^3[\sqrt{2} + (-1)^n]^n}{3^n} \leqslant \dfrac{n^3(\sqrt{2}+1)^n}{3^n},$$

而
$$\lim_{n\to\infty} \dfrac{u_{n+1}}{u_n} = \lim_{n\to\infty} \dfrac{(n+1)^3(\sqrt{2}+1)^{n+1}}{3^{n+1}} \cdot \dfrac{3^n}{n^3(\sqrt{2}+1)^n}$$
$$= \lim_{n\to\infty} \left(\dfrac{n+1}{n}\right)^3 \dfrac{\sqrt{2}+1}{3} = \dfrac{\sqrt{2}+1}{3} < 1,$$

由比值审敛法知，级数 $\sum\limits_{n=1}^{+\infty} \dfrac{n^3(\sqrt{2}+1)^n}{3^n}$ 收敛，则由比较审敛法知，级数 $\sum\limits_{n=1}^{+\infty} \dfrac{n^3[\sqrt{2}+(-1)^n]^n}{3^n}$ 收敛.

例 10-2-8 设 $a_n > 0 (n=1,2,\cdots)$ 且 $\lim\limits_{n\to\infty} a_n = a$，判定级数 $\sum\limits_{n=1}^{+\infty} a_n\left(1 - \cos\dfrac{b}{n}\right)$ $(b > 0)$ 的敛散性.

解 因为 $\lim\limits_{n\to\infty} a_n = a$ 所以 $0 < a_n \leqslant M$，于是
$$a_n\left(1 - \cos\dfrac{b}{n}\right) \leqslant M\left(1 - \cos\dfrac{b}{n}\right),$$

而

$$\lim_{n\to\infty}\frac{M\left(1-\cos\dfrac{b}{n}\right)}{\dfrac{b}{n^2}}=M,$$

由于级数 $\sum\limits_{n=1}^{+\infty}\dfrac{b}{n^2}$ 收敛,由比较法极限形式知,级数 $\sum\limits_{n=0}^{+\infty}M\left(1-\cos\dfrac{b}{n}\right)$ 收敛,由比较审敛法知级数 $\sum\limits_{n=1}^{+\infty}a_n\left(1-\cos\dfrac{b}{n}\right)$ $(b>0)$ 收敛.

习　题　10.2

1. 用比较审敛法或比较审敛法的极限形式判定下列级数敛散性:

(1) $\sin\left(\dfrac{\pi}{2^2}\right)+\sin\left(\dfrac{\pi}{2^3}\right)+\cdots+\sin\left(\dfrac{\pi}{2^n}\right)\cdots$;　　(2) $\sum\limits_{n=1}^{+\infty}\dfrac{1}{1+a^n}$ $(a>1)$;

(3) $\sum\limits_{n=1}^{+\infty}\dfrac{1}{(n+1)(n+4)}$;　　(4) $1+\dfrac{1+2}{1+2^2}+\dfrac{1+3}{1+3^2}+\cdots+\dfrac{1+n}{1+n^2}\cdots$;

(5) $\sum\limits_{n=1}^{+\infty}\dfrac{1}{3n+1}$.

2. 用比值审敛法判定下列级数收敛性:

(1) $\sum\limits_{n=1}^{+\infty}n\tan\dfrac{\pi}{2^{n+1}}$;　　(2) $\sum\limits_{n=1}^{+\infty}\dfrac{n^2}{3^n}$;

(3) $\sum\limits_{n=1}^{+\infty}\dfrac{2^n}{n3^n}$;　　(4) $\sum\limits_{n=1}^{+\infty}\dfrac{n^n}{3^n n!}$;

(5) $\sum\limits_{n=1}^{+\infty}\dfrac{n+1}{2^n}$.

3. 用根值法判定下列级数收敛性:

(1) $\sum\limits_{n=1}^{+\infty}\left(\dfrac{n}{3n+1}\right)^n$;　　(2) $\sum\limits_{n=1}^{+\infty}\dfrac{1}{[\ln(n+1)]^n}$;

(3) $\sum\limits_{n=1}^{+\infty}\dfrac{1}{n^n}$;　　(4) $\sum\limits_{n=1}^{+\infty}\dfrac{1}{(\sqrt{3})^n}\left(\dfrac{n+1}{n}\right)^{n^2}$;

(5) $\sum\limits_{n=1}^{+\infty}\left(\dfrac{n}{3n-1}\right)^{2n-1}$.

§10.3　任意项级数

10.2 节讨论了正项级数的审敛法,如果是"负项级数",即级数各项均为非正,只需将负号提出,仍得到一个正项级数,故不再赘述. 以下要讨论的是既含有无穷

§10.3 任意项级数

多个正项,又含有无穷多个负项的级数,称之为**任意项级数**.

定义 10-3-1 如果级数 $\sum_{n=1}^{+\infty} u_n$ 的各项 $u_n(n=1,2,\cdots)$ 有正有负,则称该级数 $\sum_{n=1}^{+\infty} u_n$ 为**任意项级数**.

对于一般的任意项级数,直接判断它的敛散性是困难的,有些可以间接用正项级数的审敛法,还有一类归结为交错级数. 下面我们先介绍交错级数.

10.3.1 交错级数

定义 10-3-2 如果级数可以用下面形式给出

$$\sum_{n=1}^{+\infty}(-1)^{n-1}u_n = u_1 - u_2 + u_3 - u_4 + \cdots + u_{2k-1} - u_{2k} + \cdots,$$

其中 $u_n > 0(n=1,2,\cdots)$,则称此级数为**交错级数**.

定理 10-3-1 (莱布尼茨定理) 对于交错级数 $\sum_{n=1}^{+\infty}(-1)^{n-1}u_n(u_n>0)$,若

(1) $u_n \geqslant u_{n+1}(n=1,2,\cdots)$;
(2) $\lim_{n\to\infty} u_n = 0$.

则交错级数 $\sum_{n=1}^{+\infty}(-1)^{n-1}u_n$ 收敛,且其和 $s \leqslant u_1$,其余项 r_n 的绝对值 $|r_n| \leqslant u_{n+1}$.

证明 考虑级数的前 n 项部分和,当 n 是偶数时,$s_{2k+2} = s_{2k}+(u_{2k+1}-u_{2k+2})$,由于 $u_n \geqslant u_{n+1}$,,于是 $u_{2k+1} - u_{2k+2} \geqslant 0$,所以 $s_{2k+2} > s_{2k}$,即数列 $\{s_{2k}\}$ 单调增加. 其次

$$\begin{aligned}s_{2k} &= u_1 - u_2 + u_3 - u_4 + \cdots + u_{2n-1} - u_{2n} \\ &= u_1 - (u_2 - u_3) - (u_4 - u_5) - \cdots - (u_{2n-2} - u_{2n-1}) - u_{2n} < u_1,\end{aligned}$$

根据单调有界原理知 $\{s_{2k}\}$ 收敛,设 $\lim_{k\to\infty} s_{2k} = A$,则

$$\lim_{k\to\infty} s_{2k+1} = \lim_{k\to\infty}(s_{2k} + u_{2k+1}) = \lim_{k\to\infty} s_{2k} + \lim_{k\to\infty} u_{2k+1} = A + 0 = A,$$

故 $\lim_{n\to\infty} s_n = A$.

例 10-3-1 证明交错级数 $1 - \frac{1}{2} + \frac{1}{3} - \frac{1}{4} + \cdots + (-1)^{n-1}\frac{1}{n} + \cdots$ 收敛.

证明 因为

$$u_n = \frac{1}{n} > 0, \quad u_n = \frac{1}{n} > \frac{1}{n+1} = u_{n+1}, \quad n=1,2,\cdots,$$

及
$$\lim_{n\to\infty} u_n = \lim_{n\to\infty} \frac{1}{n} = 0,$$

由莱布尼茨定理知 $\sum\limits_{n=1}^{+\infty}(-1)^{n-1}\dfrac{1}{n}$ 收敛，且其和 $s<1$.

如果取前 n 项的和 $s_n = 1 - \dfrac{1}{2} + \dfrac{1}{3} + \cdots + (-1)^{n-1}\dfrac{1}{n}$，作为 s 的近似值，产生的误差为

$$|r_n| \leqslant \frac{1}{n+1} \ (= u_{n+1}).$$

例 10-3-2 判别下列交错级数的敛散性.

(1) $\sum\limits_{n=1}^{+\infty}(-1)^{n-1}\dfrac{2^{n^2}}{n!}$； (2) $\sum\limits_{n=2}^{+\infty}(-1)^n \ln\left(1 - \dfrac{1}{n}\right)$.

解 (1) 设 $u_n = \dfrac{2^{n^2}}{n!}$，由于

$$\frac{u_{n+1}}{u_n} = \frac{2^{(n+1)^2}}{(n+1)!} \cdot \frac{n!}{2^{n^2}} > 1,$$

于是
$$\lim_{n\to\infty}(-1)^{n-1}\frac{2^{n^2}}{n!} \neq 0,$$

故级数 $\sum\limits_{n=1}^{+\infty}(-1)^{n-1}\dfrac{2^{n^2}}{n!}$ 发散.

(2) 因为 $\ln\left(1 - \dfrac{1}{n}\right) < 0$，设 $u_n = -\ln\left(1 - \dfrac{1}{n}\right)$，显然

$$\lim_{n\to\infty} u_n = 0,$$

由于
$$1 - \frac{1}{n} < 1 - \frac{1}{n+1},$$

于是
$$-\ln\left(1 - \frac{1}{n}\right) > -\ln\left(1 - \frac{1}{n+1}\right),$$

即
$$u_{n+1} < u_n, \quad n = 2, 3, \cdots.$$

由莱布尼茨定理知，级数 $\sum\limits_{n=2}^{+\infty}(-1)^n \ln\left(1 - \dfrac{1}{n}\right)$ 收敛.

10.3.2 绝对收敛与条件收敛

定理 10-3-2 如果级数 $\sum\limits_{n=1}^{+\infty} |u_n|$ 收敛,则级数 $\sum\limits_{n=1}^{+\infty} u_n$ 也收敛.

证明 设

$$a_n = \begin{cases} u_n, & u_n > 0, \\ 0, & u_n \leqslant 0, \end{cases} \qquad b_n = \begin{cases} 0, & u_n > 0, \\ -u_n, & u_n \leqslant 0, \end{cases}$$

则 $u_n = a_n - b_n$,由于 $\sum\limits_{n=1}^{+\infty} a_n$ 及 $\sum\limits_{n=1}^{+\infty} b_n$ 都是正项级数,显然有

$$a_n \leqslant |u_n|, \quad b_n \leqslant |u_n|,$$

因为级数 $\sum\limits_{n=1}^{+\infty} |u_n|$ 收敛知,由比较审敛法知,$\sum\limits_{n=1}^{+\infty} a_n$ 及 $\sum\limits_{n=1}^{+\infty} b_n$ 都收敛,所以级数 $\sum\limits_{n=1}^{+\infty} u_n$ 收敛.

【注意】 逆命题不成立.

定义 10-3-3 若级数 $\sum\limits_{n=1}^{+\infty} |u_n|$ 收敛,则称级数 $\sum\limits_{n=1}^{+\infty} u_n$ 绝对收敛;如果级数 $\sum\limits_{n=1}^{+\infty} u_n$ 收敛,而级数 $\sum\limits_{n=1}^{+\infty} |u_n|$ 发散,则称级数 $\sum\limits_{n=1}^{+\infty} u_n$ 条件收敛.

例 10-3-3 判断级数

$$\sum_{n=1}^{+\infty} \frac{(-1)^{n-1}}{n^2} = 1 - \frac{1}{2^2} + \frac{1}{3^2} - \frac{1}{4^2} + \frac{1}{5^2} - \frac{1}{6^2} + \frac{1}{7^2} - \frac{1}{8^2} + \frac{1}{9^2} - \cdots$$

是绝对收敛还是条件收敛还是发散.

解 由于级数 $\sum\limits_{n=1}^{+\infty} \left| \frac{(-1)^{n-1}}{n^2} \right| = \sum\limits_{n=1}^{+\infty} \frac{1}{n^2}$ 收敛,可知级数 $\sum\limits_{n=1}^{+\infty} \frac{(-1)^n}{n^2}$ 绝对收敛.

例 10-3-4 判定级数

$$\sum_{n=1}^{+\infty} \frac{(-1)^{n-1}}{n - \ln n}$$

是绝对收敛还是条件收敛还是发散.

解

$$|u_n| = \left| \frac{(-1)^{n-1}}{n - \ln n} \right| = \frac{1}{n - \ln n} \geqslant \frac{1}{n},$$

而调和级数 $\sum\limits_{n=1}^{+\infty} \frac{1}{n}$ 发散,则级数 $\sum\limits_{n=1}^{+\infty} \left| \frac{(-1)^{n-1}}{n - \ln n} \right|$ 发散;

设 $u_n = \dfrac{1}{n - \ln n}$,因为

$$\begin{aligned}
u_{n+1} - u_n &= \frac{1}{(n+1) - \ln(n+1)} - \frac{1}{n - \ln n} \\
&= \frac{n - \ln n - (n+1) + \ln(n+1)}{[(n+1) - \ln(n+1)](n - \ln n)} \\
&= \frac{\ln\left(1 + \dfrac{1}{n}\right) - 1}{(n+1) - \ln(n+1)} < 0,
\end{aligned}$$

即

$$u_{n+1} < u_n, \quad \lim_{n \to \infty} u_n = \lim_{n \to \infty} \frac{1}{n - \ln n} = 0.$$

由莱布尼茨定理知,级数 $\sum\limits_{n=1}^{+\infty} \dfrac{(-1)^{n-1}}{n - \ln n}$ 收敛,故原级数条件收敛.

例 10-3-5 判定级数

$$\frac{1}{2} - \frac{1}{2} \cdot \frac{1}{2^2} + \frac{1}{3} \cdot \frac{1}{2^3} + \cdots + (-1)^{n+1} \frac{1}{n} \cdot \frac{1}{2^n} + \cdots$$

是绝对收敛还是条件收敛还是发散.

解 因为

$$\lim_{n \to \infty} \left| \frac{u_{n+1}}{u_n} \right| = \lim_{n \to \infty} \frac{\dfrac{1}{n+1} \cdot \dfrac{1}{2^{n+1}}}{\dfrac{1}{n} \cdot \dfrac{1}{2^n}} = \lim_{n \to \infty} \left(\frac{n}{n+1} \cdot \frac{1}{2} \right) = \frac{1}{2} < 1,$$

所以级数 $\dfrac{1}{2} - \dfrac{1}{2} \cdot \dfrac{1}{2^2} + \dfrac{1}{3} \cdot \dfrac{1}{2^3} + \cdots + (-1)^{n+1} \dfrac{1}{n} \cdot \dfrac{1}{2^n} + \cdots$ 是绝对收敛.

例 10-3-6 判定下列级数的敛散性. 若收敛,是绝对收敛还是条件收敛?

(1) $\sum\limits_{n=1}^{+\infty} \dfrac{\cos n\alpha}{n^3}$;   (2) $\sum\limits_{n=1}^{+\infty} \dfrac{1}{\sqrt[n]{5}}$;   (3) $\sum\limits_{n=1}^{+\infty} (-1)^{n-1} \dfrac{1}{\sqrt{n}} \dfrac{n+1}{n}$.

解 (1) 因为 $\sum\limits_{n=1}^{+\infty} \left| \dfrac{\cos n\alpha}{n^3} \right| = \sum\limits_{n=1}^{+\infty} \dfrac{1}{n^3}$,而 $\sum\limits_{n=1}^{+\infty} \dfrac{1}{n^3}$ 为 $p = 3$ 的 p 级数,该级数收敛,所以级数 $\sum\limits_{n=1}^{+\infty} \dfrac{\cos n\alpha}{n^3}$ 是绝对收敛.

(2) 由于 $\lim\limits_{n \to \infty} u_n = \lim\limits_{n \to \infty} \dfrac{1}{\sqrt[n]{5}} = 1 \neq 0$,则由推论 10-1-2 知,级数 $\sum\limits_{n=1}^{+\infty} \dfrac{1}{\sqrt[n]{5}}$ 发散;

(3) $\sum\limits_{n=1}^{+\infty} \left| (-1)^{n-1} \dfrac{1}{\sqrt{n}} \dfrac{n+1}{n} \right| = \sum\limits_{n=1}^{+\infty} \dfrac{1}{\sqrt{n}} \dfrac{n+1}{n}$,

因为

§10.3 任意项级数

$$\lim_{n\to\infty}\frac{\frac{1}{\sqrt{n}}\frac{n+1}{n}}{\frac{1}{\sqrt{n}}}=\lim_{n\to\infty}\frac{n+1}{n}=1,$$

而 $\sum_{n=1}^{+\infty}\frac{1}{\sqrt{n}}$ 为 $p=\frac{1}{2}$ 的 p 级数,该级数发散,于是级数 $\sum_{n=1}^{+\infty}\frac{1}{\sqrt{n}}\frac{n+1}{n}$ 发散;由于交错级数 $\sum_{n=1}^{+\infty}(-1)^{n-1}\frac{1}{\sqrt{n}}\frac{n+1}{n}$ 满足莱布尼茨定理的条件,即

$$u_n=\frac{1}{\sqrt{n}}\left(1+\frac{1}{n}\right)>u_{n+1}=\frac{1}{\sqrt{n+1}}\left(1+\frac{1}{n+1}\right),\quad n=1,2,\cdots,$$

$$\lim_{n\to\infty}u_n=\lim_{n\to\infty}\frac{1}{\sqrt{n}}\frac{n}{n+1}=0,$$

于是级数 $\sum_{n=1}^{+\infty}(-1)^{n-1}\frac{1}{\sqrt{n}}\frac{n+1}{n}$ 收敛,故级数 $\sum_{n=1}^{+\infty}(-1)^{n-1}\frac{1}{\sqrt{n}}\frac{n+1}{n}$ 是条件收敛.

例 10-3-7 判定下列级数的敛散性. 若收敛,是绝对收敛还是条件收敛?

(1) $\sum_{n=1}^{+\infty}(-1)^{n-1}\left(1-\cos\frac{1}{\sqrt{n}}\right)$; (2) $\sum_{n=1}^{+\infty}\frac{n!}{n^n}2^n\sin\frac{n\pi}{5}$.

解 (1) 因为

$$\sum_{n=1}^{+\infty}\left|(-1)^{n-1}\left(1-\cos\frac{1}{\sqrt{n}}\right)\right|=\sum_{n=1}^{+\infty}\left(1-\cos\frac{1}{\sqrt{n}}\right),$$

由于 $\lim_{n\to\infty}\frac{1-\cos\frac{1}{\sqrt{n}}}{\frac{1}{2}\cdot\frac{1}{n}}=1$,而级数 $\sum_{n=1}^{+\infty}\frac{1}{2n}$ 发散,于是,级数 $\sum_{n=1}^{+\infty}\left(1-\cos\frac{1}{\sqrt{n}}\right)$ 发散,则级数 $\sum_{n=1}^{+\infty}(-1)^{n-1}\left(1-\cos\frac{1}{\sqrt{n}}\right)$ 不绝对收敛;

设 $u_n=1-\cos\frac{1}{\sqrt{n}}\geqslant 0$,显然

$$\lim_{n\to\infty}u_n=\lim_{n\to\infty}\left(1-\cos\frac{1}{\sqrt{n}}\right)=0,$$

因为 $\cos x$ 在 $\left(0,\frac{\pi}{2}\right)$ 内单调减少,所以 $u_{n+1}-u_n=\cos\frac{1}{\sqrt{n}}-\cos\frac{1}{\sqrt{n+1}}<0$,即 $u_{n+1}<u_n$,由莱布尼茨定理知,级数 $\sum_{n=1}^{+\infty}(-1)^{n-1}\left(1-\cos\frac{1}{\sqrt{n}}\right)$ 收敛,故原级数条件收敛.

(2) 因为 $\sum_{n=1}^{+\infty} \left|\frac{n!}{n^n} 2^n \sin \frac{n\pi}{5}\right|$ 且 $\left|\frac{n!2^n}{n^n} \sin \frac{n\pi}{5}\right| \leqslant \frac{n!}{n^n} 2^n$, 由于

$$\lim_{n\to\infty} \frac{u_{n+1}}{u_n} = \lim_{n\to\infty} \frac{(n+1)!}{(n+1)^n} 2^{n+1} \cdot \frac{n^n}{n!\,2^n} = \lim_{n\to\infty} 2\left(\frac{n}{n+1}\right)^n = \frac{2}{e} < 1,$$

于是, 级数 $\sum_{n=1}^{+\infty} \frac{n!2^n}{n^n}$ 收敛, 故原级数绝对收敛.

习 题 10.3

1. 判定下列交错级数的收敛性:

(1) $\sum_{n=2}^{+\infty} (-1)^n \frac{3}{n \ln n}$;

(2) $\sum_{n=1}^{+\infty} (-1)^{n-1} \frac{1}{3^n}$;

(3) $\sum_{n=1}^{+\infty} (-1)^n \sin \frac{1}{2n}$;

(4) $\sum_{n=1}^{+\infty} (-1)^n \frac{3n}{2^n}$.

2. 下列级数是否收敛? 若收敛, 是绝对收敛还是条件收敛?

(1) $1 - \frac{1}{\sqrt{2}} + \frac{1}{\sqrt{3}} - \frac{1}{\sqrt{4}} + \cdots$;

(2) $\sum_{n=1}^{+\infty} (-1)^n \frac{n}{3^{n-1}}$;

(3) $\sum_{n=1}^{+\infty} (-1)^n \frac{1}{\sqrt[n]{n}}$;

(4) $\sum_{n=1}^{+\infty} (-1)^n \frac{1}{3 \cdot 2^n}$.

§10.4 幂 级 数

10.4.1 函数项级数

定义 10-4-1 设函数 $u_i(x)$ $(i = 1, 2, 3, \cdots)$ 在区间 I 上有定义, 给定函数列

$$u_1(x), u_2(x), u_3(x), \cdots, u_n(x), \cdots$$

称式子

$$u_1(x) + u_2(x) + u_3(x) + \cdots + u_n(x) + \cdots$$

为函数项级数. 记作 $\sum_{n=1}^{+\infty} u_n(x)$.

当自变量 x 取特定值, 如 $x = x_0 \in I$ 时, 级数变成一个数项级数 $\sum_{n=1}^{+\infty} u_n(x_0)$.

如果这个数项级数收敛, 称为 x_0 函数项级数 $\sum_{n=1}^{+\infty} u_n(x)$ 的收敛点; 如果发散,

§10.4 幂级数

称 x_0 为函数项级数 $\sum\limits_{n=1}^{+\infty} u_n(x)$ **发散点**；一个函数项级数的收敛点的全体构成它的**收敛域**，发散点的全体称为它的**发散域**. 函数项级数 $\sum\limits_{n=1}^{+\infty} u_n(x)$ 在收敛域的每个点都有和. 于是，函数项级数的和是定义在收敛域上的函数，称为函数项级数的**和函数**. 即

$$s(x) = u_1(x) + u_2(x) + u_3(x) + \cdots + u_n(x) + \cdots.$$

例 10-4-1 求函数项级数 $\sum\limits_{n=1}^{+\infty} x^{n-1} = 1 + x + x^2 + x^3 + \cdots + x^{n-1} + \cdots$ 的和函数和收敛域.

解 函数项级数 $\sum\limits_{n=1}^{+\infty} x^{n-1}$ 是公比等于 x 的等比级数，当 $|x| < 1$ 时级数收敛；当 $|x| \geqslant 1$ 时级数发散. 所以级数的收敛域是区间 $(-1, 1)$，而其和函数是 $\dfrac{1}{1-x}$，即

$$\frac{1}{1-x} = 1 + x + x^2 + \cdots + x^{n-1} + \cdots, \quad -1 < x < 1.$$

10.4.2 幂级数及其收敛性

定义 10-4-2 形如

$$\sum_{n=0}^{+\infty} a_n x^n = a_0 + a_1 x + a_2 x^2 + \cdots + a_n x^n + \cdots$$

的级数称为**幂级数**，其中常数 $a_0, a_1, a_2, \cdots, a_n, \cdots$ 称为幂级数的**系数**.

例如

$$1 + x + x^2 + \cdots + x^n + \cdots$$

$$1 + x + \frac{1}{2!} x^2 + \cdots + \frac{1}{n!} x^n + \cdots$$

从例 10-4-1 知幂级数 $\sum\limits_{n=0}^{+\infty} x^n = 1 + x + x^2 + \cdots + x^n + \cdots$，当 $|x| < 1$ 时收敛；当 $|x| \geqslant 1$ 时发散，所以，它的收敛域是以 0 为中心、半径为 1 的对称区间，因此，我们考虑幂级数 $\sum\limits_{n=0}^{+\infty} a_n x^n$ 收敛域，于是有下面的阿贝尔定理.

定理 10-4-1 (阿贝尔定理) (1) 如果幂级数 $\sum\limits_{n=0}^{+\infty} a_n x^n$ 当 $x = x_0 \neq 0$ 时收敛，则对于所有满足不等式 $|x| < |x_0|$ 的 x 值，幂级数 $\sum\limits_{n=0}^{+\infty} a_n x^n$ 绝对收敛；

(2) 如果级数 $\sum_{n=0}^{+\infty} a_n x^n$ 当 $x = x_0'$ 时发散，则对于所有满足不等式 $|x| > |x_0'|$ 的 x 值，幂级数 $\sum_{n=0}^{+\infty} a_n x^n$ 发散.

证明 (1) 因为 $|a_n x^n| = |a_n x_0^n| \left|\dfrac{x}{x_0}\right|^n$，而级数 $\sum_{n=0}^{+\infty} a_n x_0^n$ 是收敛的，所以它的通项 $a_n x_0^n$ 当 $n \to +\infty$ 时趋于零，因而数列 $\{a_n x_0^n\}$ 是有界的，即存在 $M > 0$，使 $|a_n x_0^n| \leqslant M (n = 1, 2, \cdots)$，从而

$$|a_n x^n| = \left|a_n x_0^n \dfrac{x^n}{x_0^n}\right| \leqslant M \left|\dfrac{x}{x_0}\right|^n,$$

根据条件 $|x| < |x_0|$，$\left|\dfrac{x}{x_0}\right| < 1$，故等比级数 $\sum_{n=0}^{+\infty} M \left|\dfrac{x}{x_0}\right|^n$ 是收敛的. 再根据比较审敛法知级数 $\sum_{n=0}^{+\infty} |a_n x^n|$ 也是收敛的. 则当 $|x| < |x_0|$ 时，幂级数 $\sum_{n=0}^{+\infty} a_n x^n$ 绝对收敛.

(2) 若级数 $\sum_{n=0}^{+\infty} a_n x^n$ 对于满足 $|x| > |x_0'|$ 的某一个 x 值收敛，则由定理的第一部分知，级数 $\sum_{n=0}^{+\infty} a_n x^n$ 当 $x = x_0'$ 时将绝对收敛，这与假设矛盾.

推论 10-4-1 如果幂级数 $\sum_{n=0}^{+\infty} a_n x^n$ 不是仅在 $x = 0$ 一点收敛，也不是在整个数轴上都收敛，则必有一个确定的数 R 存在，使得：

当 $|x| < R$ 时，幂级数 $\sum_{n=0}^{+\infty} a_n x^n$ 绝对收敛；

当 $|x| > R$ 时，幂级数 $\sum_{n=0}^{+\infty} a_n x^n$ 发散；

当 $x = R$ 与 $x = -R$ 时，幂级数可能收敛也可能发散.

正数 R 通常称为幂级数 $\sum_{n=0}^{+\infty} a_n x^n$ 的收敛半径，开区间 $(-R, R)$ 称为幂级数的收敛区间. 再由幂级数在 $x = \pm R$ 处的收敛性，就可以确定它的收敛域.

幂级数 $\sum_{n=0}^{+\infty} a_n x^n$ 的收敛域是 $[-R, R]$，$(-R, R]$，$[-R, R)$，$(-R, R)$ 之一.

下面给出求收敛半径的方法有如下定理：

§10.4 幂级数

定理 10-4-2 设幂级数 $\sum_{n=0}^{+\infty} a_n x^n$ 且 $\lim\limits_{n\to\infty}\left|\dfrac{a_{n+1}}{a_n}\right| = \rho(0 \leqslant \rho < +\infty)$.

(1) 若 $0 < \rho < +\infty$ 时, 则 $R = \dfrac{1}{\rho}$;

(2) 若 $\rho = 0$ 时, 则 $R = +\infty$;

(3) 若 $\rho = +\infty$ 时, 则 $R = 0$.

证明 幂级数 $\sum_{n=0}^{+\infty} a_n x^n$ 的各项取绝对值所构成的级数, 则有

$$|a_0| + |a_1 x| + |a_2 x^2| + \cdots + |a_n x^n| + \cdots.$$

由于
$$\frac{|a_{n+1} x^{n+1}|}{|a_n x^n|} = \left|\frac{a_{n+1}}{a_n}\right| |x|.$$

(1) 如果 $\lim\limits_{n\to\infty}\left|\dfrac{a_{n+1}}{a_n}\right| = \rho(\rho \neq 0)$ 存在, 根据比值审敛法, 则当 $\rho|x| < 1$ 即 $|x| < \dfrac{1}{\rho}$ 时, 级数收敛, 从而级数 $\sum_{n=0}^{+\infty} a_n x^n$ 绝对收敛;

当 $\rho|x| > 1$, 即 $|x| > \dfrac{1}{\rho}$ 时, 级数发散并且从某一个 n 开始 $|a_{n+1} x^{n+1}| > |a_n x^n|$, 因此 $\lim\limits_{n\to\infty} |a_n x^n| \neq 0$ 所以 $\lim\limits_{n\to\infty} a_n x^n \neq 0$, 从而级数 $\sum_{n=0}^{+\infty} a_n x^n$ 发散, 则收敛半径 $R = \dfrac{1}{\rho}$.

(2) 若 $\rho = 0$, 则任何 $x \neq 0$, 有 $\lim\limits_{n\to\infty}\dfrac{|a_{n+1} x^{n+1}|}{|a_n x^n|} = 0$, 所以, 幂级数 $\sum_{n=0}^{+\infty} |a_n x^n|$ 总是收敛, 从而级数 $\sum_{n=0}^{+\infty} a_n x^n$ 绝对收敛, 则 $R = +\infty$.

(3) 若 $\rho = +\infty$, 则对任何 $x \neq 0$ 都有 $\lim\limits_{n\to\infty}\dfrac{|a_{n+1} x^{n+1}|}{|a_n x^n|} = +\infty$, 幂级数 $\sum_{n=0}^{+\infty} a_n x^n$ 总是发散的, 仅当 $x = 0$ 时, 幂级数 $\sum_{n=0}^{+\infty} a_n x^n$ 收敛, 则 $R = 0$.

例 10-4-2 求级数 $\sum_{n=1}^{+\infty} \dfrac{n^2}{3^n} x^n$ 的收敛半径和收敛区间.

解
$$a_n = \frac{n^2}{3^n}, \quad \lim_{n\to\infty}\frac{a_{n+1}}{a_n} = \lim_{n\to\infty}\frac{\dfrac{(n+1)^2}{3^{n+1}}}{\dfrac{n^2}{3^n}} = \frac{1}{3},$$

则收敛半径 $R = 3$, 故幂级数 $\sum_{n=1}^{+\infty} \frac{n^2}{3^n} x^n$ 的收敛区间为 $(-3, 3)$.

例 10-4-3 求幂级数 $\sum_{n=0}^{+\infty} \frac{(x-1)^n}{(n+1)^2}$ 的收敛半径和收敛区间.

解 级数 $\sum_{n=0}^{+\infty} \frac{(x-1)^n}{(n+1)^2}$ 不是关于 x 的幂级数, 但却是关于 $x-1$ 的幂级数, 设 $x - 1 = t$, 则

$$\sum_{n=0}^{+\infty} \frac{(x-1)^n}{(n+1)^2} = \sum_{n=0}^{+\infty} \frac{t^n}{(n+1)^2} = \sum_{n=0}^{+\infty} a_n t^n,$$

显然有 $\lim_{n \to \infty} \left| \frac{a_n}{a_{n+1}} \right| = 1$, 因此, 幂级数 $\sum_{n=0}^{+\infty} \frac{t^n}{(n+1)^2}$ 收敛半径 $R = 1$.

则幂级数 $\sum_{n=0}^{+\infty} \frac{t^n}{(n+1)^2}$ 的收敛区间是 $-1 < t < 1$, 而 $x = t + 1$, 故该幂级数的收敛区间是 $(0, 2)$.

例 10-4-4 幂级数 $\sum_{n=1}^{+\infty} \frac{2n-1}{2^n} x^{2n-2}$ 的收敛半径和收敛区间.

解 因为级数中只出现 x 的偶次幂, 所以不能直接用定理来求 R, 设 $u_n = \frac{2n-1}{2^n} x^{2n-2}$, 由比值审敛法得

$$\lim_{n \to \infty} \left| \frac{u_{n+1}(x)}{u_n(x)} \right| = \lim_{n \to \infty} \left| \frac{\frac{2n+1}{2^{n+1}} x^{2n}}{\frac{2n-1}{2^n} x^{2n-2}} \right| = \frac{x^2}{2} = \rho.$$

可知当 $\rho = \frac{x^2}{2} < 1$, 即 $|x| < \sqrt{2}$, 幂级数绝对收敛; 当 $\rho = \frac{x^2}{2} > 1$, 即 $|x| > \sqrt{2}$, 幂级数发散, 则 $R = \sqrt{2}$. 故该幂级数的收敛区间是 $(-\sqrt{2}, \sqrt{2})$.

幂级数一般形式 $\sum_{n=0}^{+\infty} a_n (x - x_0)^n$ 的讨论, 可用变换 $x - x_0 = y$, 使之成为 $\sum_{n=0}^{+\infty} a_n y^n$ 进行.

例 10-4-5 求幂级数 $1 + x + \frac{1}{2!} x^2 + \cdots + \frac{1}{n!} x^n + \cdots$ 的收敛区间.

解 由于 $a_n = \frac{1}{n+1} \lim_{n \to \infty} \left| \frac{a_{n+1}}{a_n} \right| = \lim_{n \to \infty} \frac{\frac{1}{(n+1)!}}{\frac{1}{n!}} = 0$, 于是 $R = +\infty$, 故幂级数 $1 + x + \frac{1}{2!} x^2 + \cdots + \frac{1}{n!} x^n + \cdots$ 的收敛区间为 $(-\infty, +\infty)$.

§10.4 幂级数

例 10-4-6 求下列幂级数收敛半径和收敛域：

(1) $\sum\limits_{n=1}^{+\infty} \dfrac{n^2+1}{n}(2x-1)^{n-1}$;   (2) $\sum\limits_{n=1}^{+\infty} 2^n x^{2n}$;   (3) $\sum\limits_{n=1}^{+\infty} \dfrac{(-1)^n}{n 4^n}(x-1)^{2n-1}$.

解 (1) 设 $y=2x-1$，原幂级数化为

$$\sum_{n=1}^{+\infty} \frac{n^2+1}{n} y^{n-1},$$

因为

$$\lim_{n\to\infty}\left|\frac{a_{n+1}}{a_n}\right| = \lim_{n\to\infty} \frac{(n+1)^2+1}{n+1}\cdot\frac{n}{n^2+1} = 1 = \rho,$$

所以 $R=1$. 当 $y=1$ 时，级数 $\sum\limits_{n=1}^{+\infty}\dfrac{n^2+1}{n}$ 发散；当 $y=-1$ 时，级数 $\sum\limits_{n=1}^{+\infty}(-1)^{n-1}\dfrac{n^2+1}{n}$ 发散；于是级数 $\sum\limits_{n=1}^{+\infty}\dfrac{n^2+1}{n}y^{n-1}$ 的收敛域为 $(-1,1)$，而 $|2x-1|<1$，$0<x<1$，故原幂级数的收敛域为 $(0,1)$.

(2) 这是缺奇数次项的幂级数，因此我们用比值审敛法，有

$$\lim_{n\to\infty}\left|\frac{u_{n+1}}{u_n}\right| = \lim_{n\to\infty}\left|\frac{2^{n+1}x^{2n+2}}{2^n x^{2n}}\right| = 2x^2 < 1,$$

于是 $|x|<\dfrac{1}{\sqrt{2}}$，则所给幂级数的收敛半径为 $R=\dfrac{1}{\sqrt{2}}$，而当 $x=\pm\dfrac{1}{\sqrt{2}}$ 时，则幂级数 $\sum\limits_{n=1}^{+\infty}2^n x^{2n}$ 发散，故所给幂级数的收敛域为 $\left(-\dfrac{1}{\sqrt{2}},\dfrac{1}{\sqrt{2}}\right)$.

(3) 这是缺偶数次项的幂级数，因此我们用比值审敛法，有

$$\lim_{n\to\infty}\left|\frac{u_{n+1}}{u_n}\right| = \lim_{n\to\infty}\left|\frac{(-1)^{n+1}(x-1)^{2n+1}}{(n+1)4^{n+1}}\cdot\frac{n 4^n}{(-1)^n(x-1)^{2n-1}}\right| = \frac{1}{4}(x-1)^2 < 1,$$

于是所给幂级数收敛区间为 $-2<x-1<2$，即 $-1<x<3$.

当 $x=-1$ 时，级数 $\sum\limits_{n=1}^{+\infty}\dfrac{(-1)^{n-1}}{2n}$ 收敛；当 $x=3$ 时，级数 $\sum\limits_{n=1}^{+\infty}\dfrac{(-1)^n}{2n}$ 收敛. 故所给幂级数收敛域为 $[-1,3]$.

10.4.3 幂级数的运算和性质

1. 幂级数的运算

设幂级数 $\sum\limits_{n=0}^{+\infty} a_n x^n = a_0 + a_1 x + a_2 x^2 + \cdots$ 收敛半径为 R_1，$\sum\limits_{n=0}^{+\infty} b_n x^n = b_0 +$

$b_1 x + b_2 x^2 + \cdots$ 收敛半径为 R_2.

1) 加减法

$$\sum_{n=0}^{+\infty} a_n x^n \pm \sum_{n=0}^{+\infty} b_n x^n = \sum_{n=0}^{+\infty} (a_n \pm b_n) x^n, \text{ 收敛半径为 } R = \min\{R_1, R_2\}.$$

2) 乘法

$$\left(\sum_{n=0}^{+\infty} a_n x^n\right)\left(\sum_{n=0}^{+\infty} b_n x^n\right) = \sum_{n=0}^{+\infty} c_n x^n,$$

其中 $c_n = \sum_{k=0}^{n} a_k b_{n-k}$, 收敛半径为 $R = \min\{R_1, R_2\}$.

2. 幂级数的性质

性质 10-4-1 设幂级数 $\sum_{n=0}^{+\infty} a_n x^n$ 的收敛半径为 R, 则它的和函数 $s(x)$ 在区间 $(-R, R)$ 内连续.

性质 10-4-2 设幂级数 $\sum_{n=0}^{+\infty} a_n x^n$ 的收敛半径为 R, 则它的和函数 $s(x)$ 在区间 $(-R, R)$ 内是可导, 且有逐项求导公式

$$s'(x) = \left(\sum_{n=0}^{+\infty} a_n x^n\right)' = \sum_{n=0}^{+\infty} (a_n x^n)' = \sum_{n=1}^{+\infty} n a_n x^{n-1},$$

其中 $|x| < R$, 逐项求导后所得到的幂级数和原级数有相同的收敛半径.

性质 10-4-3 若幂级数 $\sum_{n=0}^{+\infty} a_n x^n$ 的收敛半径是 R, 则它的和函数 $s(x)$ 在区间 $(-R, R)$ 内可积, 且有逐项积分公式

$$\int_0^x s(t) \mathrm{d}t = \sum_{n=0}^{+\infty} \int_0^x a_n t^n \mathrm{d}t = \sum_{n=0}^{+\infty} \frac{a_n}{n+1} x^{n+1}, \quad -R < x < R.$$

【注意】 若逐项微分或逐项积分后的幂级数在 $x = R$ 或 $x = -R$ 时收敛, 则微分或积分的等式在 $x = R$ 或 $x = -R$ 时也成立.

例 10-4-7 求幂级数 $\sum_{n=1}^{+\infty} \frac{x^n}{n}$ 的和函数, 并求交错级数 $\sum_{n=1}^{+\infty} \frac{(-1)^n}{n}$ 的和.

解 对于 $s(x) = \sum_{n=1}^{+\infty} \frac{x^n}{n} = \sum_{n=0}^{+\infty} a_n x^n$, 由

$$\lim_{n \to \infty} \left|\frac{a_{n+1}}{a_n}\right| = \lim_{n \to \infty} \frac{n}{n+1} = 1$$

§10.4 幂级数

可知收敛半径 $R=1$; 易知幂级数在 $x=1$ 处发散, 在 $x=-1$ 处收敛, 所以幂级数 $\sum_{n=1}^{+\infty}\dfrac{x^n}{n}$ 的收敛域是 $[-1,1)$.

由于
$$s'(x)=\sum_{n=1}^{+\infty}x^{n-1}=1+x+x^2+\cdots+x^n+\cdots=\frac{1}{1-x},$$

可知 $s(x)=-\ln(1-x)+C$, 在 $s(x)=\sum_{n=1}^{+\infty}\dfrac{x^n}{n}$ 中, 令 $x=0$, 得 $f(0)=0$, 于是 $0=-\ln(1-0)+C$, 得 $C=0$, 因此 $s(x)=-\ln(1-x)$, 即 $\sum_{n=1}^{+\infty}\dfrac{x^n}{n}=-\ln(1-x)$.

令 $x=-1$, 即得 $\sum_{n=1}^{+\infty}\dfrac{(-1)^n}{n}=-\ln 2$.

例 10-4-8 求幂级数 $\sum_{n=0}^{+\infty}\dfrac{x^n}{n+1}$ 的和函数.

解 设 $s(x)=\sum_{n=0}^{+\infty}\dfrac{x^n}{n+1}$, 则有
$$xs(x)=\sum_{n=0}^{+\infty}\frac{x^{n+1}}{n+1},$$

逐项求导得
$$[xs(x)]'=\sum_{n=0}^{+\infty}x^n=\frac{1}{1-x},\quad -1<x<1,$$

两端同时积分得 $xs(x)=\displaystyle\int_0^x\dfrac{1}{1-x}\mathrm{d}x=-\ln(1-x)$, 显然 $s(0)=1$, 则
$$s(x)=\begin{cases}-\dfrac{\ln(1-x)}{x}, & 0<|x|<1,\\ 1, & x=0.\end{cases}$$

由和函数的连续性知, $s(x)$ 在 $(-1,1)$ 内连续.

例 10-4-9 求幂级数 $\sum_{n=1}^{+\infty}nx^{n-1}$ 的和函数.

解 设
$$s(x)=\sum_{n=1}^{+\infty}nx^{n-1}=\sum_{n=1}^{+\infty}a_nx^{n-1},$$

由于
$$\lim_{n\to\infty}\left|\frac{a_{n+1}}{a_n}\right|=\lim_{n\to\infty}\frac{n+1}{n}=1.$$

则 $R = 1$.

因为
$$\int_0^x s(x)\mathrm{d}x = \sum_{n=1}^{+\infty} \int_0^x nx^{n-1}\mathrm{d}x = \sum_{n=1}^{+\infty} x^n = \frac{x}{1-x},$$

则
$$s(x) = \left(\frac{x}{1-x}\right)' = \frac{1}{(1-x)^2}, \quad x \in (-1,1).$$

例 10-4-10 求幂级数 $\sum_{n=1}^{+\infty} n(n+1)(2-3x)^n$ 的和函数.

解 设 $y = 2-3x$, $s(y) = \sum_{n=1}^{+\infty} n(n+1)y^n$, 由于

$$\int_0^y s(y)\mathrm{d}y = \sum_{n=1}^{+\infty} \int_0^y n(n+1)y^n \mathrm{d}y$$
$$= \sum_{n=1}^{+\infty} ny^{n+1} = y^2 \sum_{n=1}^{+\infty} ny^{n-1} = y^2 g(y),$$

而
$$\int_0^y g(y)\mathrm{d}y = \sum_{n=1}^{+\infty} \int_0^y ny^{n-1}\mathrm{d}y = \sum_{n=1}^{+\infty} y^n = \frac{y}{1-y},$$

于是
$$g(y) = \left(\frac{y}{1-y}\right)' = \left(\frac{1}{1-y} - 1\right)' = \frac{1}{(1-y)^2}$$

$$s(y) = \left[\frac{y^2}{(1-y)^2}\right]' = \left[\left(\frac{y}{1-y}\right)^2\right]'$$
$$= 2\left(\frac{y}{1-y}\right) \frac{1}{(1-y)^2} = \frac{2y}{(1-y)^3},$$

则
$$\sum_{n=1}^{+\infty} n(n+1)(2-3x)^n = \frac{2(2-3x)}{(1-2+3x)^3} = \frac{2(2-3x)}{(3x-1)^3}, \quad \frac{1}{3} < x < 1.$$

例 10-4-11 求幂级数 $\sum_{n=1}^{+\infty} \frac{(-1)^{n+1}}{n(2n+1)}(2x)^{2n}$ 的和函数.

解 设
$$s(x) = \sum_{n=1}^{+\infty} \frac{(-1)^{n+1}}{n(2n+1)}(2x)^{2n},$$

§10.4 幂级数

$$xs(x) = \sum_{n=1}^{+\infty} \frac{(-1)^{n+1}}{n(2n+1)} 2^{2n} x^{2n+1},$$

$$[xs(x)]' = \sum_{n=1}^{+\infty} \left[\frac{(-1)^{n+1}}{n(2n+1)} 2^{2n} x^{2n+1}\right]' = \sum_{n=1}^{+\infty} \frac{(-1)^{n+1}}{n} 2^{2n} x^{2n},$$

$$[xs(x)]'' = \sum_{n=1}^{+\infty} \left[\frac{(-1)^{n+1}}{n} 2^{2n} x^{2n}\right]' = \sum_{n=1}^{+\infty} (-1)^{n+1} 2^{2n} \cdot 2 x^{2n-1}$$

$$= 4 \sum_{n=1}^{+\infty} (-1)^{n+1} (2x)^{2n-1}$$

$$= 4 \frac{2x}{1+(2x)^2}.$$

再由逆运算求 $s(x)$：

$$[xs(x)]' = 4 \int_0^x \frac{2t}{1+(2t)^2} \mathrm{d}t = \ln(1+4x^2),$$

$$xs(x) = \int_0^x \ln(1+4t^2) \mathrm{d}t = x\ln(1+4x^2) - 2x + \arctan(2x),$$

于是

$$s(x) = \int_0^x \ln(1+4t^2) \mathrm{d}t = \ln(1+4x^2) - 2 + \frac{1}{x}\arctan(2x),$$

当 $x=0$ 时，原幂级数为 0，故

$$s(x) = \sum_{n=1}^{+\infty} \frac{(-1)^{n+1}}{n(2n+1)} (2x)^{2n} = \begin{cases} \ln(1+4x^2) - 2 + \frac{1}{x}\arctan x, & 0 < |x| \leqslant \frac{1}{2}, \\ 0, & x = 0. \end{cases}$$

例 10-4-12 求级数 $\sum_{n=1}^{+\infty} \frac{2n-1}{2^n}$ 的和.

解 取幂级数为

$$\sum_{n=1}^{+\infty} \frac{2n-1}{2^n} x^{2n-2} = s(x),$$

$$\int_0^x s(x) \mathrm{d}x = \sum_{n=1}^{+\infty} \int_0^x \frac{2n-1}{2^n} x^{2n-2} \mathrm{d}x = \sum_{n=1}^{+\infty} \frac{1}{2^n} x^{2n-1}$$

$$= \frac{1}{x} \sum_{n=1}^{+\infty} \left(\frac{x^2}{2}\right)^n = \frac{1}{x} \frac{\frac{x^2}{2}}{1-\frac{x^2}{2}} = \frac{x}{2-x^2},$$

于是
$$s(x) = \left(\frac{x}{2-x^2}\right)' = \frac{2+x^2}{(2-x^2)^2},$$

故级数和
$$\sum_{n=1}^{+\infty} \frac{2n-1}{2^n} = s(1) = \frac{2+1}{(2-1)^2} = 3.$$

习 题 10.4

1. 求下列幂级数的收敛性半径和收敛域:

(1) $1 - x + \frac{x^2}{2^2} + \cdots + (-1)^n \frac{x^n}{n^2} + \cdots$;

(2) $\sum_{n=1}^{+\infty} \frac{2n-1}{2^n} x^{2n-2}$;

(3) $\sum_{n=1}^{+\infty} (-1)^n \frac{1}{2^n n!} x^n$;

(4) $\sum_{n=1}^{+\infty} \frac{n^2}{10^n} x^n$;

(5) $\sum_{n=1}^{+\infty} \frac{(-3)^n}{\sqrt{n+1}} (x-1)^n$.

2. 利用逐项求导或积分求下列级数的和函数:

(1) $\sum_{n=1}^{+\infty} \frac{x^{4n+1}}{4n+1}$;

(2) $\sum_{n=1}^{+\infty} (n+1) x^n$;

(3) $\sum_{n=1}^{+\infty} \frac{n(n+1)}{2} x^{n-1}$;

(4) $\sum_{n=1}^{+\infty} \frac{(-1)^{n-1}}{2n-1} x^{2n-1}$.

§10.5 函数的幂级数展开

前面我们讨论了幂级数的收敛区间及其和函数的性质, 但是许多实际问题中遇到的却是相反的问题, 即一个函数 $f(x)$ 在某个区间内如何表示成幂级数形式. 如果一个函数 $f(x)$ 能在某区间上展成幂级数, 则借助于幂级数的有关性质来研究函数 $f(x)$ 的性质, 我们先介绍泰勒级数.

10.5.1 泰勒级数

若函数 $f(x)$ 在点 x_0 的某邻域 $U(x_0, \delta)$ 内有直至 $n+1$ 阶的导数, 则
$$f(x) = f(x_0) + f'(x_0)(x-x_0) + \frac{1}{2!} f''(x_0)(x-x_0)^2 + \cdots + \frac{1}{n!} f^{(n)}(x_0)(x-x_0)^n + R_n(x), \tag{10-5-1}$$

这里 $R_n(x)$ 为拉格朗日型余项
$$R_n(x) = \frac{f^{(n+1)}(\xi)}{(n+1)!} (x-x_0)^{n+1} \quad (\xi \text{ 介于 } x_0 \text{ 与 } x \text{ 之间}). \tag{10-5-2}$$

§10.5 函数的幂级数展开

在等式 (10-5-1) 中, $f(x)$ 可以由右边去掉 $R_n(x)$ 的多项式来近似表示, 如果 $f(x)$ 在 $x = x_0$ 处有任意阶的导数, 该多项式可扩展为幂级数

$$f(x_0) + f'(x_0)(x - x_0) + \frac{1}{2!}f''(x_0)(x - x_0)^2 + \cdots$$
$$+ \frac{1}{n!}f^{(n)}(x_0)(x - x_0)^n + \cdots. \tag{10-5-3}$$

幂级数 (10-5-3) 称为函数 $f(x)$ 在 x_0 的**泰勒级数**.

对于级数 (10-5-3) 是否能在 x_0 的某邻域内收敛, 且以为 $f(x)$ 和函数呢? 有下面的定理.

定理 10-5-1 设函数 $f(x)$ 在点 x_0 的某邻域 $U(x_0, \delta)$ 内具有任意阶导数, 则 $f(x)$ 在该邻域内能展开成泰勒级数的充分必要条件是: $f(x)$ 的泰勒公式中的余项 $R_n(x)$ 当 $n \to \infty$ 时的极限为零, 即

$$\lim_{n \to \infty} R_n(x) = 0.$$

证明 当 $x \in U(x_0, \delta)$ 时, 若

$$f(x) = f(x_0) + f'(x_0)(x - x_0) + \frac{1}{2!}f''(x_0)(x - x_0)^2 + \cdots$$
$$+ \frac{1}{n!}f^{(n)}(x_0)(x - x_0)^n + \cdots,$$

于是

$$f(x) = \lim_{n \to \infty} \sum_{k=0}^{n} \frac{f^{(k)}(x_0)}{k!}(x - x_0)^k,$$

则

$$\lim_{n \to \infty} R_n(x) = \lim_{n \to \infty} \left[f(x) - \sum_{k=0}^{n} \frac{f^{(k)}(x_0)}{k!}(x - x_0)^n \right] = 0,$$

若 $\lim_{n \to \infty} R_n(x) = 0$, 因为

$$f(x) = \lim_{n \to \infty} \left[f(x_0) + f'(x_0)(x - x_0) + \frac{1}{2!}f''(x_0)(x - x_0)^2 + \cdots \right.$$
$$\left. + \frac{1}{n!}f^{(n)}(x_0)(x - x_0)^n + R_n(x) \right],$$

所以

$$f(x) = \lim_{n \to \infty} \sum_{k=0}^{n} \frac{f^{(k)}(x_0)}{k!}(x - x_0)^k,$$

故 $f(x) = f(x_0) + f'(x_0)(x - x_0) + \frac{1}{2!}f''(x_0)(x - x_0)^2 + \cdots + \frac{1}{n!}f^{(n)}(x_0)(x - x_0)^n + \cdots.$

泰勒级数 (10-5-3) 中取 $x = 0$, 得

$$f(0) + f'(0)x + \frac{f''(0)}{2!}x^2 + \cdots + \frac{f^{(n)}(0)}{n!}x^n + \cdots. \tag{10-5-4}$$

级数 (10-5-4) 称为 $f(x)$ 的麦克劳林级数.

如果 $f(x)$ 为幂级数 $\sum_{n=0}^{+\infty} a_n x^n$ 在收敛区间 $(-R, R)$ 上的和函数, 则 $\sum_{n=0}^{+\infty} a_n x^n$ 就是 $f(x)$ 在 $(-R, R)$ 上麦克劳林级数, 这就说明了函数 $f(x)$ 的幂级数展开式的唯一性.

10.5.2 函数展开成幂级数

1. 直接展开法

把函数 $f(x)$ 展开成 x 的幂级数, 可以按照以下步骤进行:

第一步 求出 $f(x)$ 的各阶导数, 如果在 $x = 0$ 的某阶导数不存在, 就表明 $f(x)$ 不能展开成 x 的幂级数.

第二步 计算函数及它的导数在 $x = 0$ 的值.

第三步 把计算出的值代入级数中, 并求该级数的收敛半径 R.

第四步 计算 $\lim_{n \to \infty} R_n(x) = 0$, 其中为泰勒公式中的拉格朗日型余项, $x \in (-R, R)$, 如果极限为零, 则能展开成第三步得到的幂级数; 否则, 就不能.

以上将函数展开成 x 的幂级数的方法叫做直接展开法.

例 10-5-1 将函数 $f(x) = e^x$ 展开成 x 的幂级数.

解 由于 $f^{(n)}(x) = e^x$, $f^{(n)}(0) = 1$ $(n = 1, 2, \cdots)$, $f(0) = 1$. 于是得级数

$$1 + x + \frac{x^2}{2!} + \cdots + \frac{x^n}{n!} + \cdots,$$

它的收敛半径为 $R = +\infty$.

由于 $f(x)$ 的拉格朗日型余项为

$$R_n(x) = \frac{e^\xi}{(n+1)!} x^{n+1} \quad (\xi \text{ 介于 } x_0 \text{ 与 } x \text{ 之间}),$$

因此

$$|R_n(x)| = \left| \frac{e^\xi}{(n+1)!} x^{n+1} \right| \leqslant e^{|x|} \frac{|x|^{n+1}}{(n+1)!}.$$

由于级数 $\sum_{n=0}^{+\infty} \frac{|x|^{n+1}}{(n+1)!}$ 收敛, 于是 $\lim_{n \to \infty} \frac{1}{(n+1)!} |x|^{n+1} = 0$, 故

$$\lim_{n \to \infty} R_n(x) = 0,$$

则
$$e^x = 1 + x + \frac{1}{2!}x^2 + \cdots + \frac{1}{n!}x^n + \cdots, \quad x \in (-\infty, +\infty).$$

例 10-5-2 将函数 $f(x) = \sin x$ 展开成 x 的幂级数.

解 由于
$$f^{(n)}(x) = \sin\left(x + \frac{n\pi}{2}\right), \quad n = 1, 2, 3, \cdots,$$

$$f^{(n)}(0) = \sin\frac{n\pi}{2} = \begin{cases} (-1)^{m-1}, & n = 2m-1 \\ 0, & n = 2m \end{cases} \quad (m = 1, 2, 3, \cdots),$$

于是得级数
$$x - \frac{x^3}{3!} + \frac{x^5}{5!} - \cdots + (-1)^{n-1}\frac{x^{2n-1}}{(2n-1)!} + \cdots,$$

它的收敛半径为 $R = +\infty$. 现考察正弦函数的拉格朗日型余项, 当 $n \to +\infty$ 时,

$$|R_n(x)| = \left|\frac{\sin\left(\xi + (n+1)\frac{\pi}{2}\right)}{(n+1)!}x^{n+1}\right| \leqslant \frac{|x|^{n+1}}{(n+1)!} \to 0,$$

所以 $\sin x$ 的展开式为

$$\sin x = x - \frac{1}{3!}x^3 + \frac{1}{5!}x^5 + \cdots + (-1)^{n-1}\frac{1}{(2n-1)!}x^{2n-1} + \cdots, \quad x \in (-\infty, +\infty).$$

例 10-5-3 求 $f(x) = (1+x)^\alpha$ 的麦克劳林展开式.

解 先求出 $(1+x)^\alpha$ 在 $x = 0$ 处的各阶导数, 易知
$$f^{(n)}(0) = \alpha(\alpha-1)\cdots(\alpha-n+1),$$

于是 $(1+x)^\alpha$ 的麦克劳林级数为

$$1 + \alpha x + \frac{\alpha(\alpha-1)}{2!}x^2 + \cdots + \frac{\alpha(\alpha-1)\cdots(\alpha-n+1)}{n!}x^n + \cdots.$$

易求出它的收敛半径 $R = 1$, 可以证明, 上述幂级数在 $(-1, 1)$ 内收敛于 $(1+x)^\alpha$(证明从略). 即

$$(1+x)^\alpha = 1 + \alpha x + \frac{\alpha(\alpha-1)}{2!}x^2 + \cdots + \frac{\alpha(\alpha-1)\cdots(\alpha-n+1)}{n!}x^n + \cdots.$$

特别是当 $\alpha = \frac{1}{2}$ 时, 有

$$\sqrt{1+x} = 1 + \frac{1}{2}x + \frac{\frac{1}{2} \cdot \left(\frac{1}{2} - 1\right)}{2!}x^2 + \frac{\frac{1}{2}\left(\frac{1}{2} - 1\right)\left(\frac{1}{2} - 2\right)}{3!}x^3 + \cdots$$

$$= 1 + \frac{1}{2}x - \frac{1}{2\cdot 4}x^2 + \frac{1\cdot 3}{2\cdot 4\cdot 6}x^3 - \frac{1\cdot 3\cdot 5}{2\cdot 4\cdot 6\cdot 8}x^4 + \cdots$$

$$= 1 + \frac{1}{2}x + \sum_{n=2}^{+\infty}(-1)^{n-1}\frac{(2n-3)!!}{(2n)!!}x^n, \quad -1 < x \leqslant 1,$$

当 $\alpha = -\frac{1}{2}$ 时,有

$$\frac{1}{\sqrt{1+x}} = 1 - \frac{1}{2}x + \frac{1\cdot 3}{2\cdot 4}x^2 - \frac{1\cdot 3\cdot 5}{2\cdot 4\cdot 6}x^3 + \frac{1\cdot 3\cdot 5\cdot 7}{2\cdot 4\cdot 6\cdot 8}x^4 - \cdots$$

$$= 1 + \sum_{n=2}^{+\infty}(-1)^n\frac{(2n-1)!!}{(2n)!!}x^n, \quad -1 < x \leqslant 1.$$

2. 间接展开法

一般来说,只有少数比较简单的函数,其幂级数展开式能用直接展开法得到,更多的是从已知的展开式出发,通过变量代换、四则运算或逐项求导、逐项求积等方法,间接地求得函数的幂级数展开式,这种方法叫做间接展开法. 来看下面的例子.

例 10-5-4 将函数 $f(x) = \cos x$ 展开成 x 的幂级数.

解 对 $\sin x = x - \frac{1}{3!}x^3 + \frac{1}{5!}x^5 + \cdots + (-1)^{n-1}\frac{1}{(2n-1)!}x^{2n-1} + \cdots$ 逐项求导,得

$$\cos x = 1 - \frac{1}{2!}x^2 + \frac{1}{4!}x^4 + \cdots + (-1)^n\frac{1}{(2n)!}x^{2n} + \cdots, \quad x \in (-\infty, +\infty).$$

由几何级数可知

$$\frac{1}{1-q} = 1 + q + q^2 + \cdots + q^{n-1} + \cdots, \quad -1 < q < 1.$$

在上式中分别令 $q = x, -x, x^2, -x^2$ 得

$$\frac{1}{1-x} = 1 + x + x^2 + \cdots + x^{n-1} + \cdots, \quad -1 < x < 1,$$

$$\frac{1}{1+x} = 1 - x + x^2 - x^3 + \cdots + (-1)^{n-1}x^{n-1} + \cdots, \quad -1 < x < 1,$$

$$\frac{1}{1-x^2} = 1 + x^2 + x^4 + \cdots + x^{2n} + \cdots, \quad -1 < x < 1,$$

$$\frac{1}{1+x^2} = 1 - x^2 + x^4 - x^6 + \cdots + (-1)^n x^{2n} + \cdots, \quad -1 < x < 1.$$

例 10-5-5 将函数 $f(x) = \dfrac{1}{3+x}$ 展开成:

(1) 关于 x 的幂级数;

(2) 关于 $x-1$ 的幂级数.

解 (1) 由于

$$\frac{1}{1+x} = 1 - x + x^2 - x^3 + \cdots + (-1)^{n-1}x^{n-1} + \cdots, \quad -1 < x < 1,$$

而

$$\frac{1}{3+x} = \frac{1}{3}\frac{1}{1+\frac{x}{3}} = \frac{1}{3}\sum_{n=0}^{+\infty}\left(-\frac{x}{3}\right)^n = \sum_{n=0}^{+\infty}(-1)^n\frac{1}{3^{n+1}}x^{n+1}, \quad -3 < x < 3;$$

(2) $\dfrac{1}{3+x} = \dfrac{1}{4+(x-1)} = \dfrac{1}{4}\sum\limits_{n=0}^{+\infty}(-1)^n\dfrac{1}{4^n}(x-1)^n = \sum\limits_{n=0}^{+\infty}\dfrac{(-1)^n}{4^{n+1}}(x-1)^n, \quad -3 < x < 5.$

例 10-5-6 将函数 $f(x) = \ln(1+x)$ 展开成 x 的幂级数.

解 因为 $f'(x) = \dfrac{1}{1+x}$,而

$$\frac{1}{1+x} = 1 - x + x^2 - x^3 + \cdots + (-1)^n x^n + \cdots, \quad -1 < x < 1,$$

将上式从 0 到 x 逐项积分,得

$$\ln(1+x) = x - \frac{x^2}{2} + \frac{x^3}{3} - \frac{x^4}{4} + \cdots + (-1)^n\frac{x^{n+1}}{n+1}\cdots, \quad -1 < x < 1,$$

又由于 $f(x) = \ln(1+x)$ 在 $x = 1$ 处连续,且上式右边的幂级数在 $x = 1$ 处收敛,所以

$$\ln(1+x) = x - \frac{x^2}{2} + \frac{x^3}{3} - \frac{x^4}{4} + \cdots + (-1)^n\frac{x^{n+1}}{n+1}\cdots, \quad -1 < x \leqslant 1.$$

例 10-5-7 求 $f(x) = \ln x$ 在 $x = 1$ 的泰勒展开式.

解

$$f(x) = \ln[1 + (x-1)]$$
$$= (x-1) - \frac{(x-1)^2}{2} + \frac{(x-1)^3}{3} - \cdots + (-1)^n\frac{(x-1)^{n+1}}{n+1} + \cdots, \quad 0 < x < 2.$$

例 10-5-8 将下列函数展开成 x 的幂级数,并求收敛域.

(1) $f(x) = \ln(1 - x - 2x^2)$;   (2) $f(x) = \dfrac{3x-5}{x^2-4x+3}.$

解 (1) 因为

$$f(x) = \ln(1 - x - 2x^2) = \ln(1+x) + \ln(1-2x),$$

由于

$$\ln(1+x) = x - \frac{x^2}{2} + \frac{x^3}{3} - \frac{x^4}{4} + \cdots + (-1)^n\frac{x^{n+1}}{n+1}\cdots, \quad -1 < x \leqslant 1,$$

$$\ln(1-2x) = (-2x) - \frac{1}{2}(-2x)^2 + \frac{1}{3}(-2x)^3 + \cdots + (-1)^n \frac{1}{n+1}(-2x)^{n+1} + \cdots, \quad -\frac{1}{2} \leqslant x < \frac{1}{2},$$

则

$$f(x) = \sum_{n=1}^{+\infty} \frac{1}{n}(-1)^{n-1} x^n + \sum_{n=1}^{+\infty} \frac{(-1)^{n-1}}{n}(-2x)^n$$

$$= \sum_{n=1}^{+\infty} \frac{1}{n}[(-1)^{n-1} - 2^n] x^n, \quad \left[-\frac{1}{2}, \frac{1}{2}\right).$$

(2) $f(x) = \dfrac{3x-5}{x^2-4x+3} = \dfrac{1}{x-1} + \dfrac{2}{x-3} = -\dfrac{2}{3}\dfrac{1}{1-\dfrac{x}{3}} - \dfrac{1}{1-x}$

$$= -\left[\frac{2}{3}\sum_{n=0}^{+\infty}\left(\frac{x}{3}\right)^n + \sum_{n=0}^{+\infty} x^n\right] = -\sum_{n=0}^{+\infty}\left(1 + \frac{2}{3^{n+1}}\right)x^{n+1}, \quad -1 < x < 1.$$

例 10-5-9 将函数 $f(x) = \arcsin x$ 展开成 x 的幂级数，并求收敛域.

解 在 $\dfrac{1}{\sqrt{1+x}} = 1 - \dfrac{1}{2}x + \dfrac{1\cdot 3}{2\cdot 4}x^2 - \dfrac{1\cdot 3\cdot 5}{2\cdot 4\cdot 6}x^3 + \dfrac{1\cdot 3\cdot 5\cdot 7}{2\cdot 4\cdot 6\cdot 8}x^4 - \cdots$ 中，用 $-x^2$ 替代 x 得

$$\frac{1}{\sqrt{1-x^2}} = 1 + \frac{1}{2}x^2 + \frac{1\cdot 3}{2\cdot 4}x^4 + \frac{1\cdot 3\cdot 5}{2\cdot 4\cdot 6}x^6 + \cdots, \quad -1 < x < 1,$$

对上式逐项积分，得

$$\arcsin x = \int_0^x \frac{1}{\sqrt{1-t^2}} \mathrm{d}t$$

$$= x + \frac{1}{2}\cdot\frac{x^3}{3} + \frac{1\cdot 3}{2\cdot 4}\cdot\frac{x^5}{5} + \frac{1\cdot 3\cdot 5}{2\cdot 4\cdot 6}\cdot\frac{x^7}{7} + \cdots, \quad -1 \leqslant x \leqslant 1.$$

例 10-5-10 将函数 $f(x) = \sin x$ 展开成 $\left(x - \dfrac{\pi}{4}\right)$ 的幂级数.

解 由于

$$f(x) = \sin x = \sin\left[\frac{\pi}{4} + \left(x - \frac{\pi}{4}\right)\right]$$

$$= \sin\frac{\pi}{4}\cos\left(x - \frac{\pi}{4}\right) + \cos\frac{\pi}{4}\sin\left(x - \frac{\pi}{4}\right)$$

$$= \frac{1}{\sqrt{2}}\left[\cos\left(x - \frac{\pi}{4}\right) + \sin\left(x - \frac{\pi}{4}\right)\right],$$

而

$$\sin\left(x - \frac{\pi}{4}\right) = \sum_{n=0}^{+\infty}(-1)^n \frac{\left(x - \dfrac{\pi}{4}\right)^{2n+1}}{(2n+1)!}, \quad -\infty < x < +\infty,$$

$$\cos\left(x - \frac{\pi}{4}\right) = \sum_{n=0}^{+\infty}(-1)^n \frac{\left(x - \dfrac{\pi}{4}\right)^{2n}}{(2n)!}, \quad -\infty < x < +\infty,$$

所以

$$\sin x = \frac{1}{\sqrt{2}}\left[1 + \left(x - \frac{\pi}{4}\right) - \frac{1}{2!}\left(x - \frac{\pi}{4}\right)^2 - \frac{1}{3!}\left(x - \frac{\pi}{4}\right)^3 + \cdots\right], \quad -\infty < x < +\infty.$$

例 10-5-11 将下列函数展开成 x 的幂级数.

(1) $f(x) = \dfrac{1+x}{(1-x)^3}$;   (2) $f(x) = x\arctan x - \ln\sqrt{1+x^2}$.

解 (1) 因为

$$f(x) = \frac{1+x}{(1-x)^3} = \frac{2+x-1}{(1-x)^3} = \frac{2}{(1-x)^3} - \frac{1}{(1-x)^2},$$

而

$$\frac{1}{(1-x)^2} = \left(\frac{1}{1-x}\right)' = \sum_{n=0}^{+\infty}(x^n)' = \sum_{n=1}^{+\infty}nx^{n-1},$$

$$\frac{2}{(1-x)^3} = \left[\frac{1}{(1-x)^2}\right]' = \sum_{n=1}^{+\infty}(nx^{n-1})' = \sum_{n=2}^{+\infty}n(n-1)x^{n-2} = \sum_{n=1}^{+\infty}n(n+1)x^{n-1},$$

则

$$f(x) = \frac{2}{(1-x)^3} - \frac{1}{(1-x)^2} = \sum_{n=1}^{+\infty}n(n+1)x^{n-1} - \sum_{n=1}^{+\infty}nx^{n-1} = \sum_{n=1}^{+\infty}n^2 x^{n-1}, \quad -1 < x < 1.$$

(2) 因为

$$f'(x) = \left[x\arctan x - \ln\sqrt{1+x^2}\right]' = \arctan x + \frac{x}{1+x^2} - \frac{2x}{2(1+x^2)} = \arctan x,$$

$$f''(x) = \frac{1}{1+x^2} = \sum_{n=0}^{+\infty}(-1)^n x^{2n},$$

于是

$$f'(x) = \sum_{n=0}^{+\infty}\int_0^x (-1)^n x^{2n} \mathrm{d}x = \sum_{n=0}^{+\infty}(-1)^n \frac{1}{2n+1}x^{2n+1},$$

$$f(x) = \sum_{n=0}^{+\infty}\int_0^{+\infty}(-1)^n \frac{1}{2n+1}x^{2n+1}\mathrm{d}x = \sum_{n=0}^{+\infty}(-1)^n \frac{1}{(2n+1)(2n+2)}x^{2n+2}.$$

当 $x = \pm 1$, 级数收敛, 则 $-1 \leqslant x \leqslant 1$.

10.5.3 函数展开成幂级数的应用

有了函数的幂级数展开式, 我们就可以利用它来进行近似计算, 即在展开式成立的区间内, 函数值可以利用这个级数的部分和按规定的精度要求近似地计算出来.

例 10-5-12 求函数 $\int_0^x \dfrac{\sin x}{x} \mathrm{d}x$ 的幂级数表达式,并计算积分 $\int_0^1 \dfrac{\sin x}{x} \mathrm{d}x$ 的近似值,精确到 10^{-4}.

解 因为
$$\sin x = x - \frac{x^3}{3!} + \frac{x^5}{5!} - \cdots + (-1)^n \frac{x^{2n+1}}{(2n+1)!} + \cdots,$$

所以
$$\frac{\sin x}{x} = 1 - \frac{x^2}{3!} + \frac{x^4}{5!} - \cdots + (-1)^n \frac{x^{2n}}{(2n+1)!} + \cdots,$$

于是, 有
$$\int_0^x \frac{\sin x}{x} \mathrm{d}x = x - \frac{x^3}{3 \cdot 3!} + \frac{x^5}{5 \cdot 5!} - \cdots + (-1)^n \frac{x^{2n+1}}{(2n+1)(2n+1)!} + \cdots, \quad -\infty < x < +\infty,$$

$$\int_0^1 \frac{\sin x}{x} \mathrm{d}x = 1 - \frac{1}{3 \cdot 3!} + \frac{1}{5 \cdot 5!} - \frac{1}{7 \cdot 7!} + \cdots,$$

右边是一交错级数, 误差易于估计. 因为 $\dfrac{1}{7 \cdot 7!} \approx \dfrac{1}{35280} < 10^{-4}$, 所以只要计算 3 项. 即

$$\int_0^1 \frac{\sin x}{x} \mathrm{d}x \approx 1 - \frac{1}{3 \cdot 3!} + \frac{1}{5 \cdot 5!} \approx 1 - 0.05556 + 0.00167 \approx 0.9461.$$

例 10-5-13 计算 $\sqrt[5]{240}$ 的近似值, 要求误差不超过 0.0001.

解
$$\sqrt[5]{240} = \sqrt[5]{243 - 3} = 3 \left(1 - \frac{1}{3^4}\right)^{\frac{1}{5}},$$

在展开式 $(1+x)^\alpha = 1 + \alpha x + \dfrac{\alpha(\alpha-1)}{2!} x^2 + \cdots + \dfrac{\alpha(\alpha-1)\cdots(\alpha-n+1)}{n!} x^n + \cdots$
中取 $\alpha = \dfrac{1}{5}, x = -\dfrac{1}{3^4}$, 得

$$\sqrt[5]{240} = 3 \left(1 - \frac{1}{5} \cdot \frac{1}{3^4} - \frac{1 \cdot 4}{5^2 \cdot 2!} \cdot \frac{1}{3^8} - \frac{1 \cdot 4 \cdot 9}{5^3 \cdot 3!} \cdot \frac{1}{3^{12}} - \cdots \right),$$

取前两项的和为所求的近似值, 其误差为

$$|r_n| = 3 \left(\frac{1 \cdot 4}{2! \cdot 5^2} \cdot \frac{1}{3^8} + \frac{1 \cdot 4 \cdot 9}{5^3 \cdot 3!} \cdot \frac{1}{3^{12}} + \frac{1 \cdot 4 \cdot 9 \cdot 14}{5^4 \cdot 4!} \cdot \frac{1}{3^{16}} + \cdots \right)$$
$$< 3 \frac{1 \cdot 4}{2! \cdot 5^2} \cdot \frac{1}{3^8} \left[1 + \frac{1}{81} + \left(\frac{1}{81}\right)^2 + \cdots \right]$$

$$= \frac{6}{25} \cdot \frac{1}{3^8} \cdot \frac{1}{1-\frac{1}{81}}$$

$$= \frac{1}{25 \cdot 27 \cdot 40} < \frac{1}{20000},$$

于是取近似值为

$$\sqrt[5]{240} \approx 3\left(1 - \frac{1}{5} \cdot \frac{1}{3^4}\right) \approx 2.9926.$$

例 10-5-14 证明欧拉公式：$e^{ix} = \cos x + i\sin x$（其中 i 为虚单位）.

证明 对于实数 x，有

$$e^x = 1 + \frac{x}{1!} + \frac{x^2}{2!} + \cdots + \frac{x^n}{n!} + \cdots,$$

对于复数 ix 代替上式中的 x，其中 $i = \sqrt{-1}$，则

$$e^{ix} = 1 + (ix) + \frac{1}{2!}(ix)^2 + \frac{1}{3!}(ix)^3 + \frac{1}{4!}(ix)^4 + \cdots$$

$$= \left(1 - \frac{1}{2!}x^2 + \frac{1}{4!}x^4 + \cdots\right) + i\left(x - \frac{1}{3!}x^3 + \frac{1}{5!}x^5 + \cdots\right)$$

$$= \cos x + i\sin x.$$

公式 $e^{ix} = \cos x + i\sin x$ 称为欧拉公式.

再用 $-x$ 代替 x，有 $e^{-ix} = \cos x - i\sin x$，加减两式，可导出欧拉公式的另一种形式：

$$\begin{cases} \cos x = \frac{1}{2}(e^{ix} + e^{-ix}), \\ \sin x = \frac{1}{2i}(e^{ix} - e^{-ix}). \end{cases}$$

欧拉公式揭示了三角函数与指数函数的一种联系，在许多理论和应用问题中，使用欧拉公式是很方便的.

习 题 10.5

1. 将下列函数展开成 x 的幂级数并求收敛区间：

(1) 2^x； (2) $\sin\frac{x}{2}$；

(3) $\ln(2+x)$； (4) $\frac{x}{1+x-2x^2}$.

2. 将函数 $\frac{1}{x}$ 在 $x_0 = 1$ 展成泰勒级数.

3. 将函数 $f(x) = \frac{1}{x^2+4x+3}$ 展成关于 $x-1$ 的幂级数.

4. 利用函数的幂级数的展开式，求下列函数值的近似值：

(1) $\sin 1°$ 精确到 10^{-4}； (2) $\sqrt[3]{1.015}$ 精确到 10^{-3}；

(3) $\int_0^{0.5} \dfrac{1}{1+x^4} dx$ 精确到 10^{-3}； (4) $\int_0^1 e^{-x^2} dx$ 精确到 10^{-2}.

章末自测 10

(A)

1. 填空题.

(1) 若 $\lim\limits_{n\to+\infty} u_n = +\infty, u_n > 0$，则级数 $\sum\limits_{n=1}^{+\infty}\left(\dfrac{1}{\sqrt{u_n}} - \dfrac{1}{\sqrt{u_{n+1}}}\right)$ 之和为_____.

(2) 判别级数的收敛性，若 $\sum\limits_{n=1}^{+\infty} u_n$ 收敛，且 $k \neq 0$，则 $\sum\limits_{n=1}^{+\infty}(u_n + k)$_____.

(3) 设幂级数 $\sum\limits_{n=0}^{+\infty} a_n x^n$ 的收敛半径是 4，则幂级数 $\sum\limits_{n=0}^{+\infty} a_n x^{2n+1}$ 的收敛半径是_____.

(4) 幂级数 $\sum\limits_{n=0}^{+\infty}(-1)^{n-1}\dfrac{1}{2n-1}(2x-3)^n$ 的收敛域是_____.

(5) 函数 e^x 在点 $x_0 = 0$ 的泰勒级数为_____，收敛区间为_____.

(6) 设 $\lim\limits_{n\to+\infty}\left|\dfrac{a_n}{a_{n+1}}\right| = 3$，则幂级数 $\sum\limits_{n=0}^{+\infty} a_n x^{2n}$ 的收敛半径是_____.

(7) 函数 $\dfrac{1}{1-x}$ 的麦克劳林展开式为_____，收敛域是_____.

(8) 函数 $\dfrac{1}{1+x}$ 的麦克劳林级数展开式为_____，收敛域是_____.

(9) 幂级数 $\sum\limits_{n=0}^{+\infty} n 4^{n+1} x^n$ 的收敛区间是_____.

(10) 函数 $y = \ln(2+x)$ 的麦克劳林展开式为_____，收敛域是_____.

2. 单项选择题.

(1) 若级数 $\sum\limits_{n=1}^{+\infty} u_n$ 与 $\sum\limits_{n=1}^{+\infty} v_n$ 分别收敛于 S_1, S_2，则下述结论中不成立的是 (   ).

(A) $\sum\limits_{n=1}^{+\infty}(u_n \pm v_n) = S_1 \pm S_2$； (B) $\sum\limits_{n=1}^{+\infty} k u_n = k S_1$；

(C) $\sum\limits_{n=1}^{+\infty} k v_n = k S_2$； (D) $\sum\limits_{n=1}^{+\infty}\dfrac{u_n}{v_n} = \dfrac{S_1}{S_2}$.

(2) 下列级数中，哪一个发散 (   )？

(A) $\sum\limits_{n=1}^{+\infty}\dfrac{1}{n^2}$； (B) $\sum\limits_{n=1}^{+\infty} n \sin\dfrac{1}{n}$；

(C) $\sum\limits_{n=1}^{+\infty} e^{-nx} (x > 0)$; (D) $\sum\limits_{n=1}^{+\infty} \dfrac{1}{3^{\frac{n}{2}}}$.

(3) 若级数 $\sum\limits_{n=1}^{+\infty} \dfrac{a}{q^n}$ 收敛 (a 为常数), 则 q 满足条件是 (   ).

(A) $q = 1$;   (B) $|q| < 1$;   (C) $q = -1$;   (D) $|q| > 1$.

(4) 下列级数中, 条件收敛的是 (   ).

(A) $\sum\limits_{n=1}^{+\infty} (-1)^{n-1} \dfrac{n}{\sqrt{2n^3 + 4}}$;   (B) $\sum\limits_{n=1}^{+\infty} (-1)^{n-1} \left(\dfrac{2}{3}\right)^n$;

(C) $\sum\limits_{n=1}^{+\infty} (-1)^{n-1} \dfrac{1}{n^2}$;   (D) $\sum\limits_{n=1}^{+\infty} (-1)^{n-1} \dfrac{1}{n 2^n}$.

(5) 设 $\lim\limits_{n \to +\infty} a_n = a$ ($a \neq 0, a_n \neq 0$), 则级数 $\sum\limits_{n=1}^{+\infty} \left(\dfrac{x}{a_n}\right)^n$ (   ).

(A) 当 $|x| > 1$ 时发散;   (B) 当 $|a| < 1$ 时发散;

(C) 当 $|x| < |a|$ 时绝对收敛;   (D) 当 $|x| < |a|$ 时条件收敛.

(6) 级数 $\ln x + \ln^2 x + \cdots + \ln^n x + \cdots$ 的收敛域是 (   ).

(A) $x < e$;   (B) $x > e$;   (C) $\dfrac{1}{e} < x < e$;   (D) $\dfrac{1}{e} \leqslant x \leqslant e$.

(7) 设级数 $\sum\limits_{n=0}^{+\infty} b_n (x-2)^n$ 在 $x = -2$ 处收敛, 则此级数在 $x = 4$ 处 (   ).

(A) 发散;   (B) 绝对收敛;   (C) 条件收敛;   (D) 不能确定敛散性.

(8) 设级数 $\sum\limits_{n=0}^{+\infty} a_n (x-1)^n$ 的收敛半径是 1, 则级数在 $x = 3$ 点 (   ).

(A) 发散;   (B) 条件收敛;   (C) 绝对收敛;   (D) 不能确定敛散性.

(9) 如果 $\lim\limits_{n \to +\infty} \left|\dfrac{a_{n+1}}{a_n}\right| = \dfrac{1}{8}$, 则幂级数 $\sum\limits_{n=0}^{+\infty} a_n x^{3n}$ (   ).

(A) 当 $|x| < 2$ 时, 收敛;   (B) 当 $|x| < 8$ 时, 收敛;

(C) 当 $|x| > \dfrac{1}{8}$ 时, 发散;   (D) 当 $|x| > \dfrac{1}{2}$ 时, 发散.

(10) 级数 $\sum\limits_{n=1}^{+\infty} \dfrac{x^{n-1}}{3^{n-1} n^{\frac{3}{2}}}$ 的收敛域是 (   ).

(A) $[-3, 3]$;   (B) $(-3, 3)$;   (C) $\left[-\dfrac{1}{3}, \dfrac{1}{3}\right]$;   (D) $\left(-\dfrac{1}{3}, \dfrac{1}{3}\right]$.

(B)

1. 判定下列级数的敛散性:

(1) $\sum\limits_{n=1}^{+\infty} \dfrac{n^2}{\left(1 + \dfrac{1}{n}\right)^n}$;   (2) $\sum\limits_{n=1}^{+\infty} \dfrac{n^{n+1}}{(n+1)!}$;

(3) $\sum_{n=1}^{+\infty} \dfrac{n}{\mathrm{e}^n}$;

(4) $\sum_{n=1}^{+\infty} n\left(\mathrm{e}^{\frac{1}{n}}-1\right)$;

(5) $\sum_{n=1}^{+\infty} \dfrac{(n+1)5^n}{6^n}$;

(6) $\sum_{n=1}^{+\infty} \dfrac{2^n+1}{3^n}$.

2. 判定下列级数的敛散性. 如果级数收敛, 说明是条件收敛还是绝对收敛:

(1) $1 - \dfrac{1}{3^2} + \dfrac{1}{5^2} - \dfrac{1}{7^2} + \cdots$;

(2) $\sum_{n=1}^{+\infty} (-1)^{\frac{n(n-1)}{2}} \dfrac{1}{3^{n-1}}$;

(3) $\sum_{n=1}^{+\infty} (-1)^{\frac{n(n-1)}{2}} \dfrac{n^{10}}{10^n}$;

(4) $\sum_{n=1}^{+\infty} \dfrac{\sin^3 n}{n^2}$;

(5) $\dfrac{\sqrt{2}}{\sqrt{3}} - \dfrac{\sqrt{3}}{\sqrt{4}} + \dfrac{\sqrt{4}}{\sqrt{5}} + \cdots + (-1)^{n-1} \dfrac{\sqrt{n-1}}{\sqrt{n}} + \cdots$.

3. 将下列函数展成关于 x 的幂级数:

(1) $y = \dfrac{1}{4-x^4}$;

(2) e^{x^2}.

4. 求下列幂级数的收敛半径和收敛域:

(1) $\sum_{n=1}^{+\infty} (-1)^{n-1} \dfrac{3^n}{n} x^{2n}$;

(2) $\sum_{n=1}^{+\infty} \dfrac{(x+1)^n}{n3^n}$.

5. 求下列幂级数的和函数:

(1) $\sum_{n=1}^{+\infty} (-1)^n \dfrac{1}{n(n-1)} x^n \quad (-1,1)$;

(2) $\sum_{n=1}^{+\infty} (2n+1)x^n \quad (-1,1)$.

第11章 微分方程与差分方程

在科学研究和生产实践中，寻求变量之间的函数关系是十分重要的问题. 然而，在许多情况下，函数关系往往不能直接求得，而是通过建立含有自变量、未知函数及其导数的关系式——微分方程来求出. 本章主要介绍微分方程的一些基本概念和几种常见的微分方程的解法，并简要介绍它们在一些实际问题中的应用.

§11.1 微 分 方 程

11.1.1 引例

例 11-1-1 已知曲线上任意一点 $M(x,y)$ 处的切线斜率等于该点横坐标的平方的三倍且该曲线通过点 $(0,1)$，求该曲线方程.

解 设所求曲线方程为
$$y = f(x),$$
由题知
$$\frac{\mathrm{d}y}{\mathrm{d}x} = 3x^2, \tag{11-1-1}$$
$$y|_{x=0} = 1. \tag{11-1-2}$$

对式 (11-1-1) 两边积分
$$y = \int 3x^2 \mathrm{d}x = x^3 + C, \tag{11-1-3}$$

将式 (11-1-2) 代入式 (11-1-3) 中得
$$C = 1,$$

所求的曲线方程为
$$y = x^3 + 1 \tag{11-1-4}$$

例 11-1-2 一质量为 M 的物体自由落下，不计空气阻力，设初速度为 v_0，求物体的运动规律.

解 设物体的运动规律为 $s = s(t)$.
由物理学知识知
$$\frac{\mathrm{d}^2 s}{\mathrm{d}t^2} = g \quad (g \text{ 为重力加速度}), \tag{11-1-5}$$

$$s|_{t=0} = 0, \quad \left.\frac{\mathrm{d}s}{\mathrm{d}t}\right|_{t=0} = v_0. \tag{11-1-6}$$

对式 (11-1-5) 两边积分得

$$\frac{\mathrm{d}s}{\mathrm{d}t} = gt + C_1. \tag{11-1-7}$$

对式 (11-1-7) 两边积分得

$$s = \frac{1}{2}gt^2 + C_1 t + C_2. \tag{11-1-8}$$

将条件 (11-1-6) 代入式 (11-1-7)、式 (11-1-8) 得

$$C_1 = v_0, \quad C_2 = 0,$$

所以物体的运动规律为

$$s = \frac{1}{2}gt^2 + v_0 t. \tag{11-1-9}$$

通过上述两例可见解决问题的基本思路：首先根据具体问题建立所求函数及其导数的方程 (即微分方程) 和所求函数及其导数所满足的条件 (即初始条件)，再通过积分求出函数的一般规律和适合条件的具体规律.

11.1.2　微分方程的基本概念

定义 11-1-1　凡表示未知函数、未知函数的导数与自变量之间的关系的方程，称为*微分方程*.

定义 11-1-2　微分方程中所出现的未知函数的最高阶导数的阶数，叫做微分方程的阶.

例如，方程 (11-1-1) 是一阶微分方程；方程 (11-1-5) 是二阶微分方程. 又如，方程

$$x^3 y''' + x^2 y'' - 4y' = \sin x$$

是三阶微分方程.

一般地，n 阶微分方程的形式是

$$F(x, y, y', \cdots, y^{(n)}) = 0, \tag{11-1-10}$$

其中 F 是个 $n+2$ 变量的函数.

【注意】　在方程 (11-1-10) 中，$y^{(n)}$ 是必须出现的，而 $x, y, y', \cdots, y^{(n-1)}$ 等变量则可以不出现.

例如，n 阶微分方程

$$y^{(n)} + 1 = 0$$

中, 除 $y^{(n)}$ 外, 其他变量都没有出现.

由前面的例子我们看到, 在研究某些实际问题时, 首先要建立微分方程, 然后找出满足微分方程的函数, 就是说, 找出这样的函数, 把这函数代入微分方程能使该方程成为恒等式. 这个函数就称为该微分方程的解.

定义 11-1-3 设函数 $y = \varphi(x)$ 在区间 I 上有 n 阶连续导数, 如果在区间 I 上, 有

$$F[x, \varphi(x), \varphi'(x), \cdots, \varphi^{(n)}(x)] \equiv 0,$$

则称函数 $y = \varphi(x)$ 为微分方程 (11-1-10) 在区间 I 上的解; 如果微分方程 (11-1-10) 的解 $y = \varphi(x, c_1, c_2, \cdots, c_n)$ 中含有 n 个任意常数, 则称该解为微分方程 (11-1-10) 的通解; 如果方程 (11-1-10) 的通解为 $y = \varphi(x, C_1, C_2, \cdots, C_n)$, 其中常数 $C_1, C_2, \cdots, C_n$ 由条件

$$y|_{x=x_0} = y_0, \quad y'|_{x=x_0} = y'(x_0), \quad \cdots, \quad y^{(n-1)}\Big|_{x=x_0} = y^{(n-1)}(x_0) \quad (11\text{-}1\text{-}11)$$

确定 $C_1^0, C_2^0, \cdots, C_n^0$, 则称 $y = \varphi(x, C_1^0, C_2^0, \cdots, C_n^0)$ 为微分方程 (11-1-10) 的*特解*; 条件 (11-1-11) 称为*初始条件*.

例如, 函数 (11-1-3) 是方程 (11-1-1) 的解, 它含有一个任意常数, 而方程 (11-1-1) 是一阶的, 所以函数 (11-1-3) 是方程 (11-1-1) 的通解. 又如, 函数 (11-1-8) 是方程 (11-1-5) 的解, 它含有两个任意常数, 而方程 (11-1-5) 是二阶的, 所以函数 (11-1-8) 是方程 (11-1-5) 的通解.

求微分方程 $y' = f(x, y)$ 满足初始条件 $y|_{x=x_0} = y_0$ 的特解这样一个问题, 叫做一阶微分方程的*初值问题*, 记作

$$\begin{cases} y' = f(x, y), \\ y|_{x=x_0} = y_0. \end{cases} \quad (11\text{-}1\text{-}12)$$

微分方程的解的图形是一条曲线, 叫做微分方程的积分曲线. 初值问题 (11-1-12) 的几何意义是求微分方程的通过点 (x_0, y_0) 的那条积分曲线. 二阶微分方程的初值问题

$$\begin{cases} y'' = f(x, y, y'), \\ y|_{x=x_0} = y_0, y'|_{x=x_0} = y'_0 \end{cases}$$

的几何意义是求微分方程的通过点 (x_0, y_0) 且在该点处的切线斜率为 y'_0 的那条积分曲线.

例 11-1-3 验证: 函数

$$x = C_1 \cos kt + C_2 \sin kt \quad (11\text{-}1\text{-}13)$$

是微分方程

$$\frac{\mathrm{d}^2 x}{\mathrm{d}t^2} + k^2 x = 0 \tag{11-1-14}$$

的解，并求满足初始条件 $x|_{t=0} = A, \left.\frac{\mathrm{d}x}{\mathrm{d}t}\right|_{t=0} = 0$ 的特解.

解 求出所给函数 (11-1-12) 的导数：

$$\frac{\mathrm{d}x}{\mathrm{d}t} = -kC_1 \sin kt + kC_2 \cos kt, \tag{11-1-15}$$

$$\frac{\mathrm{d}^2 x}{\mathrm{d}t^2} = -k^2 C_1 \cos kt - k^2 C_2 \sin kt = -k^2 (C_1 \cos kt + C_2 \sin kt).$$

把 $\frac{\mathrm{d}^2 x}{\mathrm{d}t^2}$ 及 x 的表达式代入方程 (11-1-14)，得

$$-k^2 (C_1 \cos kt + C_2 \sin kt) + k^2 (C_1 \cos kt + C_2 \sin kt) \equiv 0.$$

函数 (11-1-13) 及其导数代入方程 (11-1-14) 后成为一个恒等式，因此函数 (11-1-13) 是微分方程 (11-1-14) 的解.

将条件 "$t = 0$ 时，$x = A$" 代入式 (11-1-13) 得 $C_1 = A$，将条件 "$t = 0$ 时，$\frac{\mathrm{d}x}{\mathrm{d}t} = 0$" 代入式 (11-1-15)，得 $C_2 = 0$. 把 C_1, C_2 的值代入式 (11-1-13)，就得所求方程的特解为 $x = A \cos kt$.

例 11-1-4 验证：$y = C_1 \mathrm{e}^{2x} + C_2 \mathrm{e}^{-2x}$ (C_1, C_2 任意常数) 是微分方程 $y'' - 4y = 0$ 的通解，并求满足初始条件 $y|_{x=0}, y'|_{x=0} = 1$ 的特解.

解 因为

$$y' = 2C_1 \mathrm{e}^{2x} - 2C_2 \mathrm{e}^{-2x}, \quad y'' = 4C_1 \mathrm{e}^{2x} + 4C_2 \mathrm{e}^{-2x},$$

所以 $y = C_1 \mathrm{e}^{2x} + C_2 \mathrm{e}^{-2x}$ 是方程的解，由于线性无关是方程的通解，由 $y|_{x=0} = 0$, $y'|_{x=0} = 1$ 得

$$\begin{cases} C_1 + C_2 = 0, \\ 2C_1 - 2C_2 = 1, \end{cases}$$

解得

$$C_1 = \frac{1}{4}, \quad C_2 = -\frac{1}{4},$$

故初始条件特解

$$y = \frac{1}{4}(\mathrm{e}^{2x} - \mathrm{e}^{-2x}).$$

微分方程的解的几何图形称为微分方程的积分曲线. 特解的几何图形就是一条积分曲线，通解的几何图形就是一积分曲线族.

如例 11-1-1 中的特解 $y = x^3 + 1$ 就是过点 $(0,1)$ 的那条积分曲线，而其通解

$y = x^3 + C$ 即为将一条积分曲线沿 y 轴上下平移形成的积分曲线族. 如图 11-1-1 所示.

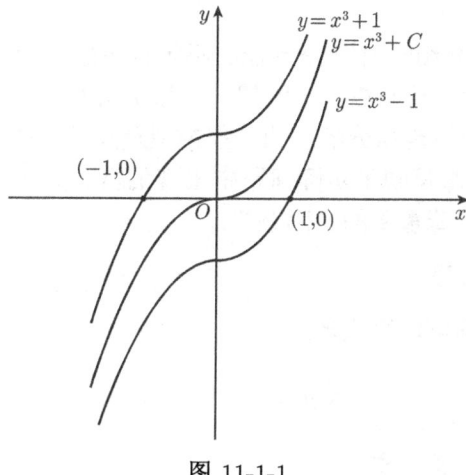

图 11-1-1

习　题　11.1

1. 下面的等式中哪些是微分方程? 若是, 指出其阶数.

(1) $xy' + \cos x = 1$;

(2) $y^2 + x + 5 = 0$;

(3) $\dfrac{\mathrm{d}^2 y}{\mathrm{d} x^2} - \left(\dfrac{\mathrm{d} y}{\mathrm{d} x}\right)^5 + 12xy = 0$;

(4) $\left(\dfrac{\mathrm{d} y}{\mathrm{d} x}\right)^2 - x\dfrac{\mathrm{d} y}{\mathrm{d} x} - 3y^2 = 0$;

(5) $\mathrm{d} y + x\mathrm{d} x = 1$;

(6) $\dfrac{\mathrm{d}^2 s}{\mathrm{d} t^2} - \cos t = 0$.

2. 验证下列各函数是相应微分方程的解:

(1) $y = \dfrac{\sin x}{x}$, $xy' + y = \cos x$;

(2) $y = c\mathrm{e}^x$, $y'' - 2y' + y = 0$ (c 是任意常数);

(3) $x = A\sin(\omega t + \phi)$ (A, ϕ 是任意常数), $\dfrac{\mathrm{d}^2 x}{\mathrm{d} t^2} + \omega^2 x = 0$;

(4) $y = x + c\displaystyle\int_0^x \mathrm{e}^{-t^2}\mathrm{d} t$, $y'' + 2xy' = 2x$.

3. 建立下列问题的微分方程:

(1) 曲线上点 $p(x, y)$ 处的法线与 x 轴的交点为 Q, 且线段 PQ 被 y 轴平分. 试建立曲线所满足的微分方程.

(2) 设降落伞从跳伞塔下落后, 所受空气阻力与速度成正比, 并设降落伞离开跳伞塔时 ($t = 0$) 速度为零. 试建立降落伞下落速度与时间的微分方程.

4. 已知曲线通过点 $(0, 0)$ 且该曲线上任意一点 $P(x, y)$ 处的切线斜率为 $x\mathrm{e}^{-x}$, 求该曲线的方程.

§11.2 可分离变量方程与齐次方程

本节和 11.3 节将介绍一阶微分方程的不定积分解法, 即把微分方程的求解问题化为积分问题. 但大家要明白: 一般的一阶微分方程不一定有不定积分解法的. 我们这里介绍几种能用不定积分解法的方程类型及其求解的一般方法, 虽然这些类型是很有限的, 但它们却反映了实际问题中出现的微分方程的相当部分. 因此掌握这些类型方程的解法有着重要的实际意义.

11.2.1 可分离变量方程

如果一阶微分方程可以写成形式

$$n(y)\mathrm{d}y = m(x)\mathrm{d}x, \tag{11-2-1}$$

则称此方程为**可分离变量方程**.

设 $n(y)$ 和 $m(x)$ 原函数分别为 $N(y)$ 和 $M(x)$, 式 (11-2-1) 两端分别积分, 便得方程的通解:

$$\int n(y)\mathrm{d}y = \int m(x)\mathrm{d}x + C \quad (C \text{是任意常数}),$$

即

$$N(y) = M(x) + C.$$

例 11-2-1 求微分方程 $\dfrac{\mathrm{d}y}{\mathrm{d}x} = -\dfrac{x}{y}$ 的通解和满足初始条件 $y|_{x=0} = 1$ 的特解.

解 将原方程分离变量得

$$y\mathrm{d}y = -x\mathrm{d}x,$$

将两边分别积分, 得通解

$$\frac{1}{2}y^2 = -\frac{1}{2}x^2 + C,$$

即 $x^2 + y^2 = 2C$ 或 $x^2 + y^2 = a^2$ ($2C$ 写成 a^2, a 是任意常数). 将初始条件 $y|_{x=0} = 1$ 代入通解得 $a^2 = 1$, 于是方程的特解为 $x^2 + y^2 = 1$.

例 11-2-2 求方程 $(1+y^2)\mathrm{d}x - x(1+x^2)y\mathrm{d}y = 0$ 的通解.

解 用 $x(1+x^2)(1+y^2)$ 除方程两边得

$$\frac{\mathrm{d}x}{x(1+x^2)} - \frac{y\mathrm{d}y}{1+y^2} = 0,$$

两边积分得

$$\int \frac{\mathrm{d}x}{x(1+x^2)} - \int \frac{y\mathrm{d}y}{1+y^2} = C_1.$$

§11.2 可分离变量方程与齐次方程

因为
$$\int \frac{\mathrm{d}x}{x(1+x^2)} = \int \left(\frac{1}{x} - \frac{x}{1+x^2}\right) \mathrm{d}x = \ln x - \frac{1}{2} \ln\left(1+x^2\right),$$
$$\int \frac{y \mathrm{d}y}{1+y^2} = \frac{1}{2} \ln(1+y^2),$$

所以
$$\ln x - \frac{1}{2} \ln(1+x^2) - \frac{1}{2} \ln(1+y^2) = C_1.$$

即
$$\ln \frac{x^2}{(1+x^2)(1+y^2)} = 2C_1,$$

或
$$\frac{x^2}{(1+x^2)(1+y^2)} = \mathrm{e}^{2C_1} = C.$$

例 11-2-3 求微分方程 $\dfrac{\mathrm{d}y}{\mathrm{d}x} = 2xy$ 的通解.

解 将方程进行变量分离, 得到
$$\frac{\mathrm{d}y}{y} = 2x\mathrm{d}x,$$

两边积分
$$\int \frac{\mathrm{d}y}{y} = \int 2x\mathrm{d}x,$$

得
$$\ln y = x^2 + \ln C,$$

所以原方程的通解为
$$y = C\mathrm{e}^{x^2} \quad \text{(其中 } C \text{ 为任意常数)}.$$

例 11-2-4 求方程 $y^2 \mathrm{d}x + y\mathrm{d}y = x^2 y \mathrm{d}y - \mathrm{d}x$ 的通解.

解 方程进行变量分离, 得
$$\frac{y}{1+y^2} \mathrm{d}y = \frac{1}{x^2-1} \mathrm{d}x,$$

两边积分
$$\int \frac{y}{1+y^2} \mathrm{d}y = \int \frac{1}{x^2-1} \mathrm{d}x,$$

得
$$\frac{1}{2} \ln(1+y^2) = \frac{1}{2} \ln \frac{x-1}{x+1} + \ln C,$$

所以通解为
$$y^2 + 1 = \left[C\frac{x-1}{x+1}\right]^2.$$

例 11-2-5 求微分方程 $\dfrac{dy}{dx} = 1 + x + y^2 + xy^2$ 的通解.

解 原方程变形
$$\frac{dy}{dx} = (1+x)(1+y^2),$$

分离变量, 得
$$\frac{1}{1+y^2}dy = (1+x)dx,$$

两边积分, 得
$$\int \frac{1}{1+y^2}dy = \int (1+x)dx,$$
$$\arctan y = \frac{1}{2}(1+x)^2 + C,$$

则原方程通解
$$y = \tan\left[\frac{1}{2}(1+x)^2 + C\right].$$

例 11-2-6 求微分方程 $y dx = \tan x dy$ 满足初始条件 $y|_{x=\frac{\pi}{2}} = 4$ 的特解.

解 分离变量, 得
$$\frac{1}{y}dy = \cot x dx,$$

两边积分, 得
$$\int \frac{1}{y}dy = \int \cot x dx,$$
$$\ln y = \ln \sin x + \ln C,$$

则
$$y = C \sin x,$$

当 $y|_{x=\frac{\pi}{2}} = 4$ 时, $C = 4$, 故原方程特解 $y = 4\sin x$.

有一些方程, 自身并非是可分离变量方程, 但通过做未知函数的变量代换可以转化为可分离变量方程. 下面介绍一类这样的方程 —— 齐次方程.

11.2.2 齐次方程

如果一阶微分方程可以写成形式
$$\frac{dy}{dx} = \varphi\left(\frac{y}{x}\right), \tag{11-2-2}$$

则称此方程为方程齐次微分方程.

对方程作变量代换 $\dfrac{y}{x} = u$, 则 $y = xu$, 两端对 x 求导数得

§11.2 可分离变量方程与齐次方程

$$\frac{\mathrm{d}y}{\mathrm{d}x} = u + x\frac{\mathrm{d}u}{\mathrm{d}x},$$

于是

$$u + x\frac{\mathrm{d}u}{\mathrm{d}x} = \varphi(u), \tag{11-2-3}$$

有

$$\frac{\mathrm{d}u}{\varphi(u) - u} = \frac{\mathrm{d}x}{x},$$

方程 (11-2-2) 已化为可分离变量的方程,两边分别积分得

$$\int \frac{\mathrm{d}u}{\varphi(u) - u} = \ln x + C.$$

求出积分后,再用 $\frac{y}{x}$ 代替 u,便得方程 (11-2-2) 的通解.

例 11-2-7 求微分方程 $y^2 + x^2\frac{\mathrm{d}y}{\mathrm{d}x} = xy\frac{\mathrm{d}y}{\mathrm{d}x}$ 的通解.

解 原方程变形为

$$\frac{\mathrm{d}y}{\mathrm{d}x} = \frac{y^2}{xy - x^2} = \frac{\left(\frac{y}{x}\right)^2}{\frac{y}{x} - 1},$$

是齐次方程,令 $\frac{y}{x} = u$,即 $y = xu$,两边对 x 求导得

$$\frac{\mathrm{d}y}{\mathrm{d}x} = u + x\frac{\mathrm{d}u}{\mathrm{d}x},$$

于是原方程变为

$$u + x\frac{\mathrm{d}u}{\mathrm{d}x} = \frac{u^2}{u - 1},$$

分离变量,得

$$\left(1 - \frac{1}{u}\right)\mathrm{d}u = \frac{\mathrm{d}x}{x},$$

两边积分,得

$$u - \ln u + C = \ln x \Rightarrow \ln(xu) = u + c,$$

以 $\frac{y}{x}$ 代替 u,得到原方程的通解

$$\ln y = \frac{y}{x} + C.$$

例 11-2-8 求微分方程 $\frac{\mathrm{d}x}{\mathrm{d}y} = \frac{x}{y} + \cos^2\frac{x}{y}$, $y|_{x=0} = 1$ 的特解.

解 作变量代换

$$u = \frac{x}{y},$$

于是
$$\frac{\mathrm{d}x}{\mathrm{d}y} = u + y\frac{\mathrm{d}u}{\mathrm{d}y},$$

代入方程, 可得
$$u + y\frac{\mathrm{d}u}{\mathrm{d}y} = u + \cos^2 u,$$

分离变量, 得
$$\sec^2 u\, \mathrm{d}u = \frac{1}{y}\mathrm{d}y,$$

两边积分, 得
$$\int \sec^2 u\, \mathrm{d}u = \int \frac{1}{y}\mathrm{d}y,$$

于是有
$$\tan u = \ln y + C.$$

当 $x = 0, y = 1, u = 0, C = 0$, 故原方程的特解
$$\tan \frac{x}{y} = \ln y.$$

例 11-2-9 求微分方程 $y\mathrm{d}x - \left(x + \sqrt{x^2 + y^2}\right)\mathrm{d}y = 0$ 的通解.

解 原方程变形为
$$\frac{\mathrm{d}x}{\mathrm{d}y} = \frac{x}{y} + \sqrt{1 + \left(\frac{x}{y}\right)^2},$$

作变量代换 $u = \frac{x}{y}$, 于是 $\frac{\mathrm{d}x}{\mathrm{d}y} = u + y\frac{\mathrm{d}u}{\mathrm{d}y}$, 代入方程, 可得
$$y\frac{\mathrm{d}u}{\mathrm{d}y} = \sqrt{1 + u^2},$$

分离变量, 得
$$\frac{1}{\sqrt{1 + u^2}}\mathrm{d}u = \frac{1}{y}\mathrm{d}y,$$

两边积分, 得
$$\int \frac{1}{\sqrt{1 + u^2}}\mathrm{d}u = \int \frac{1}{y}\mathrm{d}y,$$
$$\ln\left(u + \sqrt{1 + u^2}\right) = \ln y + \ln C,$$
$$u + \sqrt{1 + u^2} = Cy,$$

将 $u = \frac{x}{y}$ 代入上式, 得
$$\frac{x}{y} + \sqrt{1 + \left(\frac{x}{y}\right)^2} = Cy,$$

原方程通解为
$$x + \sqrt{y^2 + x^2} = Cy^2.$$

习 题 11.2

1. 求下列微分方程的通解:

(1) $x^2 dy - y^3 dx = 0$;

(2) $y^2 dx + (x+1) dy = 0$;

(3) $xy' - y \ln y = 0$;

(4) $\sqrt{1-y^2} = 3x^2 yy'$;

(5) $e^{2x+y} dy - dx = 0$;

(6) $y' \tan x - y = 3$.

2. 求下列微分方程的通解:

(1) $xy dx - (x^2 - y^2) dy = 0$;

(2) $\dfrac{dy}{dx} = \dfrac{y}{x} + \tan \dfrac{y}{x}$;

(3) $(x^3 + y^3) dx - 3xy^2 dy = 0$;

(4) $2x^3 dy + y(y^2 - 2x^2) dx = 0$;

(5) $x \dfrac{dy}{dx} = y(\ln y - \ln x)$;

(6) $(x-y) y dx - x^2 dy = 0$.

3. 求下列微分方程满足所给初始条件的特解:

(1) $x dy + 2y dx = 0, y|_{x=2} = 1$;

(2) $\dfrac{dy}{dx} = \dfrac{1+y^2}{1+x^2}, y|_{x=0} = 1$;

(3) $\cos x \sin y dy = \cos y \sin x dx, \ y|_{x=0} = \dfrac{\pi}{4}$;

(4) $dy = x(2y dx - x dy), \ y|_{x=1} = 4$;

(5) $y' = \dfrac{x}{y} + \dfrac{y}{x}, \ y|_{x=1} = 2$;

(6) $(x^2 + 2xy - y^2) dx + (y^2 + 2xy - x^2) dy = 0, \ y|_{x=1} = 1$.

4. 质量为 1g 的质点受外力作用做直线运动, 这外力和时间成正比, 和质点运动的速度成反比. 在 $t = 10$s 时, 速度等于 50cm/s, 外力为 $4g$cm/s^2, 问从运动开始经过了 1min 的速度是多少?

§11.3 一阶线性微分方程

11.3.1 一阶线性微分方程的概念

形如

$$\frac{dy}{dx} + P(x) y = Q(x) \tag{11-3-1}$$

的方程称为一阶线性微分方程.

若 $Q(x) \equiv 0$, 方程 (11-3-1) 写成

$$\frac{dy}{dx} + P(x) y = 0, \tag{11-3-2}$$

称方程 (11-3-2) 为一阶线性齐次方程.

当 $Q(x) \neq 0$ 不成立时, 方程 (11-3-1) 称为一阶线性非齐次方程.

首先, 我们讨论式 (11-3-1) 所对应的齐次方程

$$\frac{\mathrm{d}y}{\mathrm{d}x} + P(x)y = 0$$

的通解问题.

分离变量, 得

$$\frac{\mathrm{d}y}{y} = -P(x)\mathrm{d}x,$$

两边积分得方程 (11-3-2) 的通解

$$y = C\mathrm{e}^{-\int P(x)\mathrm{d}x} \quad (C \text{ 为任意常数}).$$

其次, 我们使用所谓的**常数变易法** (即将常数变易为待定函数的方法) 来求非齐次线性方程 (11-3-1) 的通解.

将 (11-3-2) 的通解中的常数 c 换成 x 的未知函数 $u(x)$, 即作变换

$$y = u(x)\mathrm{e}^{-\int P(x)\mathrm{d}x}, \tag{11-3-3}$$

两边求导得

$$\frac{\mathrm{d}y}{\mathrm{d}x} = u'\mathrm{e}^{-\int P(x)\mathrm{d}x} - uP(x)\mathrm{e}^{-\int P(x)\mathrm{d}x},$$

把上两式代入方程得

$$u' = Q(x)\mathrm{e}^{\int P(x)\mathrm{d}x},$$

两边积分得

$$u = \int Q(x)\mathrm{e}^{\int P(x)\mathrm{d}x}\mathrm{d}x + C,$$

把上式代入于是得到非齐次线性方程 (11-3-1) 的通解

$$y = \mathrm{e}^{-\int P(x)\mathrm{d}x}\left(\int Q(x)\mathrm{e}^{\int P(x)\mathrm{d}x}\mathrm{d}x + C\right), \tag{11-3-4}$$

将它写成两项之和

$$y = C\mathrm{e}^{-\int P(x)\mathrm{d}x} + \mathrm{e}^{-\int P(x)\mathrm{d}x}\int Q(x)\mathrm{e}^{\int P(x)\mathrm{d}x}\mathrm{d}x.$$

不难发现:

第一项是对应的齐次线性方程 (11-3-2) 的通解;

第二项是非齐次线性方程 (11-3-1) 的一个特解.

由此得到一阶线性非齐次方程的通解的结构:

非齐次方程的通解 = 对应的齐次方程的通解 + 非齐次方程的一个特解.

例 11-3-1 求微分方程 $xy' + y = \mathrm{e}^x$ 的通解.

解

$$y' + \frac{1}{x}y = \frac{\mathrm{e}^x}{x}, \quad P(x) = \frac{1}{x}, \quad Q(x) = \frac{\mathrm{e}^x}{x}.$$

§11.3 一阶线性微分方程

先求
$$\int P(x)\mathrm{d}x = \int \frac{1}{x}\mathrm{d}x = \ln x,$$

故
$$\mathrm{e}^{\int P(x)\mathrm{d}x} = \mathrm{e}^{\ln x} = x, \quad \mathrm{e}^{-\int P(x)\mathrm{d}x} = \mathrm{e}^{-\ln x} = \frac{1}{x}.$$

由 (11-3-4) 可得通解为
$$y = \frac{1}{x}\left(\int \frac{\mathrm{e}^x}{x}\cdot x\mathrm{d}x + C\right) = \frac{1}{x}\left(\int \mathrm{e}^x \mathrm{d}x + C\right) = \frac{1}{x}(\mathrm{e}^x + C).$$

例 11-3-2 解方程
$$\frac{\mathrm{d}y}{\mathrm{d}x} - \frac{2y}{x+1} = (x+1)^{\frac{5}{2}}.$$

解
$$P(x) = \frac{-2}{x+1}, \quad Q(x) = (x+1)^{\frac{5}{2}},$$

$$\int P(x)\mathrm{d}x = -2\int \frac{\mathrm{d}x}{x+1} = -2\ln(x+1) = \ln(x+1)^{-2},$$

$$\mathrm{e}^{\int P(x)\mathrm{d}x} = \mathrm{e}^{\ln(x+1)^{-2}} = (x+1)^{-2}, \quad \mathrm{e}^{-\int P(x)\mathrm{d}x} = (x+1)^2.$$

方程的通解为
$$\begin{aligned}
y &= (x+1)^2\left(\int (x+1)^{\frac{5}{2}}\cdot(x+1)^{-2}\mathrm{d}x + C\right) \\
&= (x+1)^2\left(\int (x+1)^{\frac{1}{2}}\mathrm{d}x + C\right) = (x+1)^2\left(\frac{2}{3}(x+1)^{\frac{3}{2}} + C\right) \\
&= \frac{2}{3}(x+1)^{\frac{7}{2}} + C(x+1)^2.
\end{aligned}$$

例 11-3-3 求微分方程 $\dfrac{\mathrm{d}y}{\mathrm{d}x} - \dfrac{n}{1+x}y = \mathrm{e}^x(x+1)^n$ 的通解,其中 n 为常数.

解 这是一阶线性非齐次方程,下面我们用两种方法求其解.

解法一 常数变易法

首先,求其对应的齐次方程
$$\frac{\mathrm{d}y}{\mathrm{d}x} - \frac{n}{x+1}y = 0$$

的通解.

分离变量,得
$$\frac{\mathrm{d}y}{y} = \frac{n}{x+1}\mathrm{d}x,$$

两边积分得齐次方程的通解
$$y = C(x+1)^n.$$

其次, 应用常数变易法求非齐次方程的通解. 在上式中令 $C = u(x)$, 即 $y = u(x)(x+1)^n$, 于是

$$\frac{dy}{dx} = u'(x+1)^n + n(x+1)^{n-1}u,$$

把上两式代入原方程得

$$u' = e^x,$$

积分得

$$u(x) = e^x + C,$$

把所求得的 $u(x)$ 代入 $y = u(x)(x+1)^n$, 得原方程的通解为

$$y = (x+1)^n(e^x + C).$$

解法二 公式法

把所求方程与方程 (11-3-1) 对照, 有

$$p(x) = -\frac{n}{x+1}, \quad Q(x) = e^x(x+1)^n,$$

代入式 (11-3-4) 得

$$\begin{aligned} y &= e^{\int \frac{n}{x+1}dx}\left[\int e^x(x+1)^n e^{-\int \frac{n}{x+1}dx}dx + C\right] \\ &= (x+1)^n\left[\int e^x(x+1)^n(x+1)^{-n}dx + C\right] \\ &= (x+1)^n(e^x + C). \end{aligned}$$

由此例的求解可知, 若能确定一个方程为一阶线性非齐次方程, 求解它既可以用常数变易法也可以套用公式.

例 11-3-4 求微分方程 $xdy + (y - x^4)dx = 0$ 的通解.

解 原方程变形为 $\frac{dy}{dx} + \frac{1}{x}y = x^3$, 这是一阶线性微分方程, $P(x) = \frac{1}{x}$, $Q(x) = x^3$, 故通解为

$$\begin{aligned} y &= e^{-\int \frac{1}{x}dx}\left(\int x^3 e^{\int \frac{1}{x}dx}dx + c\right) \\ &= \frac{1}{x}\left(\int x^4 dx + c\right) \\ &= \frac{1}{x}\left(\frac{1}{5}x^5 + c\right). \end{aligned}$$

例 11-3-5 求微分方程 $(x^2 - 1)y' + 2xy - \cos x = 0$ 满足初始条件 $y|_{x=0} = 0$ 的特解.

解 原方程变形为
$$y' + \frac{2x}{x^2-1}y = \frac{\cos x}{x^2-1},$$
即为一阶线性微分方程. 故由通解公式得该方程的通解为
$$\begin{aligned}
y &= e^{-\int \frac{2x}{x^2-1}dx} \left(\int \frac{\cos x}{x^2-1} e^{\int \frac{2x}{x^2-1}dx} dx + C \right) \\
&= \frac{1}{x^2-1} \left[\int \frac{\cos x}{x^2-1}(x^2-1)dx + C \right] \\
&= \frac{1}{x^2-1}(\sin x + C),
\end{aligned}$$
由初始条件 $y|_{x=0} = 0$ 得, $C = 0$, 则原方程的特解为
$$y = \frac{1}{x^2-1}\sin x.$$

例 11-3-6 求微分方程 $(x - 2xy - y^2)\dfrac{dy}{dx} + y^2 = 0$ 的通解.

解 原方程变形为
$$\frac{dx}{dy} + \frac{1-2y}{y^2}x = 1,$$
若视 x 为 y 的函数, 则此方程为关于未知函数 x 的一阶线性微分方程, 故由通解公式得该方程的通解为
$$\begin{aligned}
x &= e^{-\int \frac{1-2y}{y^2}dy} \left(\int 1 \cdot e^{\int \frac{1-2y}{y^2}dy} dy + C \right) \\
&= e^{\frac{1}{y}+2\ln y} \left(\int e^{-\frac{1}{y}-2\ln y} dy + C \right) \\
&= y^2 e^{\frac{1}{y}} \left(\int e^{-\frac{1}{y}} \frac{1}{y^2} dy + C \right) \\
&= y^2 e^{\frac{1}{y}} \left(e^{-\frac{1}{y}} + C \right),
\end{aligned}$$
即原方程的通解为
$$x = y^2 + Cy^2 e^{\frac{1}{y}}.$$

例 11-3-7 求微分方程 $(y^2 - 6x)\dfrac{dy}{dx} + 2y = 0$ 满足初始条件 $y|_{x=1} = 1$ 的特解.

解 原方程变形为
$$\frac{dx}{dy} - \frac{3}{y}x = -\frac{y}{2},$$
它是关于未知函数 x 的一阶线性微分方程, 故有相应通解公式, 由
$$P(y) = -\frac{3}{y}, \quad Q(y) = -\frac{y}{2},$$

得
$$\begin{aligned}x &= \mathrm{e}^{\int \frac{3}{y}\mathrm{d}y}\left(\int -\frac{y}{2}\mathrm{e}^{\int \frac{-3}{y}\mathrm{d}y}\mathrm{d}y + C\right)\\&= \mathrm{e}^{3\ln y}\left(\int -\frac{y}{2}\mathrm{e}^{-3\ln y}\mathrm{d}y + C\right)\\&= y^3\left(\int -\frac{y}{2}y^{-3}\mathrm{d}y + C\right)\\&= y^3\left(\frac{1}{2y} + C\right)\\&= \frac{1}{2}y^2 + Cy^3.\end{aligned}$$

由初始条件 $y|_{x=1} = 1$,得 $C = \dfrac{1}{2}$.

于是所求方程的特解为
$$x = \frac{1}{2}y^2(y+1).$$

*11.3.2 伯努利方程

形如
$$\frac{\mathrm{d}y}{\mathrm{d}x} + P(x)y = Q(x)y^n, \quad n \neq 0, 1 \tag{11-3-5}$$

的方程,称为伯努利方程.

当 $n = 0$ 时,它是一阶线性非齐次微分方程
$$\frac{\mathrm{d}y}{\mathrm{d}x} + p(x)y = Q(x).$$

当 $n = 1$ 时,它是一阶线性齐次微分方程
$$\frac{\mathrm{d}y}{\mathrm{d}x} + [p(x) - Q(x)]y = 0.$$

当 $n = 0, 1$ 时,为一阶线性微分方程.

当 $n \neq 0, 1$ 时,它是一阶非线性的微分方程,通过变量代换可化为一阶线性微分方程. 方程 (11-3-5) 两边同除 y^n,得
$$y^{-n}\frac{\mathrm{d}y}{\mathrm{d}x} + P(x)y^{1-n} = Q(x),$$

令 $z = y^{1-n}$,则有
$$\frac{\mathrm{d}z}{\mathrm{d}x} = (1-n)y^{-n}\frac{\mathrm{d}y}{\mathrm{d}x},$$
$$\frac{1}{1-n}\frac{\mathrm{d}z}{\mathrm{d}x} + P(x)z = Q(x),$$

§11.3 一阶线性微分方程

即
$$\frac{\mathrm{d}z}{\mathrm{d}x} + (1-n)P(x)z = (1-n)Q(x),$$

这是关于 z 的一阶线性非齐次微分方程, 按上面的方法求得通解, 有

$$z = \mathrm{e}^{-\int (1-n)P(x)\mathrm{d}x}\left[\int (1-n)Q(x)\mathrm{e}^{\int (1-n)P(x)\mathrm{d}x}\mathrm{d}x + C\right],$$

然后以 y^{1-n} 代 z 便得到伯努利方程的通解.

例 11-3-8 求微分方程 $\dfrac{\mathrm{d}y}{\mathrm{d}x} + \dfrac{y}{x} = a(\ln x)y^2$ 的通解.

解 以 y^2 除方程的两端, 得

$$y^{-2}\frac{\mathrm{d}y}{\mathrm{d}x} + \frac{1}{x}y^{-1} = a\ln x,$$

即

$$-\frac{\mathrm{d}(y^{-1})}{\mathrm{d}x} + \frac{1}{x}y^{-1} = a\ln x.$$

令 $z = y^{-1}$, 则上述方程成为

$$\frac{\mathrm{d}z}{\mathrm{d}x} - \frac{1}{x}z = -a\ln x.$$

这是一个线性方程, 它的通解为

$$z = x\left[C - \frac{a}{2}(\ln x)^2\right].$$

以 y^{-1} 代 z, 得所求方程的通解为

$$yx\left[C - \frac{a}{2}(\ln x)^2\right] = 1.$$

例 11-3-9 求微分方程 $\dfrac{\mathrm{d}y}{\mathrm{d}x} + xy - x^3y^3 = 0$ 的通解.

解 设

$$z = y^{-2}, \quad \frac{\mathrm{d}z}{\mathrm{d}x} - 2xz = -2x^3,$$

这是一个线性方程, 它的通解为

$$\begin{aligned}
z &= \mathrm{e}^{\int 2x\mathrm{d}x}\left(\int -2x^3 \mathrm{e}^{\int -2x\mathrm{d}x}\mathrm{d}x + C\right) \\
&= \mathrm{e}^{x^2}\left(\int -2x^3 \mathrm{e}^{-x^2}\mathrm{d}x + C\right) \\
&= \mathrm{e}^{x^2}[\mathrm{e}^{-x^2}(x^2+1) + C],
\end{aligned}$$

则原方程通解为
$$y^{-2} = (x^2+1) + Ce^{x^2}.$$

例 11-3-10 求微分方程 $xy' + y - y^2 \ln x = 0$ 的通解.

解 设
$$z = y^{-1}, \quad \frac{dz}{dx} - \frac{1}{x}z = -\frac{\ln x}{x},$$

这是一个线性方程，它的通解为
$$\begin{aligned}z &= e^{\int \frac{1}{x} dx} \left[\int -\frac{\ln x}{x} e^{\int -\frac{1}{x} dx} dx + C \right] \\ &= x \left[\int -\frac{\ln x}{x} \cdot \frac{1}{x} dx + C \right] \\ &= x \left[\frac{1}{x} \ln x + \frac{1}{x} + C \right],\end{aligned}$$

则原方程通解为
$$y^{-1} = \ln x + 1 + Cx.$$

例 11-3-11 求解微分方程 $\dfrac{dy}{dx} - xy = -e^{-x^2} y^3$ 的通解.

解 这是一个伯努利方程，令 $z = y^{-2}$，则有
$$\frac{dz}{dx} + 2xz = 2e^{-x^2},$$

$$\begin{aligned}z &= e^{\int -2x dx} \left[\int 2e^{-x^2} e^{\int 2x dx} dx + C \right] \\ &= e^{-x^2} \left[\int 2e^{-x^2} e^{x^2} dx + C \right] \\ &= e^{-x^2}(2x + C),\end{aligned}$$

将 z 换成 y^{-2}，即得原方程的通解为
$$y^2 = e^{x^2}(2x + C)^{-1}.$$

习 题 11.3

1. 求下列微分方程的通解：

(1) $y' + y = 2e^x$;

(2) $xy' - y - \dfrac{x}{\ln x} = 0$;

(3) $y' + y \cos x = e^{-\sin x}$;

(4) $y' + y \tan x = \sin 2x$;

(5) $\dfrac{dy}{dx} = \dfrac{1}{x + \sin y}$;

(6) $(x+a)\dfrac{dy}{dx} - 3y = (x+a)^5.$

2. 求下列微分方程满足所给初始条件的特解:
(1) $\dfrac{dy}{dx} + \dfrac{y}{x} = \dfrac{\sin x}{x}, y|_{x=\pi} = 1$;
(2) $\dfrac{dy}{dx} + 3y = 8, y|_{x=0} = 2$;
(3) $(1-x^2)y' + xy = 1, y|_{x=0} = 1$;
(4) $y' + y\cot x = 5e^{\cos x}\ y|_{x=\frac{\pi}{2}} = -4$.

3. 一曲线过原点, 且它在点 (x, y) 处的切线斜率为 $2x + y$, 求此曲线的方程.

*4. 求下列微分方程的通解:
(1) $y' - 3xy = xy^2$;
(2) $y' + \dfrac{1}{3}y = \dfrac{1}{3}y^4(1-2x)$;
(3) $\dfrac{dy}{dx} + \dfrac{y}{x} = 2(\ln x)y^2$;
(4) $y' + y = x\sqrt{y}$.

§11.4 可降阶的高阶微分方程

二阶及二阶以上的微分方程统称为**高阶微分方程**. 高阶方程的求解一般是比较复杂的, 对于有些高阶方程我们可以通过代换将它化为较低阶的方程来求解.

下面我们介绍三种容易降阶的高阶微分方程的求解方法.

11.4.1 $y^{(n)} = f(x)$ 型微分方程

令 $y^{(n-1)} = z$, 则原方程可化为

$$\frac{dz}{dx} = f(x),$$

于是

$$z = y^{(n-1)} = \int f(x)dx + C_1.$$

同理

$$y^{(n-2)} = \int \left[\int f(x)dx + C_1\right]dx + C,$$

n 次积分后可求其通解.

其特点: 只含有 $y^{(n)}$ 和 x, 不含 y 及 y 的 $1 \sim (n-1)$ 阶导数.

例 11-4-1 求微分方程 $y''' = e^{2x} - \cos x$ 的通解.

解 对所给方程接连积分三次, 得

$$y'' = \frac{1}{2}e^{2x} - \sin x + C,$$

$$y' = \frac{1}{4}e^{2x} + \cos x + Cx + C_2,$$

$$y = \frac{1}{8}e^{2x} + \sin x + C_1x^2 + C_2x + C_3 \left(C_1 = \frac{C}{2}\right).$$

这就是所求的通解.

例 11-4-2 求微分方程 $y'' = \dfrac{1}{1+x^2}$ 的通解.

解 对所给方程积分

$$y' = \int \frac{1}{1+x^2} dx = \arctan x + C_1,$$

再积分一次

$$\begin{aligned} y &= \int (\arctan x + C_1) dx \\ &= x\arctan x - \int \frac{x}{1+x^2} dx + C_1 x \\ &= x\arctan x - \frac{1}{2}\ln(1+x^2) + C_1 x + C_2. \end{aligned}$$

11.4.2 $y'' = f(x, y')$ 型微分方程

令 $y' = p$ 则 $y'' = p'$，于是可将其化成一阶微分方程 $p' = f(x,p)$，$p = \varphi(x, C_1)$，于是

$$y = \int \varphi(x, C_1) dx + C_2.$$

特点：含有 y'', y', x，不含 y.

例 11-4-3 求微分方程 $(1+x^2)y'' = 2xy'$ 的通解.

解 设 $y' = p$，则 $y'' = \dfrac{dp}{dx}$，代入原方程，得

$$\frac{1}{p} dp = \frac{2x}{1+x^2} dx,$$

两边积分得

$$\int \frac{1}{p} dp = \int \frac{2x}{1+x^2} dx,$$
$$\ln p = \ln(1+x^2) + \ln C_1,$$

于是

$$p = y' = C_1(1+x^2),$$

故原方程通解为

$$y = C_1 x + \frac{1}{3} C_1 x^3 + C_2.$$

例 11-4-4 求微分方程 $xy'' = y'\ln\dfrac{y'}{x}$ 的通解.

解 设 $y' = p, \dfrac{dp}{dx} = \dfrac{p}{x}\ln\dfrac{p}{x}$，令 $\dfrac{p}{x} = u$，得

$$u + x\frac{du}{dx} = u\ln u,$$

则

$$\int \frac{1}{u(\ln u - 1)} du = \int \frac{1}{x} dx,$$

§11.4 可降阶的高阶微分方程

$$\ln(\ln u - 1) = \ln x + \ln C_1, \quad u = \mathrm{e}^{C_1 x + 1}, \quad \frac{p}{x} = \mathrm{e}^{C_1 x + 1},$$

$$y = \int x \mathrm{e}^{C_1 x + 1} \mathrm{d}x = \frac{x}{C_1} \mathrm{e}^{C_1 x + 1} - \frac{1}{C_1^2} \mathrm{e}^{C_1 x + 1} + C_2.$$

例 11-4-5 求微分方程 $(1+x^2)y'' = 2xy'$ 满足初始条件 $y|_{x=0} = 1$, $y'|_{x=0} = 3$ 的特解.

解 设 $y' = p$, 代入方程并分离变量后, 有

$$\frac{\mathrm{d}p}{p} = \frac{2x}{1+x^2} \mathrm{d}x,$$

两端积分, 得

$$\ln|p| = \ln(1+x^2) + C,$$

即

$$p = y' = C_1(1+x^2) \, (C_1 = \pm \mathrm{e}^C).$$

又由条件 $y'|_{x=0} = 3$, 得

$$C_2 = 1,$$

于是所求得特解为

$$y = x^3 + 3x + 1.$$

例 11-4-6 求方程 $y'' - y' = \mathrm{e}^x$ 的通解.

解 令 $y' = p(x)$, 则 $y'' = \frac{\mathrm{d}p}{\mathrm{d}x}$, 原方程化为 $\frac{\mathrm{d}p}{\mathrm{d}x} - p = \mathrm{e}^x$.
这是一阶线性微分方程,

$$\begin{aligned} p &= \mathrm{e}^{\int \mathrm{d}x} \left[\int \mathrm{e}^x \mathrm{e}^{\int -\mathrm{d}x} \mathrm{d}x + C_1 \right] \\ &= \mathrm{e}^x (x + C_1), \end{aligned}$$

故原方程通解为

$$\begin{aligned} y &= \int \mathrm{e}^x (x + C_1) \mathrm{d}x = x\mathrm{e}^x - \mathrm{e}^x + C_1 \mathrm{e}^x + C_2 \\ &= \mathrm{e}^x (x - 1 + C_1) + C_2. \end{aligned}$$

11.4.3 $y'' = f(y, y')$ 型微分方程

令 $y' = p$, 利用复合函数的求导法则把 y'' 化为对 y 的导数, 即

$$y'' = \frac{\mathrm{d}p}{\mathrm{d}x} = \frac{\mathrm{d}p}{\mathrm{d}y} \frac{\mathrm{d}y}{\mathrm{d}x} = p \frac{\mathrm{d}p}{\mathrm{d}y},$$

代入方程就化为
$$p\frac{\mathrm{d}p}{\mathrm{d}y} = f(y, y'),$$

这是一关于 y, p 的一阶微分方程，求出其通解，设为
$$y' = p = \varphi(y, C_1),$$

再分离变量并积分，便可得到方程的通解为
$$\int \frac{\mathrm{d}y}{\varphi(y, C_1)} = x + C_2.$$

特点：不显含 x.

例 11-4-7　求微分方程 $yy'' - y'^2 = 0$ 的通解.

解　设 $y' = p, y'' = p\dfrac{\mathrm{d}p}{\mathrm{d}y}$ 原方程化为
$$yp\frac{\mathrm{d}p}{\mathrm{d}y} - p^2 = 0,$$

分离变量得
$$\frac{1}{p}\mathrm{d}p = \frac{1}{y}\mathrm{d}y,$$

积分得
$$p = C_1 y,$$

即
$$\frac{\mathrm{d}y}{\mathrm{d}x} = C_1 y,$$

再分离变量得
$$\frac{1}{y}\mathrm{d}y = C_1 \mathrm{d}x,$$

积分得
$$\int \frac{1}{y}\mathrm{d}y = \int C_1 \mathrm{d}x,$$
$$\ln y = C_1 x + \ln C_2,$$

即
$$y = \mathrm{e}^{C_1 x} C_2.$$

例 11-4-8　求微分方程 $2y'' - \sin 2y = 0$ 满足初始条件 $y|_{x=0} = \dfrac{\pi}{2}$, $y'|_{x=0} = 1$ 的特解.

解　设 $y' = p, y'' = p\dfrac{\mathrm{d}p}{\mathrm{d}y}$，原方程化为
$$2p\frac{\mathrm{d}p}{\mathrm{d}y} = \sin 2y,$$

分离变量且积分得

$$\int 2p\,\mathrm{d}p = \int \sin 2y\,\mathrm{d}y,$$
$$p^2 = \sin^2 y + C_1.$$

当 $y|_{x=0} = \dfrac{\pi}{2}$, $y'|_{x=0} = 1$, $C_1 = 0$, 即 $p = \sin y$, 再分离变量且积分, 得

$$\int \frac{1}{\sin y}\,\mathrm{d}y = \int \mathrm{d}x,$$
$$\ln \tan \frac{y}{2} = x + \ln C_2, \quad \tan \frac{y}{2} = C_2 \mathrm{e}^x.$$

当 $y|_{x=0} = \dfrac{\pi}{2}$, $y'|_{x=0} = 1$, $C_2 = 1$, 则方程的特解为

$$\tan \frac{y}{2} = \mathrm{e}^x.$$

习 题 11.4

1. 求下列微分方程的通解:
(1) $y'' = x + \cos x$;
(2) $y'' = y' + x$;
(3) $(x-2)y'' - y' = 2(x-2)^3$;
(4) $y'' - y'^2 = 1$;
(5) $y^3 y'' = 1$;
(6) $y'' + \dfrac{2}{1-y}(y')^2 = 0$.

2. 求下列微分方程满足所给初始条件的特解:
(1) $y'' = \mathrm{e}^{2y}$, $y|_{x=0} = 0$, $y'|_{x=0} = 0$;
(2) $y'' = y'$, $y|_{x=0} = 0$, $y'|_{x=0} = -1$;
(3) $yy'' - (y')^2 + y' = 0$, $y|_{x=0} = 1$, $y'|_{x=0} = 2$;
(4) $y'' = 3\sqrt{y}$, $y|_{x=0} = 1$, $y'|_{x=0} = 2$.

3. 设方程 $y^2 y'' + 1 = 0$, 求通过点 $(0, 1)$ 且在该点具有斜率 $\sqrt{2}$ 的积分曲线.

§11.5 线性微分方程解的性质与解的结构

形如
$$y'' + p_1(x)y' + p_2(x)y = f(x) \tag{11-5-1}$$

的微分方程, 称为二阶线性微分方程.

当 $f(x) = 0$, 方程 (11-5-1) 成为

$$y' + p_1(x)y' + p_2(x)y = 0, \tag{11-5-2}$$

称为二阶齐次线性微分方程. 当 $f(x) \neq 0$ 时, 方程 (11-6-1) 称为二阶非齐次线性微分方程.

本节讨论二阶线性微分方程的解性质与结构.

11.5.1 二阶线性齐次方程解的结构

定理 11-5-1 设 y_1, y_2 是二阶线性齐次微分方程 (11-5-2) 的两个解,则 y_1, y_2 的线性组合

$$y = C_1 y_1 + C_2 y_2$$

也是方程 (11-5-2) 的解. 其中 C_1, C_2 是任意常数.

证明 由假设有

$$y_1'' + p_1 y_1' + p_2 y_1 \equiv 0, \quad y_2'' + p_1 y_2' + p_2 y_2 \equiv 0,$$

将 $y = C_1 y_1 + C_2 y_2$ 代入 (11-5-2),有

$$(C_1 y_1 + C_2 y_2)'' + p_1 (C_1 y_1 + C_2 y_2)' + p_2 (C_1 y_1 + C_2 y_2)$$
$$= C_1 (y_1'' + p_1 y_1' + p_2 y_1) + C_2 (y_2'' + p_1 y_2' + p_2 y_2) \equiv 0.$$

问题:如果 $y_1(x), y_2(x)$ 是方程 (11-5-2) 的解,那么 $y = C_1 y_1 + C_2 y_2$ 就是方程 (11-5-2) 含有两个任意常数的解,它是否为 (11-5-2) 的通解呢?

如果 $y_1(x), y_2(x)$ 中的任意一个都不是另一个的常数倍,即 $\dfrac{y_1(x)}{y_2(x)}$ 不恒等于非零常数,则称 $y_1(x)$ 与 $y_2(x)$ 线性无关,否则称 $y_1(x)$ 与 $y_2(x)$ 线性相关.

如函数 $y_1 = e^x$ 与 $y_2 = e^{-x}$ 在任意区间上都是线性无关的.

事实上,比式 $\dfrac{y_1}{y_2} = \dfrac{e^x}{e^{-x}} = e^{2x} \neq$ 常数,在任意区间上都成立.

若 y_1, y_2 为 (11-5-2) 的解,则 $y = C_1 y_1 + C_2 y_2$ 也是方程 (11-5-2) 的解. 但必须注意,并不是任意两个解的线性组合都是方程 (11-5-2) 的通解. 例如,$y_1 = e^x$,$y_2 = 2e^x$ 都是方程 $y'' - y = 0$ 解,但 $y = C_1 y_1 + C_2 y_2 = C_1 e^x + 2 C_2 e^x = (C_1 + 2 C_2) e^x$ 实际上只含一个任意常数 $C = C_1 + 2 C_2$. $y = (C_1 + 2 C_2) e^x$ 就不是二阶方程的通解. 这就是说,方程 (11-5-2) 的两个解须满足一定条件,其组合才能构成通解,我们有如下二阶线性齐次微分方程的定理.

定理 11-5-2 如果 $y_1(x), y_2(x)$ 是方程 (11-5-2) 的两个线性无关的解,则

$$y = C_1 y_1 + C_2 y_2$$

是方程 (11-5-2) 的通解.

例 11-5-1 已知函数 $y_1 = x$ 与 $y_2 = x^2$ 是方程 $x^2 y'' - 2xy' + 2y = 0 (x > 0)$ 的解,求方程的通解.

解 因为 $\dfrac{y_1}{y_2} = \dfrac{x}{x^2} \neq c$,所以 y_1 与 y_2 线性无关,则方程的通解为 $y = C_1 x + C_2 x^2$.

§11.5 线性微分方程解的性质与解的结构

11.5.2 线性非齐次方程解的结构

定理 11-5-3 设 $y_1(x)$ 是方程 (11-5-1) 的一个特解, $y_2(x)$ 是相应的齐次方程 (11-5-2) 的通解, 则 $y = y_1(x) + y_2(x)$ 是方程 (11-5-1) 的通解.

证明 因为 $y_1(x)$ 是 (11-5-1) 的解, 即
$$y_1'' + p_1(x)y_1' + p_2(x)y_1 = f(x),$$
又 $y_2(x)$ 是 (11-5-2) 的解, 即
$$y_2'' + p_1(x)y_2' + p_2(x)y_2 = 0,$$
对于 $y = y_1 + y_2$, 有
$$\begin{aligned} & y'' + p_1(x)y' + p_2(x)y \\ =& (y_1+y_2)'' + p_1(x)(y_1+y_2)' + p_2(x)(y_1+y_2) \\ =& [y_1'' + p_1(x)y_1' + p_2(x)y_1] + [y_2'' + p_1(x)y_2' + p_2(x)y_2] \\ =& f(x) + 0 = f(x). \end{aligned}$$

因此 $y_1 + y_2$ 是方程 (11-5-1) 的解. 又因 y_2 是方程 (11-5-2) 的通解, 在其中含有两个任意常数, 故 $y_1 + y_2$ 也含有两个任意常数, 所以它是非齐次方程 (11-5-1) 的通解.

定理 11-5-4 如果 $y(x) = y_1(x) + \mathrm{i} y_2(x)$ (其中 $\mathrm{i} = \sqrt{-1}$) 是方程
$$y'' + p_1(x)y' + p_2(x)y = f_1(x) + \mathrm{i} f_2(x) \tag{11-5-3}$$
的解, 则 $y_1(x)$ 与 $y_2(x)$ 分别是方程 $y'' + p_1(x)y' + p_2(x)y = f_1(x)$ 和 $y'' + p_1(x)y' + p_2(x)y = f_2(x)$ 的解.

证明 i 是虚单位, 可看做常数, 故 $y = y_1 + \mathrm{i} y_2$ 对 x 的一阶及二阶导数为
$$y' = y_1' + \mathrm{i} y_2', \quad y'' = y_1'' + \mathrm{i} y_2'',$$
代入方程 (11-5-3) 得
$$\begin{aligned} & (y_1'' + \mathrm{i} y_2'') + p_1(x)(y_1' + \mathrm{i} y_2') + p_2(x)(y_1 + \mathrm{i} y_2) \\ =& [y_1'' + p_1(x)y_1' + p_2(x)y_1] + \mathrm{i}[y_2'' + p_1(x)y_2' + p_2(x)y_2] \\ =& f_1(x) + \mathrm{i} f_2(x). \end{aligned}$$

因为两个复数相等是指它们的实部和虚部分别相等, 所以有
$$y_1'' + p_1(x)y_1' + p_2(x)y_1 = f_1(x),$$
$$y_2'' + p_1(x)y_2' + p_2(x)y_2 = f_2(x).$$

定理 11-5-5 (叠加原理) 设 $y_1(x), y_2(x)$ 分别是方程
$$y'' + p_1(x)y' + p_2(x)y = f_1(x)$$
和
$$y'' + p_1(x)y' + p_2(x)y = f_2(x)$$
的解,则 $y_1(x) + y_2(x)$ 是方程 $y'' + p_1(x)y' + p_2(x)y = f_1(x) + f_2(x)$ 的解.

习 题 11.5

1. 下列函数组中哪些是线性无关的:
   (1) e^x, e^{-x};
   (2) $xe^x, x^2 e^x$;
   (3) $e^{-x}\cos x, e^{-x}\sin x$;
   (4) $\cos^2 x, 1 + \cos 2x$.
2. 验证 $y_1 = \sin 3x, y_2 = \cos 3x$ 是方程 $y'' + 9 = 0$ 的解,并写出通解.
3. 验证 $y = \dfrac{1}{x}(C_1 e^x + C_2 e^{-x}) + \dfrac{1}{2}e^x$ (C_1, C_2 是任意常数) 是方程 $xy'' + 2y' - xy = e^x$ 的解,并说明理由.

§11.6 二阶常系数齐次线性微分方程

在方程 $y'' + p_1(x)y' + p_2(x)y = 0$ 中,如果 $p(x)$ 和 $q(x)$ 都是常数,即方程成为
$$y'' + py' + qy = 0, \tag{11-6-1}$$
称为二阶常系数齐次线性微分方程,其中 p, q 均为常数.

方程 (11-6-1) 左端是 y'', py' 和 qy 三项之和,而右端为 0,什么样的函数具有这个特征呢? 设方程 (11-6-1) 具有指数形式的特解 $y = e^{rx}$ (r 为待定常数),将 $y = e^{rx}, y' = re^{rx}, y'' = r^2 e^{rx}$ 代入方程 (11-6-1) 有 $r^2 e^{rx} + pre^{rx} + qe^{rx} = 0$,即
$$e^{rx}(r^2 + pr + q) = 0.$$
因 $e^{rx} \neq 0$,故必然有 $r^2 + pr + q = 0$.

定义 11-6-1 称 $r^2 + pr + q = 0$ 为方程 (11-6-1) 的特征方程,由此解出的两个根 r_1, r_2 称为特征根.

特征方程是一元二次代数方程,它有两个根
$$r_{1,2} = \frac{-p \pm \sqrt{p^2 - 4q}}{2}.$$

如果 r_1 和 r_2 分别为特征方程的根,则 $y = e^{r_1 x}, y = e^{r_2 x}$ 就都是方程 (11-6-1) 的解.

下面就三种情况讨论方程 (11-6-1) 的通解.

§11.6 二阶常系数齐次线性微分方程

1. 特征方程有两个相异实根的情形

若 $p^2 - 4q > 0$, 特征方程有两个不相等的实根 r_1 和 r_2, 这时 $y_1 = \mathrm{e}^{r_1 x}$ 和 $y_2 = \mathrm{e}^{r_2 x}$ 就是方程 (11-6-1) 的两个解, 由于 $\dfrac{y_1}{y_2} = \dfrac{\mathrm{e}^{r_1 x}}{\mathrm{e}^{r_2 x}} = \mathrm{e}^{(r_1 - r_2)x} \neq$ 常数, 所以 y_1, y_2 线性无关, 故方程 (11-6-1) 的通解为

$$y = C_1 \mathrm{e}^{r_1 x} + C_2 \mathrm{e}^{r_2 x}.$$

例 11-6-1 求微分方程 $y'' + 3y' - 4y = 0$ 的通解.

解 特征方程为

$$r^2 + 3r - 4 = (r+4)(r-1) = 0,$$

特征根为 $r_1 = -4, r_2 = 1$, 故方程的通解为

$$y = C_1 \mathrm{e}^{-4x} + C_2 \mathrm{e}^x.$$

例 11-6-2 求微分方程 $y'' - 2y' - 3y = 0$ 的通解.

解 所给微分方程的特征方程为

$$r^2 - 2r - 3 = (r-3)(r+1) = 0,$$

其根 $r_1 = -1, r_2 = 3$ 是两个不相等的实根, 因此所求方程通解为

$$y = C_1 \mathrm{e}^{-x} + C_2 \mathrm{e}^{3x}.$$

2. 特征方程有等根的情形

若 $p^2 - 4q = 0$, 则 $r = r_1 = r_2 = -\dfrac{p}{2}$, 这时仅得到方程 (11-6-1) 一个特解 $y_1 = \mathrm{e}^{rx}$, 要求通解, 还需找一个与 $y_1 = \mathrm{e}^{rx}$ 线性无关的特解 y_2.

既然 $\dfrac{y_2}{y_1} \neq$ 常数, 则必有 $\dfrac{y_2}{y_1} = u(x)$, 其中 $u(x)$ 为待定函数.

设 $y_2 = u(x)\mathrm{e}^{rx}$, 则

$$y_2' = \mathrm{e}^{rx}[ru(x) + u'(x)], \quad y_2'' = \mathrm{e}^{rx}[r^2 u(x) + 2ru'(x) + u''(x)],$$

代入方程 (11-6-1) 整理后得

$$\mathrm{e}^{rx}[u''(x) + (2r+p)u'(x) + (r^2 + pr + q)u(x)] = 0.$$

由于 $\mathrm{e}^{rx} \neq 0$, 且 r 为特征方程的重根, 于是

$$r^2 + pr + q = 0 \quad \text{及} \quad 2r + p = 0,$$

于是上式成为 $u''(x) = 0$. 即若 $u(x)$ 满足 $u''(x) = 0$, 则 $y_2 = u(x)\mathrm{e}^{rx}$ 即为方程 (11-6-1) 的另一特解. $u(x) = D_1 x + D_2$ 是满足 $u''(x) = 0$ 的函数, 其中 D_1, D_2 是任意常数.

我们取最简单的 $u(x) = x$, 于是 $y_2 = x\mathrm{e}^{rx}$, 且 $\dfrac{y_2}{y_1} = x \neq$ 常数, 故方程 (11-6-1) 的通解为

$$y = C_1 \mathrm{e}^{rx} + C_2 x \mathrm{e}^{rx} = \mathrm{e}^{rx}(C_1 + C_2 x).$$

例 11-6-3 求微分方程 $4y'' - 4y' + y = 0$ 的通解.

解 所给微分方程的特征方程为

$$4r^2 - 4r + 1 = (2r-1)^2 = 0,$$

其根 $r_1 = r_2 = \dfrac{1}{2}$ 是两个相等的实根, 因此所求方程通解为

$$y = (C_1 + C_2 x)\mathrm{e}^{\frac{x}{2}}.$$

例 11-6-4 求方程 $\dfrac{\mathrm{d}^2 s}{\mathrm{d}t^2} + 2\dfrac{\mathrm{d}s}{\mathrm{d}t} + s = 0$ 满足初始条件: $s\big|_{t=0} = 4, \dfrac{\mathrm{d}s}{\mathrm{d}t}\bigg|_{t=0} = -2$ 的特解.

解 特征方程为

$$r^2 + 2r + 1 = 0,$$

特征根为 $r_1 = r_2 = -1$, 故方程通解为

$$s = \mathrm{e}^{-t}(C_1 + C_2 t).$$

以初始条件 $s|_{t=0} = 4$ 代入上式, 得 $C_1 = 4$, 从而 $s = \mathrm{e}^{-t}(4 + C_2 t)$. 由 $\dfrac{\mathrm{d}s}{\mathrm{d}t} = \mathrm{e}^{-t}(C_2 - 4 - C_2 t)$, 以 $\dfrac{\mathrm{d}s}{\mathrm{d}t}\bigg|_{t=0} = -2$ 代入得 $-2 = C_2 - 4$, 有 $C_2 = 2$. 所求特解为

$$s = \mathrm{e}^{-t}(4 + 2t).$$

3. 特征方程有共轭复根的情形

若 $p^2 - 4q < 0$, 特征方程有两个共轭复根

$$r_1 = \alpha + \mathrm{i}\beta, \quad r_2 = \alpha - \mathrm{i}\beta.$$

其中

$$\alpha = -\frac{p}{2}, \quad \beta = \frac{\sqrt{4q - p^2}}{2}.$$

§11.6 二阶常系数齐次线性微分方程

方程 (11-6-1) 有两个解

$$y_1 = e^{(\alpha+i\beta)x}, \quad y_2 = e^{(\alpha-i\beta)x}.$$

它们是线性无关的, 故方程 (11-6-1) 的通解为

$$y = C_1 e^{(\alpha+i\beta)x} + C_2 e^{(\alpha-i\beta)x}.$$

这是复函数形式的解. 为了表示成实函数形式的解, 我们利用欧拉公式

$$e^{(\alpha+i\beta)x} = e^{\alpha x}(\cos\beta x + i\sin\beta x),$$

$$e^{(\alpha-i\beta)x} = e^{\alpha x}(\cos\beta x - i\sin\beta x).$$

故有

$$\frac{y_1 + y_2}{2} = e^{\alpha x}\cos\beta x, \quad \frac{y_1 - y_2}{2i} = e^{\alpha x}\sin\beta x.$$

显然 $e^{\alpha x}\cos\beta x, e^{\alpha x}\sin\beta x$ 也是方程 (11-6-1) 的解, 且它们是线性无关的. 因此方程 (11-6-1) 的通解的实函数形式为

$$y = e^{\alpha x}[C_1\cos\beta x + C_2\sin\beta x].$$

例 11-6-5 求微分方程 $y'' - 2y' + 5y = 0$ 的通解.

解 所给微分方程的特征方程为

$$r^2 - 2r + 5 = 0,$$

其根 $r_{1,2} = 1 \pm 2i$ 为一对共轭复根, 因此所求方程通解为

$$y = e^x(C_1\cos 2x + C_2\sin 2x).$$

例 11-6-6 求微分方程 $y'' + 2y' + 2y = 0$ 的通解.

解 所给微分方程的特征方程为

$$r^2 + 2r + 2 = 0,$$

其根 $r_{1,2} = -1 \pm i$ 为一对共轭复根, 因此所求方程通解为

$$y = e^{-x}(C_1\cos x + C_2\sin x).$$

求二阶常系数齐次线性微分方程 $y'' + py' + qy = 0$ 的通解的步骤如下:
(1) 写出微分方程的特征方程

$$r^2 + pr + q = 0.$$

(2) 求出特征方程的两个根 r_1, r_2.

根据特征方程的两个根的不同情形,按照表 11-6-1 写出二阶常系数线性微分方程的通解.

表 11-6-1

特征方程 $r^2+pr+q=0$ 的两个根 r_1, r_2	微分方程 $y''+py+qy=0$ 的通解
两个不相等的实根 r_1, r_2	$y = C_1 \mathrm{e}^{r_1 x} + C_2 \mathrm{e}^{r_2 x}$
两个相等的实根 r_1, r_2	$y = (C_1 + C_2 x)\mathrm{e}^{r_1 x}$
一对共轭复根 $r_{1,2} = \alpha \pm \mathrm{i}\beta$	$y = \mathrm{e}^{\alpha x}(C_1 \cos\beta x + C_2 \sin\beta x)$

习 题 11.6

1. 求下列微分方程的通解:

(1) $y'' - 7y' + 12y = 0$; (2) $y'' + 4y' + 3y = 0$;

(3) $y'' + 6y' + 9y = 0$; (4) $y'' + 4y = 0$;

(5) $4y'' + 4y' + 17y = 0$; (6) $4\dfrac{\mathrm{d}^2 s}{\mathrm{d}t^2} - 20\dfrac{\mathrm{d}s}{\mathrm{d}t} + 25s = 0$.

2. 求下列微分方程的特解:

(1) $y'' - 4y' + 3y = 0$, $y|_{x=0} = 6$, $y'|_{x=0} = 10$;

(2) $y'' - 3y' - 4y = 0$, $y|_{x=0} = 0$, $y'|_{x=0} = -5$;

(3) $4y'' + 4y' + 9y = 0$, $y|_{x=-2} = 0$, $y'|_{x=-2} = \mathrm{e}$;

(4) $y'' + 12y' + 36y = 0$, $y|_{x=0} = 3$, $y'|_{x=0} = 0$;

(5) $y'' + 4y' + 29y = 0$, $y|_{x=0} = 0$, $y'|_{x=0} = 15$;

(6) $y'' + 25y = 0$, $y|_{x=\frac{\pi}{5}} = -2$, $y'|_{x=\frac{\pi}{5}} = -5$.

3. 求满足方程 $y''+4y'+4y=0$ 的曲线 $y=y(x)$,使曲线在点 $P(2,4)$ 处与直线 $y=x+2$.

§11.7 二阶常系数非齐次线性微分方程

二阶常系数非齐次线性微分方程:

$$y'' + py' + qy = f(x), \tag{11-7-1}$$

$$y'' + py' + qy = 0. \tag{11-7-2}$$

方程 (11-7-1) 的通解为 $y = Y + y^*$,关键求 y^*.

11.7.1　$f(x) = P_m(x)\mathrm{e}^{\lambda x}$ 型

$P_m(x)\mathrm{e}^{\lambda x}$ 的导数仍是同类型,推测 $y^* = Q(x)\mathrm{e}^{\lambda x}$,将 $(y^*)', (y^*)'', y^*$ 代入方程

§11.7 二阶常系数非齐次线性微分方程

(11-7-1), 得

$$\mathrm{e}^{\lambda x}[Q''(x) + (2\lambda + p)Q'(x) + (\lambda^2 + p\lambda + q)Q(x)] = P_m(x)\mathrm{e}^{\lambda x},$$

整理得

$$Q''(x) + (2\lambda + p)Q'(x) + (\lambda^2 + p\lambda + q)Q(x) = P_m(x). \tag{11-7-3}$$

如果能求出满足式 (11-7-3) 的多项式 $Q(x)$, 那么特解 $y^* = Q(x)\mathrm{e}^{\lambda x}$ 可求得, 由于式 (11-7-3) 两端都是多项式, 要使其恒等, 必须同此幂系数相等, 因此通过比较系数, 可以确定 $Q(x)$ 的系数. 下面分三种情况讨论:

(1) 如果 λ 不是特征方程 $\lambda^2 + p\lambda + q = 0$ 的根, 即 $\lambda \neq r_1$ 且 $\lambda \neq r_2$, 此时

$$\lambda^2 + p\lambda + q \neq 0,$$

这时式 (11-7-3) 左端的次数就是 $Q(x)$ 的次数, 它应和 $P_m(x)$ 的次数相同, 即 $Q(x)$ 是 m 次多项式, 所以特解的形式是

$$y^* = Q(x)\mathrm{e}^{\lambda x} = Q_m(x)\mathrm{e}^{\lambda x} = (b_0 x^m + \cdots + b_{m-1}x + b_m)\mathrm{e}^{\lambda x}.$$

将 $Q(x), Q'(x), Q''(x)$ 代入 (11-7-3) 可求出 $b_0, b_1, \cdots, b_{m-1}, b_m$.

(2) 如果 λ 是特征方程 $\lambda^2 + p\lambda + q = 0$ 的单根, 即 $\lambda = r_1$ 或 $\lambda = r_2$, 那么 $\lambda^2 + p\lambda + q = 0$, 而 $2\lambda + p \neq 0$, 于是式 (11-7-3) 成为

$$Q''(x) + (2\lambda + p)Q'(x) = P_m(x),$$

要使上式两端恒等, $Q'(x)$ 应是一个 m 次多项式, 可取

$$Q(x) = xQ_m(x).$$

可用同样的方法确定出 $Q(x)$.

所以特解的形式是

$$y^* = Q(x)\mathrm{e}^{\lambda x} = xQ_m(x)\mathrm{e}^{\lambda x} = x(b_0 x^m + \cdots + b_{m-1}x + b_m)\mathrm{e}^{\lambda x}.$$

(3) 如果 λ 是特征方程 $\lambda^2 + p\lambda + q = 0$ 的二重根, 即 $\lambda^2 + p\lambda + q = 0, 2\lambda + p = 0$, 于是式 (11-7-3) 成为

$$Q''(x) = P_m(x),$$

于是 $Q''(x)$ 应是一个 m 次多项式, 可取

$$Q(x) = x^2 Q_m(x),$$

所以特解的形式是
$$y^* = Q(x)\mathrm{e}^{\lambda x} = x^2 Q_m(x)\mathrm{e}^{\lambda x} = x^2(b_0 x^m + \cdots + b_{m-1} x + b_m)\mathrm{e}^{\lambda x}.$$

综上所述，我们有如下结论：

二阶常系数微分方程 $y'' + py' + qy = P_m(x)\mathrm{e}^{\lambda x}$ 具有特解 $y^* = x^k Q_m(x)\mathrm{e}^{\lambda x}$.

(1) 当 λ 不是特征方程的单根，取 $k = 0$;
(2) 当 λ 是特征方程的单根，取 $k = 1$;
(3) 当 λ 是特征方程的重根，取 $k = 2$.

例 11-7-1 求微分方程 $y'' - 2y' - 3y = (3x+1)\mathrm{e}^{2x}$ 的通解.

解 因为相应的齐次方程的特征方程 $\lambda^2 - 2\lambda - 3 = 0$ 的根为 $\lambda_1 = 3, \lambda_2 = -1$，因此相应齐次方程的通解为
$$Y = C_1 \mathrm{e}^{3x} + C_2 \mathrm{e}^{-x}.$$

而 $(3x+1)\mathrm{e}^{2x}$ 属于 $P_m(x)\mathrm{e}^{\lambda x}$ 型, $m=1, \lambda=2$, 因为 $\lambda = 2$ 不是特征方程的单根，于是设特解为
$$y^* = (b_0 x + b_1)\mathrm{e}^{2x},$$
其中
$$Q(x) = b_0 x + b_1.$$

将 $Q(x), Q'(x), Q''(x)$ 代入式 (11-7-3) 中，可得
$$0 + [2 \times 2 + (-2)]b_1 + [2^2 + (-2) \times 2 + (-3)](b_0 x + b_1) = 3x + 1,$$

由同次幂系数相等，得
$$\begin{cases} -3b_0 = 3, \\ 2b_0 - 3b_1 = 1, \end{cases}$$

解出 $b_0 = -1, b_1 = -1$，于是所求方程的一个特解为
$$y^* = (-x-1)\mathrm{e}^{2x}.$$

故所求方程的通解为
$$y = C_1 \mathrm{e}^{3x} + C_2 \mathrm{e}^{-x} + (-x-1)\mathrm{e}^{2x}.$$

例 11-7-2 求微分方程 $y'' + y' = 2x^2 - 3$ 的通解.

解 因为相应的齐次方程的特征方程 $\lambda^2 + \lambda = 0$ 的根为 $\lambda_1 = 0, \lambda_2 = -1$，因此相应齐次方程的通解为
$$Y = C_1 + C_2 \mathrm{e}^{-x}.$$

§11.7 二阶常系数非齐次线性微分方程

再求非齐次方程的特解,由于 $\lambda = 0$ 是特征方程的单根,故设特解为

$$y^* = x(b_0 x^2 + b_1 x + b_2),$$

其中

$$Q(x) = x(b_0 x^2 + b_1 x + b_2).$$

将 $Q(x), Q'(x), Q''(x)$ 代入式 (11-7-3) 中,可得

$$(6b_0 x + 2b_1) + (2 \times 0 + 1)(3b_0 x^2 + 2b_1 x + b_2) = 2x^2 - 3,$$

比较系数,得

$$\begin{cases} 3b_0 = 2, \\ 6b_0 + 2b_1 = 0, \\ 2b_1 + b_2 = -3, \end{cases}$$

解得 $b_0 = \dfrac{2}{3}, b_1 = -2, b_2 = 1$,因此,非齐次方程的特解为

$$y^* = x\left(\dfrac{2}{3} x^2 - 2x + 1\right).$$

所以原方程的通解为

$$y = C_1 + C_2 e^{-x} + x\left(\dfrac{2}{3} x^2 - 2x + 1\right).$$

例 11-7-3 求微分方程 $y'' - 5y' + 6y = xe^{2x}$ 的通解.

解 特征方程 $\lambda^2 - 5\lambda + 6 = 0$,特征根 $\lambda_1 = 2, \lambda_2 = 3$,即 $\lambda = 2$ 为特征方程的单根,故设特解为

$$y* = xe^{2x}(b_0 + b_1 x),$$

其中

$$Q(x) = b_1 x^2 + b_0 x.$$

将 $Q(x), Q'(x), Q''(x)$ 代入式 (11-7-3) 中,可得

$$b_1 = -\dfrac{1}{2}, \quad b_0 = -1.$$

因此,非齐次方程的特解为

$$y^* = \left(-\dfrac{1}{2} x^2 - x\right) e^{2x}.$$

方程的通解为

$$y = C_1 e^{2x} + C_2 e^{3x} - \left(\dfrac{1}{2} x^2 + x\right) e^{2x}.$$

例 11-7-4 求 $y'' + 6y' + 9y = 5e^{-3x}$ 的特解.

解 特征方程 $\lambda^2 + 6\lambda + 9 = 0$, 特征根 $\lambda_1 = \lambda_2 = -3 = \lambda$, 即 -3 为特征方程的二重根, 故设特解为

$$y* = b_0 x^2 e^{-3x},$$

其中

$$Q(x) = b_0 x^2.$$

将 $Q(x), Q'(x), Q''(x)$ 代入式 (11-7-3) 中, 可得

$$2b_0 = 5,$$

即

$$b_0 = \frac{5}{2},$$

因此, 非齐次方程的特解为

$$y^* = \frac{5}{2} x^2 e^{-3x}.$$

例 11-7-5 求微分方程 $y'' - 2y' + y = 4xe^x$ 的通解.

解 特征方程 $\lambda^2 - 2\lambda + 1 = 0$, 特征根 $\lambda_1 = \lambda_2 = 1 = \lambda$ 即 $\lambda = 1$ 为特征方程的二重根, 故设特解为

$$y* = x^2 (b_0 x + b_1) e^x,$$

其中

$$Q(x) = b_0 x^3 + b_1 x^2.$$

将 $Q(x), Q'(x), Q''(x)$ 代入式 (11-7-3) 中, 可得

$$6b_0 x + 2b_1 = 4x,$$

即 $b_0 = \frac{2}{3}, b_1 = 0$, 因此, 非齐次方程的特解为

$$y^* = \frac{2}{3} x^3 e^x.$$

故方程的通解为

$$y = (C_1 + C_2 x) e^x + \frac{2}{3} x^3 e^x.$$

11.7.2 $f(x) = e^{\lambda x}[P_l(x) \cos \omega x + P_n(x) \sin \omega x]$ 型

例 11-7-6 求微分方程 $y'' - y = 4x \sin x$ 的通解.

解 对应齐次方程的特征方程，$\lambda^2 - 1 = 0$ 特征根为 $\lambda_1 = 1, \lambda_2 = -1$，所以对应齐次方程通解为
$$Y = C_1 e^x + C_2 e^{-x}.$$

原方程右端 $f(x) = 4x\sin x$ 是 $4xe^{ix} = 4x(\cos x + i\sin x)$ 的虚部，故求特解时可考虑方程
$$y'' - y = 4xe^{ix}, \tag{11-7-4}$$

这里 i 不是特征根，故令
$$y_1^* = (b_0 x + b_1)e^{ix},$$

其中
$$Q(x) = b_0 x + b_1.$$

将 $Q(x), Q'(x), Q''(x)$ 代入式 (11-7-3) 中，可得
$$-2(b_0 x + b_1) + 2ib_0 = 4x,$$

比较系数，得
$$\begin{cases} -2b_0 = 4, \\ -2b_1 + 2ib_0 = 0, \end{cases}$$

解得 $b_0 = -2$, $b_1 = -2i$，即 (11-7-4) 的特解为
$$y_1^* = (-2x - 2i)e^{ix} = (-2x - 2i)(\cos x + i\sin x)$$
$$= -2\left[(x\cos x - \sin x) + i(x\sin x + \cos x)\right],$$

取其虚部，即得原方程的特解为
$$y^* = -2x\sin x - 2\cos x,$$

因此原方程的通解为
$$y = c_1 e^x + c_2 e^{-x} + (-2x\sin x - 2\cos x).$$

例 11-7-7 求微分方程 $y'' - y = 3e^{2x} + 4x\sin x$ 通解.

解 由定理 11-5-5，可先将原方程分解为
$$y'' - y = 3e^{2x} \quad \text{和} \quad y'' - y = 4x\sin x,$$

已分别求得这两个方程的特解为 $y_1^* = e^{2x}$, $y_2^* = -2(x\sin x + \cos x)$，所以，所求特解为
$$y_1^* + y_2^* = e^{2x} - 2(x\sin x + \cos x),$$

于是所求方程的通解为

$$y = c_1 e^x + c_2 e^{-x} + e^{2x} - 2(x\sin x + \cos x).$$

对于 $f(x) = e^{\lambda x}[P_l(x)\cos\omega x + P_n(x)\sin\omega x]$, 推导方程 (11-7-1) 有特解形式:

$$y^* = x^k e^{\lambda x}[R_m^{(1)}(x)\cos\omega x + R_m^{(2)}\sin\omega x], \quad m = \max\{n, l\}.$$

(1) $\lambda \pm i\omega$ 不是特征方程的根, 取 $k = 0$;

(2) $\lambda \pm i\omega$ 是特征方程的根, 取 $k = 1$.

例 11-7-8 求微分方程 $y'' + y = x\cos x$ 通解.

解 对应齐次方程的特征方程 $r^2 + 1 = 0$, 特征根为 $r_1 = i$, $r_2 = -i$, 所以对应齐次方程通解为

$$Y = C_1\cos x + C_2\sin x.$$

因为 $\lambda \pm \omega i = \pm 2i$ 不是特征方程的根, k 取 0. 故设特解为

$$y^* = (ax + b)\cos 2x + (cx + d)\sin 2x,$$

$$(y^*)' = (2cx + 2d + a)\cos 2x + (c - 2b - 2ax)\sin 2x,$$

$$(y^*)'' = (4c - 4b - 4ax)\cos 2x - (4cx + 4d + 4a)\sin 2x.$$

将 $y^*, (y^*)', (y^*)''$ 代入原方程, 整理得

$$(4c - 3b - 3ax)\cos 2x - (3cx + 4a + 3d)\sin 2x = x\cos 2x.$$

比较系数得

$$\begin{cases} -3a = 1, \\ 4c - 3b = 0, \\ -3c = 0, \\ -4a - 3d = 0, \end{cases}$$

解得 $a = -\dfrac{1}{3}$, $b = 0$, $c = 0$, $d = \dfrac{4}{9}$, 因此

$$y^* = -\frac{1}{3}x\cos 2x + \frac{4}{9}\sin 2x,$$

原方程的通解为

$$y = C_1\cos x + C_2\sin x - \frac{1}{3}x\cos 2x + \frac{4}{9}\sin 2x.$$

习 题 11.7

1. 求下列微分方程的通解:

(1) $y'' - y' - 2y = 4e^x$;

(2) $y'' - 4y' + 4y = (x^2 + x - 1)e^x$;

(3) $2y'' + y' - y = 2xe^x$;

(4) $2y'' + 5y' + 2y = 5x^2 - 2x - 1$;

(5) $y'' - 6y' + 9y = (x+1)e^{3x}$;   (6) $y'' + 2y' + y = 4xe^{-x}$;
(7) $y'' + 9y = x\cos 3x$;   (8) $y'' - 2y' + 5y = e^x \sin 2x$;
(9) $y'' - 2y' + 5y = e^x \sin x$;   (10) $y'' + 4y = x\cos x$.

2. 求下列微分方程的特解:

(1) $y'' - 3y' + 2y = 5$, $y|_{x=0} = 1$, $y'|_{x=0} = 2$;
(2) $y'' - 10y' + 9y = e^{2x}$, $y|_{x=0} = \dfrac{6}{7}$, $y'|_{x=0} = \dfrac{33}{7}$;
(3) $y'' - y = 4xe^x$, $y|_{x=0} = 0$, $y'|_{x=0} = 1$;
(4) $y'' + 4y = e^x \sin 2x$, $y|_{x=0} = 0$, $y'|_{x=0} = 0$;
(5) $y'' + y + \sin 2x = 0$, $y|_{x=\pi} = 1$, $y'|_{x=\pi} = 1$;
(6) $y'' + y = x\cos x$, $y|_{x=0} = 1$, $y'|_{x=0} = \dfrac{5}{4}$.

§11.8 差 分 方 程

随着计算机科学的迅猛发展与广泛应用, 对于离散变量的研究变得日益重要. 如果说微分方程是求解连续变量的重要工具, 那么差分方程则是求解离散变量函数的重要工具. 在这一节中, 我们主要介绍差分方程及解法.

11.8.1 差分的一般概念

定义 11-8-1 设函数 $y = f(x)$, 记作 y_x. 当 x 取遍非负整数时, 函数值可以排成一个数列 $y_0, y_1, \cdots, y_x, \cdots$, 则差 $y_{x+1} - y_x$ 称为 y_x 的**差分**, 也称为一阶差分, 记为 Δy_x, 即

$$\Delta y_x = y_{x+1} - y_x.$$

定义 11-8-2 y_x 的一阶差分的差分

$$\Delta(\Delta y_x) = \Delta(y_{x+1}) - \Delta(y_x),$$

称为 y_x 的二阶差分, 记作 $\Delta^2 y_x$.

由定义知

$$\Delta^2 y_x = (y_{x+2} - y_{x+1}) - (y_{x+1} - y_x) = y_{x+2} - 2y_{x+1} + y_x. \tag{11-8-1}$$

同样定义三阶差分, 四阶差分, $\cdots\cdots$

$$\Delta^3 y_x = \Delta(\Delta^2 y_x), \quad \Delta^4 y_x = \Delta(\Delta^3 y_x), \cdots.$$

二阶及二阶以上的差分统称为**高阶差分**.

例 11-8-1 求 $\Delta(x^2), \Delta^2(x^2), \Delta^3(x^2)$.

解 设 $y_x = x^2$，那么

$$\Delta y_x = \Delta(x^2) = (x+1)^2 - x^2 = 2x+1,$$

$$\Delta^2 y_x = \Delta^2(x^2) = \Delta(2x+1) = [2(x+1)+1] - (2x+1) = 2,$$

利用式 (11-8-1) 得

$$\Delta^2(y) = (x+2)^2 - 2(x+1)^2 + x^2$$
$$= x^2 + 4x + 4 - 2x^2 - 4x - 2 + x^2$$
$$= 2,$$

$$\Delta^3 y_x = \Delta(\Delta^2 y_x) = \Delta(2) = 2 - 2 = 0.$$

例 11-8-2 设 $x^{(n)} = x(x-1)(x-2)\cdots(x-n+1)$，$x^{(0)} = 1$，求 $\Delta x^{(n)}$。

解 设

$$y_x = x^{(n)} = x(x-1)\cdots(x-n+1),$$

则

$$\Delta y_x = (x+1)^{(n)} - x^{(n)}$$
$$= (x+1)x(x-1)\cdots(x+1-n+1) - x(x-1)\cdots(x-n+1)$$
$$= [(x+1)-(x-n+1)]x(x-1)\cdots(x-n+2) = nx^{(n-1)}.$$

例 11-8-3 $y_x = \lambda^x$，则 $y_{x+1} = \lambda^{x+1} = \lambda \cdot \lambda^x = \lambda y_x$，于是

$$\Delta y_x = y_{x+1} - y_x = (\lambda - 1)\lambda^x.$$

差分的性质：

(1) $\Delta c y_x = c \Delta y_x$（$c$ 为常数）；

(2) $\Delta(y_x + z_x) = \Delta y_x + \Delta z_x$；

(3) $\Delta(y_x z_x) = y_{x+1}\Delta z_x + z_x \Delta y_x$；

(4) $\Delta\left(\dfrac{y_x}{z_x}\right) = \dfrac{z_x \Delta y_x - y_x \Delta z_x}{z_x z_{x+1}}.$

证明 (3) $\Delta(y_x z_x) = y_{x+1} z_{x+1} - y_x z_x$
$$= y_{x+1}z_{x+1} - y_{x+1}z_x + y_{x+1}z_x - y_x z_x$$
$$= y_{x+1}(z_{x+1} - z_x) + z_x(y_{x+1} - y_x)$$
$$= y_{x+1}\Delta z_x + z_x \Delta y_x.$$

(4) $\quad \Delta\left(\dfrac{y_x}{z_x}\right) = \dfrac{y_{x+1}}{z_{x+1}} - \dfrac{y_x}{z_x} = \dfrac{z_x y_{x+1} - y_x z_{x+1}}{z_x z_{x+1}}$

$$= \dfrac{z_x y_{x+1} - y_x z_x + y_x z_x - y_x z_{x+1}}{z_x z_{x+1}}$$

$$= \dfrac{z_x(y_{x+1} - y_x) - y_x(z_{x+1} - z_x)}{z_x z_{x+1}}$$

$$= \dfrac{z_x \Delta y_x - y_x \Delta z_x}{z_x z_{x+1}}.$$

性质 (1)、(2) 读者自己证明.

11.8.2 差分方程的一般概念

定义 11-8-3 含有自变量、未知函数以及未知函数差分的方程称为 *差分方程*. 方程中含有未知函数差分的最高阶数称为 *差分方程的阶*.

n 阶差分方程的一般形式为

$$H(x,\ y_x,\ \Delta y_x,\ \Delta^2 y_x,\ \cdots,\ \Delta^n y_x) = 0, \tag{11-8-2}$$

将

$$\Delta y_x = y_{x+1} - y_x, \quad \Delta^2 y_x = y_{x+2} - 2y_{x+1} + y_x,$$
$$\Delta^3 y_x = y_{x+3} - 3y_{x+2} + 3y_{x+1} - y_x, \cdots.$$

代入 (11-8-2), 则方程变成

$$F(x,\ y_x,\ y_{x+1},\ \cdots,\ y_{x+n}) = 0. \tag{11-8-3}$$

反之, 方程 (11-8-3) 也可以化为 (11-8-2) 的形式. 因此差分方程也可以定义如下:

定义 11-8-4 含有自变量以及未知函数几个时期的符号的方程称为 *差分方程*. 方程中含有未知函数附标的最大值与最小值的差称为 *差分方程的阶*.

例如, $y_{x+2} - 2y_{x+1} - y_x = 3^x$ 是一个二阶差分方程, 可以化为

$$y_x - 2y_{x-1} - y_{x-2} = 3^{x-2},$$

将原方程左边写成

$$(y_{x+2} - y_{x+1}) - (y_{x+1} - y_x) - 2y_x$$
$$= \Delta y_{x+1} - \Delta y_x - 2y_x = \Delta^2 y_x - 2y_x,$$

则原方程可以化为

$$\Delta^2 y_x - 2y_x = 3^x.$$

定义 11-8-5 如果一个函数 $y_x = \varphi(x)$ 代入差分方程后, 方程两边恒等, 则称此函数为该差分方程的解, 含有 n 个独立常数 $C_1, C_2, \cdots, C_n$ 的解称为 n 阶差分

方程通解. 对差分方程附加一定的条件, 这种附加条件称为*初始条件*. 由初始条件确定通解中的常数取定值的解称为*特解*.

设有差分方程 $y_{x+1} - y_x = 2$, 把函数 $y_x = 15 + 2x$ 代入此方程, 则

$$左边 = [15 + 2(x+1)] - (15 + 2x) = 2 = 右边,$$

故 $y_x = 15 + 2x$ 是方程的解.

11.8.3 一阶常系数线性差分方程

定义 11-8-6 形如

$$y_{x+1} - ay_x = f(x) \quad (a \neq 0, 常数) \tag{11-8-4}$$

的方程称为一阶常系数线性方程. 其中 $f(x)$ 为已知函数, y_x 是未知函数.

在 (11-8-4) 式中当 $f(x) \neq 0$ 时, 称之为非齐次的线性差分方程, 否则称之为齐次的线性差分方程.

差分方程

$$y_{x+1} - ay_x = 0 \tag{11-8-5}$$

称为 (11-8-4) 相应的齐次线性差分方程.

下面介绍一阶常系数差分方程的解法.

1. 齐次线性差分方程的解

显然, $y_x = 0$ 是方程 (11-8-5) 的解.

若 $y_x \neq 0$, 则有 $\dfrac{y_{x+1}}{y_x} = a$, 即 $\{y_x\}$ 是公比为 a 的等比数列, 于是方程 (11-8-4) 的通解为 $y_x = Aa^x$. 当 $a = 1$ 时, 通解为 $y_x = A$.

2. 非齐次线性差分方程的解

定理 11-8-1 如果 $\tilde{y}_x$ 是 (11-9-4) 的一个特解, Y_x 是 (11-8-5) 的解, 则 $y_x = \tilde{y}_x + Y_x$ 是 (11-8-4) 的解.

事实上, 我们有

$$\tilde{y}_{x+1} - a\tilde{y}_x = f(x), \quad Y_{x+1} - aY_x = 0,$$

两式相加得 $(\tilde{y}_{x+1} + Y_{x+1}) - a(\tilde{y}_x + Y_x) = f(x)$, 即 $y_x = \tilde{y}_x + Y_x$ 是 (11-8-4) 的解.

因此, 如果 $\tilde{y}_x$ 是方程 (11-8-4) 的一个特解, 则

$$y_x = \tilde{y}_x + Aa^x$$

就是 (11-8-4) 的通解. 这样, 为求 (11-8-4) 的通解, 只需求出它的一个特解即可. 下面我们来讨论当 $f(x)$ 是某些特殊形式的函数时 (11-8-4) 的特解.

§11.8 差分方程

$$y_x = \tilde{y}_x + Aa^x.$$

(i) $f(x) = p_n(x)$(n 次多项式),则方程 (11-8-4) 为

$$y_{x+1} - ay_x = p_n(x). \tag{11-8-6}$$

如果 y_x 是 m 次多项式,则 y_{x+1} 也是 m 次多项式,并且当 $a \neq 1$ 时,$y_{x+1} - ay_x$ 仍是 m 次多项式,因此若 y_x 是 (11-8-4) 的解,应有 $m = n$。

于是,当 $a \neq 1$ 时,设 $\tilde{y}_x = B_0 + B_1 x + \cdots + B_n x^n$ 是式 (11-8-4) 的特解,将其代入 (11-8-6),比较两端同次项的系数,确定出 $B_0, B_1, \cdots, B_n$,便得到 (11-8-4) 的特解。

当 $a = 1$ 时,方程 (11-8-4) 成为 $y_{x+1} - y_x = p_n(x)$,或 $\Delta y_x = p_n(x)$。因此,y_x 应是 $n+1$ 次多项式,此时设特解为 $\tilde{y}_x = x(B_0 + B_1 x + \cdots + B_n x^n)$,代入式 (11-8-4),比较两端同次项系数来确定 $B_0, B_1, \cdots, B_n$,从而可得特解。

特别地,$p_n(x) = c$(c 为常数),则式 (11-8-6) 为

$$y_{x+1} - ay_x = c. \tag{11-8-7}$$

当 $a \neq 1$ 时,设 $\tilde{y}_x = k$,代入式 (11-8-7),得 $k = \dfrac{c}{1-a}$,所以特解为:$\tilde{y}_x = \dfrac{c}{1-a}$。
当 $a = 1$ 时,设 $\tilde{y}_x = kx$,代入式 (11-8-4),得 $k = c$,得特解为 $\tilde{y}_x = cx$。

例 11-8-4 求差分方程 $y_{x+1} - 3y_x = -2$ 的通解。

解 $a = 3 \neq 1, c = -2$,差分方程的通解为

$$y_x = 1 + A3^x.$$

例 11-8-5 求差分方程 $y_{x+1} - 2y_x = 3x^2$ 的通解。

解 设 $\tilde{y}_x = B_0 + B_1 x + B_2 x^2$ 是方程的解,将它代入方程,则有

$$B_0 + B_1(x+1) + B_2(x+1)^2 - 2B_0 - 2B_1 x - 2B_2 x^2 = 3x^2,$$

整理得

$$(-B_0 + B_1 + B_2) + (-B_1 + 2B_2)x - B_2 x^2 = 3x^2,$$

比较同次项系数得

$$\begin{cases} -B_0 + B_1 + B_2 = 0, \\ -B_1 + 2B_2 = 0, \\ -B_2 = 3, \end{cases}$$

解得 $B_0 = -9, B_1 = -6, B_2 = -3$,方程的特解为 $\tilde{y}_x = -9 - 6x - 3x^2$,而相应的齐次方程的通解为 $A2^x$,于是得差分方程的通解为

$$y_x = -9 - 6x - 3x^2 + A2^x.$$

例 11-8-6 求差分方程 $y_{x+1} - y_x = 3x^2 + x + 4$ 的通解.

解 设特解为 $\tilde{y}_x = x(B_0 + B_1 x + B_2 x^2)$, 代入原方程得

$$3B_2 x^2 + (2B_1 + 3B_2)x + (B_0 + B_1 + B_2) = 3x^2 + x + 4,$$

比较系数得

$$\begin{cases} 3B_2 = 3, \\ 2B_1 + 3B_2 = 1, \\ B_0 + B_1 + B_2 = 4, \end{cases}$$

解得

$$B_0 = 4, \quad B_1 = -1, \quad B_2 = 1,$$

特解为

$$\tilde{y}_x = x(4 - x + x^2),$$

因而得通解 $y_x = x^3 - x^2 + 4x + A$.

(ii) $f(x) = cb^x$ (其中 $c, b \neq 1$ 均为常数)

$$y_{x+1} - ay_x = cb^x. \tag{11-8-8}$$

设方程 (11-8-4) 具有形如 $\tilde{y}_x = kx^s b^x$ 的特解.

当 $b \neq a$ 时, 取 $s = 0$, 即 $\tilde{y}_x = kb^x$, 代入式 (11-8-7) 得 $k(b-a) = c$, 所以 $k = \dfrac{c}{b-a}$, 于是

$$\tilde{y}_x = \frac{c}{b-a} b^x. \tag{11-8-9}$$

当 $b = a$ 时, 取 $s = 1$, $\tilde{y}_x = kxb^x$ 代入式 (11-8-8), 得

$$k(x+1)b^{x+1} - akxb^x = cb^x,$$

$$k(x+1)a - akx = c,$$

$$k = \frac{c}{a},$$

则差分方程的特解为

$$y_x = cxa^{x-1}.$$

例 11-8-7 求差分方程 $y_{x+1} - \dfrac{1}{2} y_x = \left(\dfrac{5}{2}\right)^x$ 的通解.

解 $a = \dfrac{1}{2}, b = \dfrac{5}{2}, c = 1$ 代入式 (11-8-9) 得到差分方程的通解:

$$y_x = \frac{1}{2}\left(\frac{5}{2}\right)^x + A\left(\frac{1}{2}\right)^x.$$

§11.8 差 分 方 程

(iii) $f(x) = b^x P_n(x)$, $y_{x+1} - ay_x = b^x P_n(x)$.

设特解
$$\tilde{y}_x = b^x Q(x),$$

其中 $Q(x)$ 为多项式, 代入上述方程得

$$b^{x+1} Q(x+1) - ab^x Q(x) = b^x P_n(x),$$
$$bQ(x+1) - aQ(x) = P_n(x).$$

当 $a = b$, $a[Q(x+1) - Q(x)] = P_n(x)$, 于是 $Q(x+1) - Q(x)$ 为 n 次多项式, 因此, 取

$$Q(x) = xQ_n(x),$$

则方程的特解
$$\tilde{y}_x = b^x x Q_n(x).$$

当 $a \neq b$, $bQ(x+1) - aQ(x) = P_n(x)$, 于是 $bQ(x+1) - aQ(x)$ 为 n 次多项式, 因此, 取

$$Q(x) = Q_n(x),$$

则方程的特解
$$\tilde{y}_x = b^x Q_n(x).$$

例 11-8-8　求差分方程 $y_{x+1} - y_x = 3^x(x+1)$ 的通解.

解　对应齐次方程的通解为
$$Y_x = C.$$

因为 $a = 1, b = 3$, 所以设特解
$$\tilde{y}_x = 3^x(B_0 + B_1 x),$$

代入方程得
$$3^{x+1}[B_0 + B_1(x+1)] - 3^x(B_0 + B_1 x)],$$

可解得
$$B_0 = -\frac{1}{4}, \quad B_1 = \frac{1}{2},$$

则方程的特解
$$\tilde{y}_x = 3^x \left(-\frac{1}{4} + \frac{1}{2}x\right),$$

故方程的通解
$$y_x = A + 3^x \left(-\frac{1}{4} + \frac{1}{2}x\right).$$

11.8.4 二阶常系数线性差分方程及其解的性质

定义 11-8-7 形如

$$y_{x+2} + ay_{x+1} + by_x = f(x) \tag{11-8-10}$$

称为*二阶常系数线性差分方程*.

(1) 当 $f(x) = 0$ 时, 式 (11-8-10) 成为

$$y_{x+2} + ay_{x+1} + by_x = 0. \tag{11-8-11}$$

方程 (11-8-11) 称为*二阶常系数线性齐次差分方程*.

(2) 当 $f(x) \neq 0$, 方程 (11-8-10) 称为*二阶常系数线性非齐次差分方程*.

定理 11-8-2 设 y_{1x} 与 y_{2x} 都是方程 (11-8-11) 的解, 则 y_{1x} 与 y_{2x} 的线性组合 $y_x = C_1 y_{1x} + C_2 y_{2x}$ 也是方程 (11-8-11) 的解.

定理 11-8-3 设 y_{1x} 与 y_{2x} 都是方程 (11-8-11) 的解, 且 y_{1x} 与 y_{2x} 线性无关, 则

$$y_x = C_1 y_{1x} + C_2 y_{2x}$$

是方程 (11-8-11) 的通解, 其中 C_1, C_2 是任意常数.

定理 11-8-4 如果 $y_x = C_1 y_{1x} + C_2 y_{2x}$ 是方程 (11-8-10) 的通解, 且 y_x^* 是方程 (11-8-10) 的一个特解, 则

$$Y = y_x^* + C_1 y_{1x} + C_2 y_{2x}$$

是 (11-8-10) 的通解.

由上面的定理, 为了求出方程 (11-8-10) 的通解, 我们只需先求出相应的齐次方程 (11-8-11) 的两个线性无关的特解, 再求出方程 (11-8-10) 的一个特解即可.

11.8.5 二阶常系数线性齐次差分方程的解

类似与相应的二阶微分方程, 可设方程 (11-8-11) 具有形如 $y_x = \lambda^x$ 的特解, 代入方程 (11-8-11) 并消去 λ^x, 得

$$\lambda^2 + a\lambda + b = 0. \tag{11-8-12}$$

方程 (11-8-12) 称为方程 (11-8-11) 的特征方程.

根据特征方程的根的不同情况, 我们讨论如下:

(1) 设特征方程 (11-8-12) 有两个不同的实根 $\lambda_1 \neq \lambda_2$, 则方程 (11-8-11) 有两个线性无关的特解 $y_{1x} = \lambda_1^x, y_{2x} = \lambda_2^x$. 因此方程 (11-8-11) 的通解为

$$y_x = C_1 \lambda_1^x + C_2 \lambda_2^x,$$

(2) 设特征方程 (11-8-12) 有两个相同的实根 $\lambda_1 = \lambda_2 = \lambda$, 则 $y_{1x} = \lambda^x$ 是 (11-8-11) 的一个特解. 仿微分方程可求出另一特解

$$y_{2x} = x\lambda^x,$$

于是方程 (11-8-11) 的通解是

$$y_x = (C_1 x + C_2)\lambda^x \quad (C_1, C_2 \text{ 是任意常数}).$$

(3) 设方程 (11-8-11) 的特征方程 (11-8-12) 有一对共轭的复数根:

$$\lambda_1 = a + bi, \quad \lambda_2 = a - bi.$$

设它们的三角形式分别是

$$\lambda_1 = r(\cos\theta + i\sin\theta), \quad \lambda_2 = r(\cos\theta - i\sin\theta),$$

其中

$$r = \sqrt{a^2 + b^2}, \quad \tan\theta = \frac{b}{a}.$$

于是, 方程 (11-8-11) 有两个线性无关的解:

$$y_{1x} = r^x(\cos x\theta + i\sin x\theta), \quad y_{2x} = r^x(\cos x\theta - i\sin x\theta).$$

所以

$$\frac{1}{2}y_{1x} + \frac{1}{2}y_{2x} = r^x \cos x\theta \quad \text{与} \quad \frac{1}{2i}y_{1x} - \frac{1}{2i}y_{2x} = r^x \sin x\theta$$

也是方程 (11-8-10) 的解, 且它们线性无关. 因此方程 (11-8-12) 的通解是

$$y_x = r^x(C_1 \cos x\theta + C_2 \sin x\theta).$$

例 11-8-9 求差分方程 $y_{x+2} - 3y_{x+1} + 2y_x = 0$ 的通解.

解 方程的特征方程是

$$\lambda^2 - 3\lambda + 2 = 0, \quad \lambda_1 = 1, \quad \lambda_2 = 2,$$

则方程的通解为

$$Y_x = C_1 + C_2 2^x.$$

例 11-8-10 求差分方程 $y_{x+2} - 8y_{x+1} + 16y_x = 0$ 的通解.

解 方程的特征方程是

$$\lambda^2 - 8\lambda + 16 = 0, \quad \lambda_1 = \lambda_2 = 4,$$

则方程的通解为

$$Y_x = (C_1 + C_2 x)4^x.$$

例 11-8-11 求差分方程 $y_{x+2} - 2y_{x+1} + 2y_x = 0$ 的通解.

解 方程的特征方程是

$$\lambda^2 - 2\lambda + 2 = 0, \quad \lambda_1 = 1+i, \quad \lambda_2 = 1-i,$$

于是

$$\tan\theta = 1, \quad \theta = \frac{\pi}{4}, \quad r = \sqrt{2},$$

则方程的通解

$$Y_x = (\sqrt{2})^x \left(C_1 \cos\frac{\pi}{4}x + C_2 \sin\frac{\pi}{4}x\right).$$

11.8.6 二阶常系数线性非齐次差分方程的解法

在方程 (11-8-12) 中,我们只考虑 $f(x) = \varphi(x)\lambda^x$ 的情形,其中 $\varphi(x)$ 是 m 次多项式,则方程 (11-8-12) 写成

$$y_{x+2} + ay_{x+1} + by_x = \varphi(x)\lambda^x. \tag{11-8-13}$$

设方程 (11-8-13) 具有特解 $y_x^* = \Psi(x)\lambda^x$,其中 $\Psi(x)$ 是多项式,代入方程 (11-8-13) 并消去公因子 λ^x,有

$$\Psi(x+2)\lambda^2 + a\Psi(x+1)\lambda + b\Psi(x) = \varphi(x),$$

用差分表示,有

$$\lambda^2 \Delta^2 \Psi_x + \lambda(2\lambda + a)\Delta\Psi_x + (\lambda^2 + a\lambda + b)\Psi_x = \varphi(x). \tag{11-8-14}$$

(1) 若 λ 不是方程 (11-8-11) 的特征方程 (11-8-12) 的根,即 $\lambda^2 + a\lambda + b \neq 0$,则 $\Psi(x)$ 与 $\varphi(x)$ 为同次多项式,用待定系数法便可确定 $\Psi(x)$.

(2) 若 λ 是方程 (11-8-11) 的特征方程 (11-8-12) 的单根,即 $\lambda^2 + a\lambda + b = 0$,但 $2\lambda + a \neq 0$,方程 (11-8-14) 便化为

$$\lambda^2 \Delta^2 \Psi_x + \lambda(2\lambda + a)\Delta\Psi_x = \varphi(x).$$

这时 $\Psi(x)$ 应是 $m+1$ 次多项式,可设 $\Psi(x) = x\phi_m(x)$.

(3) 若 λ 是方程 (11-8-11) 的特征方程 (11-8-12) 的二重根,则方程 (11-8-14) 变为

$$\lambda^2 \Delta^2 \Psi_x = \varphi(x).$$

此时 $\Psi(x)$ 应是 $m+2$ 次多项式. 可设 $\Psi(x) = x^2 \phi_m(x)$.

§11.8 差 分 方 程

例 11-8-12 求差分方程 $y_{x+2} + y_{x+1} - 2y_x = 12$ 的通解及 $y_0 = 0, y_1 = 0$ 的特解.

解 相应齐次方程是 $y_{x+2} + y_{x+1} - 2y_x = 0$, 知齐次特征方程是

$$\lambda^2 + \lambda - 2 = 0,$$

它有两个根

$$\lambda_1 = -2, \quad \lambda_2 = 1,$$

于是齐次方程的通解是

$$y_x = A_1(-2)^x + A_2.$$

因为 $12 = 12 \cdot 1^x$, 而 $\lambda = 1$ 是特征方程的单重根, 可设原方程的一个特解是 $y_x^* = ax$, 代入原方程得 $a = 4$, 因此, 特解是

$$y_x^* = 4x,$$

于是, 原方程的通解为

$$Y = 4x + A_1(-2)^x + A_2,$$

由 $y_0 = 0, y_1 = 0$ 得

$$A_1 = \frac{4}{3}, \quad A_2 = -\frac{4}{3},$$

故所求特解为

$$\tilde{y}_x = 4x + \frac{4}{3}(-2)^x - \frac{4}{3}.$$

例 11-8-13 求差分方程 $y_{x+2} + 5y_{x+1} + 4y_x = x$ 的通解.

解 相应齐次方程的特征方程是 $\lambda^2 + 5\lambda + 4 = 0$, 特征根为 $\lambda_1 = -1, \lambda_2 = -4$. 齐次通解为

$$y_x = A_1(-1)^x + A_2(-4)^x.$$

$\lambda = 1$ 不是齐次方程的根, 设 $y_x^* = (ax + b) \cdot 1^x = ax + b$ 为非齐次方程的一个特解, 代入原方程得

$$\begin{cases} 7a + 10b = 0, \\ 10a = 1, \end{cases}$$

解得

$$a = \frac{1}{10}, \quad b = -\frac{7}{100},$$

于是

$$y_x^* = \frac{x}{10} - \frac{7}{100}.$$

原方程的通解为

$$y_x = -\frac{7}{100} + \frac{1}{10}x + A_1(-1)^x + A_2(-4)^x.$$

例 11-8-14 求差分方程 $y_{x+2} - y_{x+1} - 6y_x = 3^x(5x+6)$ 的通解.

解 相应齐次方程的特征方程是

$$\lambda^2 - \lambda - 6 = 0,$$

解得 $\lambda_1 = -2, \lambda_2 = 3$, 于是齐次方程通解是

$$Y_x = C_1(-2)^x + C_2 3^x.$$

又 $f(x) = 3^x(2x+1)$, 而 $b = 3$ 是齐次特征方程的单根, 故可设非齐次方程特解是

$$\tilde{y}_x = 3^x x(B_0 + B_1 x).$$

将其代入原方程得

$$3^{x+1}(x+2)[B_0+B_1(x+2)] - 3^{x+1}(x+1)[B_0+B_1(x+1)] - 6\cdot 3^x x(B_0+B_1 x) = 3^x(5x+6),$$

化简整理得

$$30B_1 x + 33B_1 + 15B_0 = 5x + 6,$$

由此得

$$B_1 = \frac{1}{6}, \quad B_0 = \frac{1}{30},$$

于是

$$\tilde{y}_x = 3^x x \left(\frac{1}{30} + \frac{1}{6}x\right).$$

故通解为

$$y_x = 3^x x \left(\frac{1}{30} + \frac{1}{6}x\right) + C_1(-2)^x + C_2 3^x.$$

习 题 11.8

1. 求下列差分方程的通解或特解:
   (1) $y_{x+1} - 2y_x = x4^x$;
   (2) $y_{x+1} - y_x = 3x^2 - 1, y_0 = 0$;
   (3) $y_{x+1} + 3y_x = x2^x$;
   (4) $y_{x+1} - 3y_x = x^2 3^x$.
2. 求下列齐次线性差分方程的通解或特解:
   (1) $y_{x+2} - y_{x+1} - 2y_x = 0$;
   (2) $y_{x+2} + 4y_{x+1} + 4y_x = 0$;
   (3) $y_{x+2} + 3y_{x+1} + 2y_x = 0, y(0) = 1, y(1) = 2$;
   (4) $y_{x+2} + 4y_{x+1} + 5y_x = 0, y(0) = 1, y(1) = 2$.
3. 求下列非齐次线性差分方程的通解或特解:
   (1) $y_{x+2} - 5y_{x+1} + 4y_x = 4^x$;
   (2) $y_{x+2} + 8y_{x+1} + 12y_x = 21x^2 - x + 44$;
   (3) $y_{x+2} - y_{x+1} - 6y_x = 3^x(2x+1)$;
   (4) $y_{x+2} - 2y_{x+1} + y_x = x$;
   (5) $y_{x+2} + 3y_{x+1} - 4y_x = x$.

§11.9 微分方程和差分方程的应用

本节从实际问题出发,介绍如何由题意建立微分方程和差分方程,然后求解.

11.9.1 一阶微分方程的应用

例 11-9-1 物体由高空下落,除受重力作用外,还受空气阻力的作用. 在速度不太大的情况下,空气的阻力可看做与速度的平方成正比. 试证明在这种情况下,落体存在极限速度.

解 设物体质量为 m,空气阻力系数为 k,又设在时刻 t 物体的下落速度为 v,于是在时刻 t 物体所受得力为

$$f = mg - kv^2,$$

从而,根据牛顿第二定律可列出微分方程

$$m\frac{\mathrm{d}v}{\mathrm{d}t} = mg - kv^2. \tag{11-9-1}$$

因为是自由落体,所以有

$$v(0) = 0. \tag{11-9-2}$$

解方程 (11-9-1),分离变量并积分,得

$$\int \frac{m\mathrm{d}v}{mg - kv^2} = \int \mathrm{d}t,$$

即

$$\frac{1}{2}\sqrt{\frac{m}{kg}} \ln \frac{\sqrt{mg} + \sqrt{k}v}{\sqrt{mg} - \sqrt{k}v} = t + C.$$

由初始条件 (11-9-2),得 $C = 0$,于是

$$\ln \frac{\sqrt{mg} + \sqrt{k}v}{\sqrt{mg} - \sqrt{k}v} = 2\sqrt{\frac{kg}{m}}t, \tag{11-9-3}$$

解出 v,得

$$v = \frac{\sqrt{mg}\left(\mathrm{e}^{2\sqrt{\frac{kg}{m}}t} - 1\right)}{\sqrt{k}\left(\mathrm{e}^{2\sqrt{\frac{kg}{m}}t} + 1\right)}.$$

当 $t \to +\infty$ 时,有 $\lim\limits_{t \to +\infty} v = \sqrt{\frac{mg}{k}} = v_1$.

例 11-9-2 一容器盛盐水 100L,其中含盐 50g. 现将 2g/L 的盐水以 3L/min 的速度注入容器内,设流入的盐水与原有的盐水因搅拌而成为均匀的混合物,同时此混合物又以 2L/min 的流速流出,试求 30min 后,容器内所含的盐量.

解 以 x 表示时刻 t 的含盐量, 则 $\dfrac{dx}{dt}$ 表示含盐量的变化率.

容器中含盐量的变化率 = 盐的流入速度 − 盐的流出速度,

盐的流入速度 = 流入盐水的速度 × 流入盐水的浓度
$$= 3(\text{L/min}) \times 2(\text{g/L}) = 6(\text{g/min}),$$

盐的流出速度 = 流出盐水的速度 × 流出盐水的浓度
$$= 2(\text{L/min}) \times \dfrac{x}{100+(3-2)t}(\text{g/L})$$
$$= \dfrac{2x}{100+t}(\text{g/min}),$$

所以 x 满足微分方程

$$\dfrac{dx}{dt} = 6 - \dfrac{2x}{100+t} \quad \text{或} \quad \dfrac{dx}{dt} + \dfrac{2x}{100+t} = 6,$$

这是一阶线性微分方程, 它的通解为

$$x = \dfrac{1}{(100+t)^2}[2(100+t)^3 + C],$$

由 $x|_{t=0} = 50$ 得 $C = -150 \times 100^2$, 于是

$$x = \dfrac{1}{(100+t)^2}[2(100+t)^3 - 150 \times 100^2],$$

当 $t = 30$ 时, $x = 171\text{g}$, 所以, 过 30min 后, 容器中盐的含量为 171g.

例 11-9-3 某工厂推广一项新技术, 刚开始时候, 在 2000 人中派出 10 人先学习这种新技术, 完全掌握后回厂进行 "传帮带", 使其他工人也掌握此技术. 经过一个星期推广后, 有 40 个人掌握了这种新技术. 已知推广这种新技术的速度, 与已经掌握这种新技术的人数与尚未掌握这种新技术的人数之乘积成正比. 试问经过 4 个星期推广后, 还有多少人没有掌握这种新技术? 再过 4 个星期呢?

解 设在时刻 t (星期) 已掌握的人数为 $N(t)$, 由题知

$$\dfrac{dN}{dt} = kN(2000 - N),$$

这是一个可分离变量方程, 分离变量, 得

$$\left(\dfrac{1}{N} + \dfrac{1}{2000-N}\right)dN = 2000k\,dt,$$

两边积分, 得

$$\int\left(\dfrac{1}{N} - \dfrac{1}{2000-N}\right)dN = \int 2000k\,dt,$$

$$\ln \frac{N}{2000-N} = 2000kt + \ln C,$$

即

$$\frac{N}{2000-N} = Ce^{2000kt}.$$

根据 $N(0) = 10$,可知 $C = \dfrac{1}{199}$,则

$$\frac{N}{2000-N} = \frac{1}{199}e^{2000kt},$$

又因为可确定

$$k = \frac{1}{2000}\ln\frac{199 \times 40}{2000-40} = 0.0007007,$$

即

$$\frac{N}{2000-N} = \frac{1}{199}e^{1.4014t},$$

由此可得

$$N = \frac{2000}{1 + 199e^{-1.4014t}}.$$

当 $t = 4$ 时,可解得 $N \approx 1\,155$,即尚未掌握这种新技术的人数为

$$2000 - N \approx 845.$$

当 $t = 8$ 时,可解得 $N \approx 1994.6$,即经过 8 个星期推广后,仅有五六个人还没有掌握这种新技术.

例 11-9-4 把温度为 $100°C$ 的沸水,放置在室温为 $20°C$ 的环境中自然冷却,5min 后测得水温为 $60°C$,求水温与时间的关系式 $u(t)$.

解 这是一个热力学问题,根据牛顿冷却定律,物体冷却的速度与当时物体和周围介质的温差成正比 (比例系数为 k, $k > 0$),于是有

$$-\frac{\mathrm{d}u}{\mathrm{d}t} = k(u - 20), \tag{11-9-4}$$

式中负号是因为冷却时, $\dfrac{\mathrm{d}u}{\mathrm{d}t} < 0$,初始条件为 $u(0) = 100$.

方程 (11-9-4) 是可分离变量微分方程,它的通解为

$$\int \frac{\mathrm{d}u}{u-20} = \int -k\mathrm{d}t,$$

即

$$u = 20 + Ce^{-kt},$$

将初始条件 $u(0) = 100$ 代入上式，得 $C = 80$，于是有
$$u = 20 + 80\mathrm{e}^{-kt}.$$

本题中另一个条件 $u(5) = 60$，可用来确定比例系数为 k，将 $u(5) = 60$ 代入上式，得 $k = \dfrac{1}{5}\ln 2$，所以水温与时间的关系式为
$$u(t) = 20 + 80\mathrm{e}^{-\frac{1}{5}\ln 2\, t},$$
即
$$u(t) = 20 + 80\left(\frac{1}{2}\right)^{\frac{t}{5}}, \quad t \geqslant 0.$$

例 11-9-5 一只游船上有 500 人，一游客患了某种传染病，12h 后有 4 人发病，由于这种传染病早期症状不明显，感染者不能被及时隔离，而疫苗要在 24~36h 才能运到. 试估算在疫苗到来时患此病的人数.

解 设 $y(t)$ 表示发现首例病人后 t 小时时刻的感染人数，则 $500 - y(t)$ 表示此时刻未受感染的人数.

我们知道传染病的传染速度与被感染的人数和未感染的人数有关. 如果感染者很少或者未被感染者很少，其传染速度都较慢；如果感染者较多而未被感染者也很多，则其传染速度就很快.

根据上面的分析可以建立如下方程：
$$\begin{cases} \dfrac{\mathrm{d}y}{\mathrm{d}t} = ky(500 - y), \\ y|_{t=0} = 1,\ y|_{t=12} = 4, \end{cases} \quad k \text{ 为比例常数}.$$

易见此方程是一个伯努利方程. 令 $z = y^{-1}$，方程化为
$$\frac{\mathrm{d}z}{\mathrm{d}t} + 500kz = k,$$
解得
$$z = \frac{1}{500} + C_1 \mathrm{e}^{-500kt},$$
所以
$$y = \frac{500}{1 + C\mathrm{e}^{-500kt}},$$

由初始条件 $y(0) = 1$ 得
$$C = 499,$$

又由 $y(12) = 4$ 得
$$500k = \frac{\ln 4 + \ln 499 - \ln 496}{12} \approx 0.11603,$$

所以
$$y = \frac{500}{1+499e^{-0.11603t}}.$$

当 $t=24,36$ 时,感染此病的人数为
$$y(24) = \frac{500}{1+499e^{-0.11603\times 24}} \approx 16,$$
$$y(36) = \frac{500}{1+499e^{-0.11603\times 36}} \approx 58.$$

由上面的计算结果我们可以发现,疫苗在 36h 运到时感染的人数是 24h 运到感染人数的近 4 倍.所以在传染病流行时及时采取措施是至关重要的.

例 11-9-6 设河边点 O 的正对岸为点 A,河宽 $OA=h$,两岸为平行直线,水流速度为 a.有鸭子从点 A 游向点 O,设鸭子(在静水中)的游速为 $b(b>a)$,且鸭子游动方向始终朝着点 O,求鸭子游过的迹线(图 11-9-1).

解 设水流速度为 $\boldsymbol{a}(|\boldsymbol{a}|=a)$,鸭子游速为 $\boldsymbol{b}(|\boldsymbol{b}|=b)$,则鸭子实际运动速度为 $\boldsymbol{v}=\boldsymbol{a}+\boldsymbol{b}$. 取 O 为坐标原点,河岸朝顺水方向为 x 轴,y 轴指向对岸,设在时刻 t 鸭子位于点 $P(x,y)$.

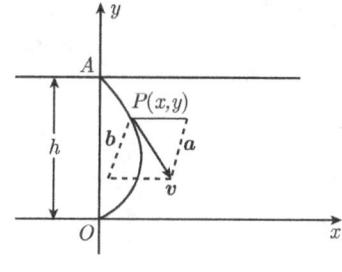

图 11-9-1

设鸭子运动速度为
$$\boldsymbol{v} = (v_x, v_y) = \left(\frac{dx}{dt}, \frac{dy}{dt}\right),$$
故有
$$\frac{dx}{dy} = \frac{v_x}{v_y},$$

而 $\boldsymbol{a}=(a,0)$,$\boldsymbol{b}=b\overrightarrow{PO}^0$,其中 $\overrightarrow{PO}^0$ 为 $\overrightarrow{PO}$ 与同方向的单位向量. 由于 $\overrightarrow{PO}=-(x,y)$,故
$$\overrightarrow{PO} = -\frac{1}{\sqrt{x^2+y^2}}(x,y),$$
所以
$$\boldsymbol{b} = -\frac{b}{\sqrt{x^2+y^2}}(x,y),$$
从而
$$\boldsymbol{v} = \boldsymbol{a}+\boldsymbol{b} = \left(a - \frac{bx}{\sqrt{x^2+y^2}}, -\frac{by}{\sqrt{x^2+y^2}}\right),$$

由此得到微分方程
$$\frac{dx}{dy} = -\frac{a\sqrt{x^2+y^2}}{by} + \frac{x}{y},$$

即
$$\frac{\mathrm{d}x}{\mathrm{d}y} = -\frac{a}{b}\sqrt{\left(\frac{x}{y}\right)^2 + 1} + \frac{x}{y},$$

令
$$\frac{x}{y} = u,$$

则
$$x = yu, \quad \frac{\mathrm{d}x}{\mathrm{d}y} = y\frac{\mathrm{d}u}{\mathrm{d}y} + u,$$

代入上面的方程, 有
$$y\frac{\mathrm{d}u}{\mathrm{d}y} = -\frac{a}{b}\sqrt{u^2 + 1},$$

分离变量, 得
$$\frac{\mathrm{d}u}{\sqrt{u^2 + 1}} = -\frac{a}{by}\mathrm{d}y,$$

积分, 得
$$\ln(u + \sqrt{u^2 + 1}) = -\frac{a}{b}(\ln y + \ln C),$$
$$u + \sqrt{u^2 + 1} = (Cy)^{-\frac{a}{b}},$$
$$u = \frac{1}{2}\left[(Cy)^{-\frac{a}{b}} - (Cy)^{\frac{a}{b}}\right],$$

所以
$$x = \frac{y}{2}\left[(Cy)^{-\frac{a}{b}} - (Cy)^{\frac{a}{b}}\right],$$

以条件 $y = h$ 时 $x = 0$ 代入上式, 得 $c = \frac{1}{h}$, 故鸭子游过的迹线为
$$x = \frac{h}{2}\left[\left(\frac{y}{h}\right)^{1-\frac{a}{b}} - \left(\frac{y}{h}\right)^{1+\frac{a}{b}}\right], \quad 0 \leqslant y \leqslant h.$$

例 11-9-7 牛顿加热与冷却定理指出, 物体温度的变化率正比于该物体的温度与环境温度的差. 现设有一金属块, 刚从高温炉中取出时的温度为 800°C, 经过 20min 后温度降为 80°C, 环境温度 20°C 保持不变. 求金属块的温度 T 与从高温炉中取出后所经过的时间 t 之间的函数关系 $T(t)$, 并由此求从炉中取出经过半小时之后该金属块的温度.

解 由牛顿加热与冷却定理可知, $T(t)$ 满足
$$\begin{cases} \dfrac{\mathrm{d}T}{\mathrm{d}t} = -k(T - 20), \\ T(0) = 800, T(20) = 80, \end{cases}$$

其中 $k>0$, 它表示比例常数,"–"号表示金属块温度是递减的. 解微分方程可得

$$T(t) = Ce^{-k} + 20,$$

由 $T(0) = 800, T(20) = 80$, 有

$$\begin{cases} C + 20 = 800, \\ Ce^{-20k} + 20 = 80, \end{cases}$$

解得 $C = 780, k = 0.1283, T$ 与 t 之间的函数关系为

$$T(t) = 780e^{-0.1283t} + 20,$$

半小时之后该金属块的温度为

$$T(30) = 780e^{-0.1283 \times 30} + 20 = 36.6(^\circ\text{C}).$$

例 11-9-8 设有一水池开始装有体积为 $V(\text{m}^3)$ 的污水, 污水的起始浓度为 c_0. 现假设以每分钟 $v_1(\text{m}^3)$ 的速度向池内注入清水, 同时又以每分钟 $v_2(\text{m}^3)$ 的速度将冲淡后的污水从池内排出 $(v_1 \geqslant v_2)$. 若不考虑污染沉积物的影响和水的蒸发, 且假设在清水注入瞬间就将污水混合均匀, 即水池中污水浓度时刻保持均匀. 求经过 $t(\min)$ 后水池中污水的浓度.

解 设经过 $t(\min)$ 后污水的浓度为 $c(t)$, 水池中污染物的含量为 $x(t)$, 则 $x(t)$ 等于 t 时刻水池中污水的总量 $(V + v_1 t - v_2 t)$ 与浓度 $c(t)$ 的乘积, 即

$$x(t) = (V + v_1 t - v_2 t)c(t),$$

从而在 $[t, t+\mathrm{d}t]$ 时间小区间内 $x(t)$ 的改变量 $\mathrm{d}x$ 为

$$\mathrm{d}x = \mathrm{d}[(V + v_1 t - v_2 t)c(t)] = c(t)(v_1 - v_2)\mathrm{d}t + (V + v_1 t - v_2 t)\mathrm{d}c(t).$$

由于 $\mathrm{d}t$ 很小, 污染物在 t 到 $t+\mathrm{d}t$ 这段时间改变量 $\mathrm{d}x$ 也近似等于在 $[t, t+\mathrm{d}t]$ 时间区间内排出的污染物 $-c(t)(v_2\mathrm{d}t)$[负号表示 $x(t)$ 是减函数], 因此有

$$c(t)(v_1 - v_2)\mathrm{d}t + (V + v_1 t - v_2 t)\mathrm{d}c(t) = -c(t)(v_2\mathrm{d}t),$$

即

$$(V + v_1 t - v_2 t)\mathrm{d}c(t) = -v_1 c(t)\mathrm{d}t,$$

解此微分方程得

$$c(t) = C\left(\frac{V}{v_1 - v_2} + t\right)^{-\frac{v_1}{v_1 - v_2}}.$$

将初始条件 $c(0) = c_0$ 代入上式得 $C = c_0 \left(\dfrac{V}{v_1 - v_2} \right)^{\frac{v_1}{v_1 - v_2}}$, 因此经过 $t(\min)$ 后水池中污水的浓度为

$$c(t) = c_0 \left[\dfrac{V}{V + (v_1 - v_2)t} \right]^{\frac{v_1}{v_1 - v_2}}.$$

例 11-9-9 某湖泊的水量为 V, 每年排入湖泊内的含污染物 A 的污水量为 $\dfrac{V}{6}$, 流入湖泊内的不含 A 的水量为 $6V$, 流出湖泊的水量为 $\dfrac{V}{3}$. 已知 1999 年底湖中 A 的含量为 $5m_0$, 超过国家规定指标. 为了治理污染, 从 2000 年初, 限定排入湖泊中的含 A 的污水的浓度不超过 $\dfrac{m_0}{V}$, 问至少需要经过多少年, 湖泊中污染物 A 的含量降至 m_0 以内 (注: 设湖水中污水量的浓度是均匀的)?

解 设湖水中污染物 A 的含量为 $m(t)$, 2000 年初为 $t_0 = 0$, 且 $m(0) = 5m_0$, 根据动态平衡原理, 有

$$\text{污染物含量增量} = \text{污染物流入量} - \text{污染物流出量}.$$

在 $[t, t + \mathrm{d}t]$ 内, 污染物流入量为 $\dfrac{V}{6} \cdot \dfrac{m_0}{V} = \dfrac{m_0}{6}$, 污染物流出量为 $\dfrac{V}{3} \cdot \dfrac{m}{V}$, 于是有

$$\dfrac{\mathrm{d}m}{\mathrm{d}t} = \dfrac{m_0}{6} - \dfrac{m}{3},$$

即描述污染物存量的微分方程为一阶线性方程. 解方程得

$$m = \dfrac{m_0}{2} - C\mathrm{e}^{-\frac{1}{3}t},$$

由 $m(0) = 5m_0$, 得 $C = -\dfrac{9}{2}m_0$, 所以

$$m = \dfrac{m_0}{2} + \dfrac{9}{2}m_0 \mathrm{e}^{-\frac{1}{3}t}.$$

又由 $m(T) = m_0$, 即 $m_0 = \dfrac{m_0}{2} + \dfrac{9}{2}m_0 \mathrm{e}^{-\frac{1}{3}T}$, 解得

$$T = 6\ln 3,$$

即经过 $6\ln 3$ 年, 湖泊中污染物 A 的含量降至 m_0 以内.

11.9.2 二阶微分方程的应用

例 11-9-10 位于坐标原点的我舰向位于 Ox 轴上 A 点处的敌舰发射制导鱼雷, 使鱼雷永远对准敌舰. 设敌舰以速度 v_0 沿平行于 Oy 轴的直线行驶, 又设鱼雷的速度是 $5v_0$, 求鱼雷的航迹曲线的方程 (图 11-9-2). 敌舰航行多远时将被击中 (为便于计算, 设 $OA = 1$)?

解 设鱼雷的航迹曲线上点 P 的坐标为 $P(x,y)$, 这时敌舰在航线上的点为 $Q(1,Y)$, 显然 $Y = v_0 t$, 故 $\dfrac{\mathrm{d}Y}{\mathrm{d}t} = v_0$, 又知鱼雷速度为 $5v_0$, 故

$$\sqrt{\left(\dfrac{\mathrm{d}x}{\mathrm{d}t}\right)^2 + \left(\dfrac{\mathrm{d}y}{\mathrm{d}t}\right)^2} = 5v_0,$$

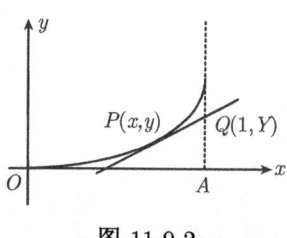

图 11-9-2

即

$$\dfrac{\sqrt{(\mathrm{d}x)^2 + (\mathrm{d}y)^2}}{\mathrm{d}t} = 5v_0 = 5\dfrac{\mathrm{d}Y}{\mathrm{d}t},$$

或

$$\sqrt{1 + \left(\dfrac{\mathrm{d}y}{\mathrm{d}x}\right)^2} = 5\dfrac{\mathrm{d}Y}{\mathrm{d}x}, \tag{11-9-5}$$

又

$$\dfrac{\mathrm{d}y}{\mathrm{d}x} = \dfrac{Y - y}{1 - x},$$

即

$$Y - y = (1 - x)\dfrac{\mathrm{d}y}{\mathrm{d}x},$$

所以

$$\dfrac{\mathrm{d}Y}{\mathrm{d}x} - \dfrac{\mathrm{d}y}{\mathrm{d}x} = (1 - x)\dfrac{\mathrm{d}^2 y}{\mathrm{d}x^2} - \dfrac{\mathrm{d}y}{\mathrm{d}x},$$

即

$$\dfrac{\mathrm{d}Y}{\mathrm{d}x} = (1 - x)\dfrac{\mathrm{d}^2 y}{\mathrm{d}x^2},$$

以此代入式 (11-9-5) 得

$$\sqrt{1 + y'} = 5(1 - x)y'', \tag{11-9-6}$$

解方程 (11-9-6), 令 $y' = P$, 则 $y'' = \dfrac{\mathrm{d}P}{\mathrm{d}x}$, 式 (11-9-6) 化为

$$\sqrt{1 + P^2} = 5(1 - x)\dfrac{\mathrm{d}P}{\mathrm{d}x} \quad \text{或} \quad \dfrac{\mathrm{d}x}{1 - x} = 5\dfrac{\mathrm{d}P}{\sqrt{1 + P^2}},$$

积分, 得

$$(1 - x)^{-\frac{1}{5}} = C(P + \sqrt{1 + P^2}),$$

代入初始条件 $P|_{x=0} = 0$, 求得 $C = 1$, 有

$$P + \sqrt{1 + P^2} = (1 - x)^{-\frac{1}{5}},$$

解得

$$2P = (1 - x)^{-\frac{1}{5}} - (1 - x)^{\frac{1}{5}},$$

即
$$2\frac{\mathrm{d}y}{\mathrm{d}x} = (1-x)^{-\frac{1}{5}} - (1-x)^{\frac{1}{5}},$$

积分, 得
$$y = \frac{1}{2}\left[-\frac{5}{4}(1-x)^{\frac{4}{5}} + \frac{5}{6}(1-x)^{\frac{6}{5}}\right] + C_1,$$

代入初始条件 $y|_{x=0} = 0$, 得 $C_1 = \dfrac{5}{24}$, 于是得鱼雷航迹曲线的方程为

$$y = \frac{1}{2}\left[-\frac{5}{4}(1-x)^{\frac{4}{5}} + \frac{5}{6}(1-x)^{\frac{6}{5}}\right] + \frac{5}{24}.$$

鱼雷击中敌舰, 则曲线上点 P 的横坐标 $x = 1$, 这时 $y = \dfrac{5}{24} = Y$, 即敌舰驶离 A 点 $\dfrac{5}{24}$ 个单位距离时即被击中.

例 11-9-11 (悬链线)   设一均匀、柔软的绳索, 两端固定, 由于绳本身的重量自然下垂. 试问该绳在平衡状态时是怎样的曲线?

解   设绳索的最低点为 A. 取 y 轴通过点 A 铅直向上, x 轴水平向右. 且 $|OA|$ 等于某个定值. 设绳索曲线的方程为 $y = y(x)$, 在曲线上任取一点 M, 设 $\widehat{AM}$ 的长为 s, 假定绳索的线密度为 ρ, 由于绳索是均匀的, 所以 $\widehat{AM}$ 弧段的重量为 $\rho g s$, 曲线上任意点处的切线存在. 在 A 点处的张力沿水平方向, 大小设为 H, 在 M 点处的张力沿该点处的切线方向, 设其倾角为 θ, 大小为 T.

根据力的平衡原理得
$$\begin{cases} T\sin\theta = \rho g s, \\ T\cos\theta = H, \end{cases}$$

将上两式相除, 得
$$\tan\theta = \frac{1}{a}s, \quad a = \frac{H}{\rho g},$$

由于
$$\tan\theta = y', \quad s = \int_0^x \sqrt{1+y'^2}\,\mathrm{d}x,$$

代入上式, 得
$$y' = \frac{1}{a}\int_0^x \sqrt{1+y'^2}\,\mathrm{d}x,$$

将上式两端对 x 求导, 得
$$y'' = \frac{1}{a}\sqrt{1+y'^2}. \tag{11-9-7}$$

取 $|OA| = a$, 那么初始条件为
$$y|_{x=0} = a, \quad y'|_{x=0} = 0.$$

§11.9 微分方程和差分方程的应用

方程 (11-9-7) 属于 $y'' = f(x, y')$ 型, 设
$$y' = p,$$
则
$$y'' = \frac{dp}{dx},$$
代入方程 (11-9-7), 并分离变量, 得
$$\frac{dp}{\sqrt{1+p^2}} = \frac{dx}{a},$$
解此方程得
$$\text{arsh}\, p = \frac{x}{a} + C_1. \tag{11-9-8}$$
把条件 $y'|_{x=0} = 0$ 代入方程 (11-9-8) 得
$$C_1 = 0,$$
于是方程 (11-9-8) 就变为
$$\text{arsh}\, p = \frac{x}{a},$$
即
$$y' = \text{sh}\, \frac{x}{a},$$
解此方程, 得
$$y = a\, \text{ch}\, \frac{x}{a} + C_2. \tag{11-9-9}$$
把条件 $y|_{x=0} = a$ 代入方程 (11-9-9), 得
$$C_2 = 0,$$
于是所求曲线方程为
$$y = a\, \text{ch}\, \frac{x}{a} = \frac{a}{2}\left(e^{\frac{x}{a}} + e^{-\frac{x}{a}}\right).$$

该曲线称为悬链线.

例 11-9-12 一单位质量的质点在 Ox 轴上运动, 开始时质点在原点 O 处且速度为 v_0, 在运动过程中, 受到一个力的作用, 该力的方向与初速度 v_0 一致, 大小与质点到原点的距离成正比 (比例系数为 k_1, $k_1 > 0$), 介质阻力与速度成正比 (比例系数为 k_2, $k_2 > 0$), 求质点运动规律 $x(t)$.

解 根据牛顿第二运动定律 $F = ma$, 有
$$\frac{d^2 x}{dt^2} = k_1 x - k_2 \frac{dx}{dt},$$
$$\frac{d^2 x}{dt^2} + k_2 \frac{dx}{dt} - k_1 t = 0 \tag{11-9-10}$$

初始条件为
$$x(0) = 0, \quad x'(0) = v_0.$$

方程 (11-9-10) 为二阶常系数齐次线性微分方程，它的通解为
$$x(t) = C_1 e^{\frac{-k_2 + \sqrt{k_2^2 + 4k_1}}{2}} + C_2 e^{\frac{-k_2 - \sqrt{k_2^2 + 4k_1}}{2}},$$

将初始条件 $x(0) = 0$, $x'(0) = v_0$ 代入上式，可得
$$C_1 = -C_2 = \frac{v_0}{\sqrt{k_2^2 + 4k_1}},$$

于是所求质点运动规律为
$$x(t) = \frac{v_0}{\sqrt{k_2^2 + 4k_1}} \left(e^{\frac{-k_2 + \sqrt{k_2^2 + 4k_1}}{2}} - e^{\frac{-k_2 - \sqrt{k_2^2 + 4k_1}}{2}} \right).$$

例 11-9-13 质量为 m 的质点受力 F 的作用沿 Ox 做直线运动．设力 F 仅是时间 t 的函数：$F = F(t)$．在开始时刻 $t = 0$ 时，$F(0) = F_0$，随着时间 t 的增大，此力 F 均匀地减小，直到 $t = T$ 时，$F(T) = 0$．如果开始时质点位于原点，且初速度为 0，求这质点的运动规律．

解 设 $x = x(t)$ 表示在时刻 t 时质点的位置，根据牛顿第二定律，质点运动的微分方程为
$$m \frac{d^2 x}{dt^2} = F(t). \tag{11-9-11}$$

由题设，力 $F(t)$ 随 t 增大而均匀地减小，且 $t = 0$ 时，$F(0) = F_0$，所以 $F(t) = F_0 - kt$；又当 $t = T$ 时，$F(T) = 0$，从而
$$F(t) = F_0 \left(1 - \frac{t}{T}\right),$$

于是方程 (11-9-11) 可以写成
$$\frac{d^2 x}{dt^2} = \frac{F_0}{m} \left(1 - \frac{t}{T}\right), \tag{11-9-12}$$

其初始条件为
$$x|_{t=0} = 0, \quad \left.\frac{dx}{dt}\right|_{t=0} = 0.$$

把式 (11-9-12) 两端积分，得
$$\frac{dx}{dt} = \frac{F_0}{m} \int \left(1 - \frac{t}{T}\right) dt,$$

即
$$\frac{dx}{dt} = \frac{F_0}{m}\left(t - \frac{t^2}{2T}\right) + C_1. \tag{11-9-13}$$

将条件 $\left.\dfrac{dx}{dt}\right|_{t=0} = 0$ 代入式 (11-9-13), 得
$$C_1 = 0,$$

于是式 (11-9-13) 成为
$$\frac{dx}{dt} = \frac{F_0}{m}\left(t - \frac{t^2}{2T}\right), \tag{11-9-14}$$

把式 (11-9-14) 两端积分, 得
$$x = \frac{F_0}{m}\left(\frac{t^2}{2} - \frac{t^3}{6T}\right) + C_2,$$

将条件 $x|_{t=0} = 0$ 代入上式, 得
$$C_2 = 0.$$

于是所求质点得运动规律为
$$x = \frac{F_0}{m}\left(\frac{t^2}{2} - \frac{t^3}{6T}\right), \quad 0 \leqslant t \leqslant T.$$

例 11-9-14 一个离地面很高的物体, 受地球引力的作用由静止开始落向底面. 求它落到地面时的速度和所需的时间 (不计空气阻力).

解 取连接地球中心与该物体的直线为 y 轴, 其方向铅直向上, 取地球的中心为原点 O (图 11-9-3). 设地球的半径为 R, 物体的质量为 m, 物体开始下落时与地球中心的距离为 $l(l > R)$, 在时刻 t 物体所在位置为 $y = y(t)$, 于是速度为 $v(t) = \dfrac{dy}{dt}$. 根据万有引力定律, 即得微分方程
$$m\frac{d^2 y}{dt^2} = -\frac{kmM}{y^2}, \tag{11-9-15}$$

即
$$\frac{d^2 y}{dt^2} = -\frac{gR^2}{y^2},$$

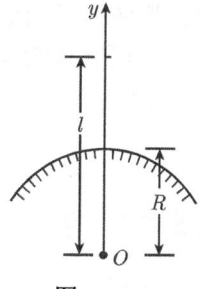

图 11-9-3

其中 M 为地球的质量, k 为引力常数. 因为 $\dfrac{d^2 y}{dt^2} = \dfrac{dv}{dt}$, 且当 $y = R$ 时, $\dfrac{dv}{dt} = -g$ (这里置负号是由于物体运动加速度的方向与 y 轴的正向相反的缘故), 所以 $k = \dfrac{gR^2}{M}$. 于是方程 (11-9-14) 成为
$$\frac{d^2 y}{dt^2} = -\frac{gR^2}{y^2}, \tag{11-9-16}$$

初始条件是 $y|_{t=0} = l$, $y'|_{t=0} = v|_{t=0} = 0$.

先求物体到达地面时的速度. 由 $\dfrac{\mathrm{d}y}{\mathrm{d}t} = v$, 得

$$\frac{\mathrm{d}^2 y}{\mathrm{d}t^2} = \frac{\mathrm{d}v}{\mathrm{d}t} = \frac{\mathrm{d}v}{\mathrm{d}y} \cdot \frac{\mathrm{d}y}{\mathrm{d}t} = v\frac{\mathrm{d}v}{\mathrm{d}y},$$

代入方程 (11-9-16) 并分离变量, 得

$$v\mathrm{d}v = -\frac{gR^2}{y^2}\mathrm{d}y,$$

两端积分, 得

$$v^2 = \frac{2gR^2}{y} + C_1.$$

把初始条件代入上式, 得

$$C_1 = -\frac{2gR^2}{t},$$

于是

$$v^2 = 2gR^2 \left(\frac{1}{y} - \frac{1}{l} \right). \tag{11-9-17}$$

在式 (11-9-17) 中, 令 $y = R$, 就得到物体到达地面时的速度 v 为

$$-\sqrt{\frac{2gR(l-R)}{l}},$$

这里取负号是由于物体运动的方向与 y 轴的正向相反的缘故.

下面来求物体落到地面所需的时间. 由式 (11-9-17) 有

$$\frac{\mathrm{d}y}{\mathrm{d}t} = v = -R\sqrt{2g\left(\frac{1}{y} - \frac{1}{l}\right)},$$

分离变量, 得

$$\mathrm{d}t = -\frac{1}{R}\sqrt{\frac{l}{2g}}\sqrt{\frac{y}{l-y}}\mathrm{d}y.$$

两端积分 (对右端积分利用置换 $y = l\cos^2 u$), 得

$$t = \frac{1}{R}\sqrt{\frac{l}{2g}}\left(\sqrt{ly - y^2} + l\arccos\sqrt{\frac{y}{l}}\right) + C_2, \tag{11-9-18}$$

由条件 $y|_{t=0} = l$, 得

$$C_2 = 0.$$

于是式 (11-9-18) 成为

$$t = \frac{1}{R}\sqrt{\frac{l}{2g}}\left(\sqrt{ly-y^2} + l\arccos\sqrt{\frac{y}{l}}\right).$$

在上式中令 $y = R$,便得到物体到达地面所需的时间为

$$\frac{1}{R}\sqrt{\frac{l}{2g}}\left(\sqrt{lR-R^2} + l\arccos\sqrt{\frac{R}{l}}\right).$$

11.9.3 微分方程在经济中的应用

例 11-9-15 已知某商品的需求价格弹性为 $\dfrac{EQ}{EP} = -P(\ln P + 1)$ 且 $P = 1$,需求量 $Q = 1$.

(1) 求商品对价格的需求函数;

(2) 当 $P \to +\infty$ 时,需求是否趋于稳定?

解 (1) 由

$$\frac{EQ}{EP} = \frac{P}{Q}\frac{dQ}{dP} = -P(\ln P + 1),$$

得

$$\frac{dQ}{Q} = -P(\ln P + 1)dP,$$

两边积分,得

$$\ln Q = -\int (1 + \ln P)dP = C - P\ln P,$$

代入初始条件,得 $C = 0$,故所求需求函数为 $Q = P^{-P}$.

(2) 当 $P \to +\infty$ 时, $Q \to 0$,需求趋于稳定.

例 11-9-16 已知某商品的需求量 x 对价格 P 的弹性 $y = -3P^2$,而市场对该商品的最大需求量为 1(万件),求需求函数.

解 根据弹性的定义,有

$$y = \frac{\dfrac{dx}{x}}{\dfrac{dP}{P}} = -3P^2,$$

即

$$\frac{dx}{x} = -3P^2 dP.$$

由此得 $x = Ce^{-P^3}$, C 为任意常数. 由题知 $P = 0$ 时, $x = 1$,从而 $C = 1$. 故所求需求函数为

$$x = e^{-P^3}.$$

例 11-9-17 已知某商品的需求量 D 和供给量 S 都是价格 P 的函数，即

$$D = D(P) = \frac{a}{P^2}, \quad S = S(P) = bP,$$

其中 $a > 0, b > 0$ 为常数；价格 P 是时间的函数且满足方程

$$\frac{\mathrm{d}P}{\mathrm{d}t} = k[D(P) - S(P)] \quad (k \text{ 为正常数}).$$

假设当 $t = 0$ 时价格为 1，试求：

(1) 需求量等于供给量时的均衡价格 P_e；
(2) 价格函数 $P(t)$；
(3) 极限 $\lim\limits_{t \to +\infty} P(t)$。

解 (1) 当需求量等于供给量时，有 $\dfrac{a}{P^2} = bP$，即 $P^3 = \dfrac{a}{b}$，因此均衡价格

$$P_e = \left(\frac{a}{b}\right)^{\frac{1}{3}}.$$

(2) 有条件知

$$\frac{\mathrm{d}P}{\mathrm{d}t} = k[D(P) - S(P)] = k\left(\frac{a}{P^2} - bP\right) = \frac{kb}{P^2}\left(\frac{a}{b} - P^3\right),$$

因此有

$$\frac{\mathrm{d}P}{\mathrm{d}t} = \frac{kb}{P^2}(P_e^3 - P^3),$$

即

$$\frac{P^2 \mathrm{d}P}{P^3 - P_e^3} = -kb\mathrm{d}t,$$

两边积分，得

$$P^3 = P_e^3 + C\mathrm{e}^{-3kbt},$$

由条件 $P(0) = 1$ 可得 $C = 1 - P_e^3$，故价格函数为

$$P(t) = [P_e^3 + (1 - P_e^3)\mathrm{e}^{-3kbt}]^{\frac{1}{3}}.$$

(3) $\lim\limits_{t \to +\infty} P(t) = \lim\limits_{t \to +\infty}[P_e^3 + (1 - P_e^3)\mathrm{e}^{-3kbt}]^{\frac{1}{3}} = P_e^3.$

例 11-9-18 假设某公司的净资产因资产本身产生了利息而以 5% 的年利率增长，同时，该公司还必须以每年 20000 万元的数额连续地支付职员工资。

(1) 求出描述公司净资产 w (以 100 万元为单位) 的微分方程；
(2) 解上述微分方程，这里假设初始净资产为 w_0 (100 万元)；
(3) 试描绘出 w_0 分别为 3000, 4000 和 5000 时的解曲线。

解 (1) 现在我们用分析法来解此问题。为给净资产建立一个微分方程，我们将使用下面这一事实，即净资产增长的速度 = 利息盈取速度 − 工资支付率。

以每年 100 万元为单位, 利息盈取的速率为 $0.05w$, 而工资的支付率为每年 200 万元, 于是我们有 $\dfrac{\mathrm{d}w}{\mathrm{d}t} = 0.05w - 200$. 其中 t 以年为单位.

(2) 分离变量, 有
$$\frac{\mathrm{d}w}{w-4000} = 0.05\mathrm{d}t,$$
积分, 得
$$\ln|w-4000| = 0.05t + C,$$
于是
$$w - 4000 = A\mathrm{e}^{0.05t}, \quad A = \pm\mathrm{e}^C.$$
由 $t=0$ 时 $w=w_0$, 有 $A = w_0 - 4000$, 代入解中, 得
$$w = 4000 + (w_0 - 4000)\mathrm{e}^{0.05t}.$$

(3) 如果 $w_0 = 4000$, 则 $w = 4000$ 为平衡解;

如果 $w_0 = 5000$, 则 $w = 4000 + 1000\mathrm{e}^{0.05t}$;

如果 $w_0 = 3000$, 则 $w = 4000 - 1000\mathrm{e}^{0.05t}$ (图 11-9-4).

这里, 请注意, 当 $t \approx 27.7$ 时, $w = 0$, 于是这一解意味着该公司在今后的第 28 个年头破产.

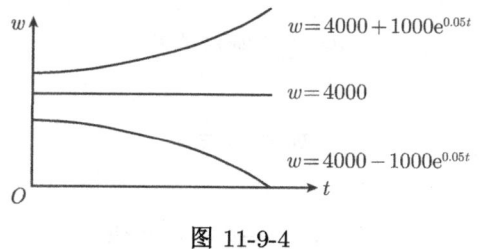

图 11-9-4

11.9.4 差分方程在经济中的应用

例 11-9-19 某家庭计划从现在起在每月的工资中将一定的数额的资金存入银行作为子女的教育经费, 打算 20 年后开始每月从教育经费账户中支取 1000 元, 直到十年后子女大学毕业用完全部资金. 问 20 年内需要筹足多少资金? 每月要存多少资金? 设银行月利率为 0.5%.

解 设第 n 个月教育经费账户的余额为 a_n, 于是 20 年后, 关于 a_n 的差分方程为
$$a_{n+1} = 1.005 a_n - 1000, \tag{11-9-19}$$
且依题意 $a_{120} = 0$, $a_0 = x$ 为 20 年的总筹资金, 解方程 (11-9-19) 得通解为
$$a_n = (1.005)^n C + 200000,$$

由定解条件得
$$C = -109926.55, \quad x = 90073.45 \text{ 元}.$$

若从现在起的 20 年内，a_n 满足的方程为
$$a_{n+1} = 1.005 a_n + b, \tag{11-9-20}$$

且 $a_0 = 0, a_{240} = 90073.45$，解方程 (11-9-20)，得
$$a_n = (1.005)^n C_1 - 200b,$$

由定解条件得
$$C_1 = 38900, \quad b = 194.95 \text{ 元}.$$

因此，要实现目标，前 20 年每月需存入 194.95 元，共筹措资金 90073.45 元.

例 11-9-20 假设有人年初买了一对小兔子，一个月后，小兔子长成了大兔子，便开始繁殖，且每月都生一对小兔子，而小兔子又遵循年初那对兔子的繁殖规律，问第 x 个月兔子有多少对 (假设兔子都不死亡)？

解 设第 x 个月兔子的对数是 y_x，则第 $x+2$ 个月的兔子数目可以这样得到：第 $x+1$ 个月的兔子在第 $x+2$ 个月依然存在，但有大有小，不一定都生小兔子，但第 x 个月的所有兔子到第 $x+2$ 个月都生一对兔子，因此有
$$y_{x+2} = y_{x+1} + y_x, \tag{11-9-21}$$

且
$$y_0 = y_1 = 1, \tag{11-9-22}$$

化为一般形式
$$y_{x+2} - y_{x+1} - y_x = 0,$$

特征方程是 $\lambda^2 - \lambda - 1 = 0$. 求得两个根
$$\lambda_1 = \frac{1+\sqrt{5}}{2}, \quad \lambda_2 = \frac{1-\sqrt{5}}{2},$$

于是方程 (11-9-21) 的解是
$$\begin{cases} y_x = A_1 \left(\dfrac{1+\sqrt{5}}{2}\right)^x + A_2 \left(\dfrac{1-\sqrt{5}}{2}\right)^x, \\ y_0 = y_1 = 1, \end{cases}$$

确定 A_1, A_2 之后，便得
$$y_x = \frac{1}{\sqrt{5}} \left\{ \left(\frac{1+\sqrt{5}}{2}\right)^{x+1} - \left(\frac{1-\sqrt{5}}{2}\right)^{x+1} \right\}.$$

习　题　11.9

1. 某曲线上任一点 (x,y) 处的切线与横轴的交点的横坐标等于切点的纵坐标的 2 倍，且曲线过点 $(2,1)$，求该曲线的方程．

2. 设有一个由电阻 $R=10\Omega$，电感 $L=2H$ 和电源电压 $E=20\sin 5t V$ 串联组成的电路，开关 K 合上以后，电路中有电流通过．求电流 i 与时间 t 的函数关系．

3. 放射性元素的质量随时间的增加而逐渐减少，这种现象称为衰变．由物理学知，放射性元素镭在某时刻的衰变速度与该时刻镭的质量 m 成正比．设 $t=0$ 时，镭的质量为 m_0，且知经过 100 年后余下原来的 96%，求镭的质量随时间变化的规律 $m(t)$，并求经过 1600 年后，还余下多少镭？

4. 设有一质量为 m 的物体，在空中由静止开始下落，如果空气阻力为 $R=c^2v^2$（其中 c 为常数，v 为物体运动的速度），试求物体下落的距离 s 与时间 t 的函数关系．

5. 设炉内温度为 1150°C，炉外温度为 30°C，钢坯出炉 10s 后温度降为 1000°C：
   (1) 求钢坯出炉后的温度 T 与时间 t 的函数关系式；
   (2) 若钢坯的温度降至 750°C 以下锻打将影响钢坯的质量，问应该在钢坯出炉后几秒内把它锻打？
   (提示：牛顿冷却定律为物体冷却速度与当时物体周围介质的温度差呈正比.)

章末自测 11

(A)

1. 填空题．

(1) 微分方程 $\dfrac{dy}{dx}=\dfrac{y}{x}-\dfrac{1}{2}\left(\dfrac{y}{x}\right)^3$ 满足初始条件 $y|_{x=1}=1$ 的特解为 _____．

(2) 曲线上任一点 (x,y) 处的切线斜率等于该点横坐标的倒数，且曲线过点 $(1,2)$，则此曲线的方程是_____．

(3) 差分方程 $2y_{x+1}+10y_x-5x=0$ 的通解为 _____．

(4) 一质点沿直线运动，已知在时间 t 时加速度为 t^2-1，开始时 $(t=0)$ 速度为 $\dfrac{1}{3}$，则速度与时间 t 的函数关系式是_____．

(5) 某公司每年的工资总额在比上一年增加 20% 的基础上．再追加 200 万元，若以 W_t 表示第 t 年的工资总额（单位：100 万元），则 W_t 满足的差分方程是_____．

(6) 已知 $t, t\ln t$ 是微分方程 $x''-\dfrac{1}{t}x'+\dfrac{1}{t^2}x=0$ 的解，则其通解为_____．

(7) 微分方程 $y'\tan x=y\ln y$ 的通解为 _____．

(8) 微分方程 $y''+3y'=6$ 的一个特解为_____．

(9) 微分方程 $2y''-5y'=e^x$ 的一个特解为_____．

(10) 微分方程 $(6x+y)dx+xdy=0$ 的通解为 _____．

2. 单项选择题.

(1) 方程 $(y - \ln x)\mathrm{d}x + x\mathrm{d}y = 0$ 是 (   ).
(A) 可分离变量方程; (B) 齐次方程;
(C) 一阶线性非齐次方程; (D) 一阶线性齐次方程.

(2) 微分方程 $yy'' - 2(y')^2 = 0$ 的通解是 (   ).
(A) $y = \dfrac{1}{C-x}$; (B) $y = \dfrac{1}{1-Cx}$;
(C) $y = \dfrac{1}{C+(2C^2+1)x}$; (D) $y = \dfrac{1}{C_1 x + C_2}$.

(3) 微分方程 $y'' - 5y' + 6y = x\mathrm{e}^{-2x}$ 的一个特解应具有形式 (   ).
(A) $Ax\mathrm{e}^{-2x}$; (B) $(Ax+B)\mathrm{e}^{-2x}$;
(C) $(Ax^2+Bx+C)\mathrm{e}^{-2x}$; (D) $x(Ax+B)\mathrm{e}^{-2x}$.

(4) 微分方程 $xy'' - y' = 0$ 满足条件 $y'(1) = 1, y(1) = \dfrac{1}{2}$ 的解是 (   ).
(A) $y = \dfrac{x^2}{4} + \dfrac{1}{4}$; (B) $y = \dfrac{x^2}{2}$;
(C) $y = x^2 - \dfrac{1}{2}$; (D) $y = -x^2 + \dfrac{1}{2}$.

(5) 若 $x = -\dfrac{t}{4}\cos 2t$ 是方程 $\dfrac{\mathrm{d}^2 x}{\mathrm{d}t^2} + 4x = \sin 2t$ 的一个特解, 则它的通解是 (   ).
(A) $x = C_1 \cos 2t + C_2 \sin 2t - \dfrac{t}{4}\cos 2t$;
(B) $x = C_1 \sin 2t - \dfrac{t}{4}\cos 2t$;
(C) $x = (C_1 + C_2 t)\mathrm{e}^{2t} - \dfrac{t}{4}\cos 2t$;
(D) $x = C_1 \mathrm{e}^{2t} + C_2 \mathrm{e}^{-2t} - \dfrac{t}{4}\cos 2t$.

(6) 设非齐次一阶线性微分方程 $y' + P(x)y = Q(x)$ 有两个不同的解 $y_1(x), y_2(x), C$ 为任意常数, 则该方程的通解是 (   ).
(A) $C[y_1(x) - y_2(x)]$; (B) $y_1 + C[y_1(x) - y_2(x)]$;
(C) $C[y_1(x) + y_2(x)]$; (D) $y_1 + C[y_1(x) + y_2(x)]$.

(7) 微分方程 $y'' - y' = x^2$ 的一个特解应具有形式 (   ).
(A) Ax^2; (B) $Ax^2 + Bx + C$;
(C) Ax^3; (D) $x(Ax^2 + Bx + C)$.

(8) 微分方程 $y' + y'' = xy''$ 满足条件 $y'(2) = 1, y(2) = 1$ 的解是 (   ).
(A) $y = (x-1)^2$; (B) $y = \left(x + \dfrac{1}{2}\right)^2 - \dfrac{21}{4}$;
(C) $y = \dfrac{1}{2}(x-1)^2 + \dfrac{1}{2}$; (D) $y = \left(x - \dfrac{1}{2}\right)^2 - \dfrac{5}{4}$.

(9) 下列等式中不是差分方程的是 (   ).
(A) $2\Delta y_x - y_x = 2$; (B) $3\Delta y_x + 3y_x = x$;
(C) $\Delta^2 y_x = 0$; (D) $2y_x + y_{x-2} = r^2$.

(B)

1. 求下列一阶微分方程的通解或特解:

(1) $\dfrac{x}{1+y}\mathrm{d}x - \dfrac{y}{1+x}\mathrm{d}y = 0$, $y|_{x=0} = 1$;

(2) $\sqrt{1-x^2}\,y' + \sqrt{1-y^2} = 0$;

(3) $(x^2+y)\mathrm{d}x - x\mathrm{d}y = 0$;

(4) $(x^2+3y^2)\mathrm{d}x - 2xy\mathrm{d}y = 0$;

(5) $xy' - y = y^2 y|_{x=1} = 1$;

(6) 求微分方程 $\dfrac{\mathrm{d}y}{\mathrm{d}x} = \dfrac{y}{x+y^3}$.

2. 求下列二阶微分方程的通解或特解:

(1) $\dfrac{\mathrm{d}^2 y}{\mathrm{d}x^2} + 7\dfrac{\mathrm{d}y}{\mathrm{d}x} = 0$;

(2) $\dfrac{\mathrm{d}^2 x}{\mathrm{d}t^2} - 2\dfrac{\mathrm{d}x}{\mathrm{d}t} + 5x = 0$;

(3) $y'' + 2y' + y = 0$, $y|_{x=0} = 1$, $y'|_{x=0} = 0$;

(4) $y'' + 3y' + 2y = 2\mathrm{e}^{-3x}$.

3. 求微分方程 $y'' + 2y' - 3y = 0$ 的一条积分曲线, 使其在原点处与直线 $y = 4x$ 相切.

4. 求下列差分方程的通解或特解:

(1) $y_{x+1} - 5y_x = 3$;

(2) $y_{x+1} + y_x = 2x^2$, $y_0 = 0$;

(3) $y_{x+2} + 3y_{x+1} - \dfrac{7}{4}y_x = 9$;

(4) $y_{x+2} - 2y_{x+1} - 3y_x = 3^{x+1}$.

5. 某商品的需求量 Q 对价格 P 的弹性为 $P\ln 3$, 已知该商品的最大需求量为 1200 (即当 $P = 0$ 时, $Q = 1200$) 求需求量 Q 对价格 P 的函数关系.

6. 设 S_t 为 t 期存款总额, α 为存款利率, $t+1$ 期存款总额 S_{t+1} 与 S_t 满足 $S_{t+1} = (1+\alpha)S_t$, 设初始 $(t=0)$ 存款额为 S_0, 求 S_t.

第12章 MATLAB 在微积分中的应用

前面我们已经学习微分与积分的概念和数学推导的方法,但在实际应用中可能会遇到求高阶导数的问题或积分的问题. 例如

$$f(x) = \frac{\sin x}{x^2 + 4x + 3}$$

这样简单的函数,如何求 $f(x)$ 四阶导数?若用手工推导得出正确的结果,需要很繁杂、细致的工作,而用 MATLAB 用一条语句得出结果.

从上面的例子可以看出,解决实际问题用手工推导的方法虽然有时可行,但对复杂的问题不能实现或不可靠. 因此,需要学习计算机数学语言——MATLAB,以更好地解决以后学习和研究中遇到的问题.

MATLAB 是一个为科学和工程计算而专门设计的高级交互式软件包,是一种高性能的编程软件,具有通用科技计算、图形交互系统和程序设计语言,并且语法规则简单,更加贴近于人的思维方式. 因此, MATLAB 语言容易掌握,并且调试方便. 本章主要通过一些实例来简要介绍 MATLAB 中应用于微积分的基本内容,从而熟悉一些常用的基本命令函数.

§12.1 MATLAB 基础

在 Windows 系统中,点击 MATLAB 图标启动程序,进入 MATLAB 界面(图 12-1-1).

MATLAB 的命令窗口是用户同 MATLAB 工作环境交互的主要窗口,在命令提示符 ≫ 下,用户可以键入各种相关命令,并按回车键,则 MATLAB 开始执行用户命令,并显示结果.

MATLAB 的数学运算符包括:

(1) ^ 乘方;

(2) ∗ 乘法;

　　/ 除法;

(3) + 加法;

　　− 减法.

§12.1　MATLAB 基础

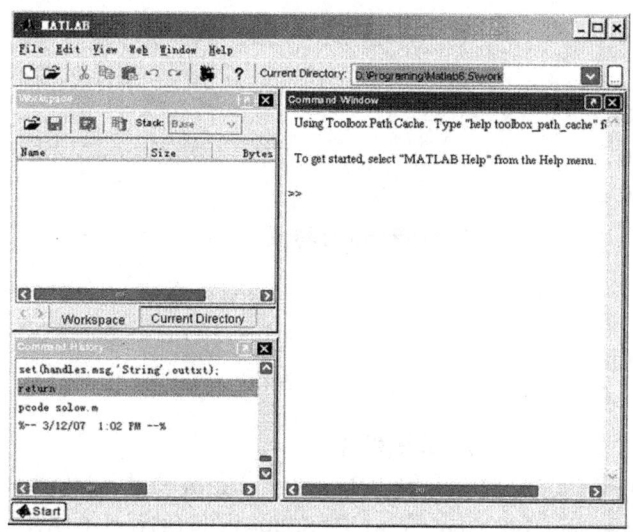

图 12-1-1

执行时按上述次序给出的优先级来运算. 在带相同优先级的运算符表达式中, 按从左到右的顺序执行. 圆括号 ( ) 能够用于改变优先级次序, 由最内层的括号向外执行.

符号%后面的内容是程序的注解, 不作为命令运行. 命令 clear 的功能是清除 MATLAB 工作空间中保存的变量与函数, 通常置于程序之首, 以免原来 MATLAB 工作空间中保存的变量与函数影响新的程序. 若在某行程序的最后输入分号, 那么执行时该程序行的结果不会显示.

在 MATLAB 中, 冒号运算符是很有用的, 它在向量生成、子矩阵提取等很多方面都是特别重要的. 冒号运算符的原型为

$$v=s1:s2:s3$$

该函数将生成一个行向量 v, 其中 s_1 为向量的起始值, s_2 为步长, 该向量将从 s_1 出发, 每隔步长 s_2 取一个点, 直至不超过 s_3 的最大值构成一个向量. 若省略 s_2, 则步长默认值 1.

例如, 在 MATLAB 环境中表示下面的矩阵:

$$A = \begin{bmatrix} 1 & 2 & 3 \\ 4 & 5 & 6 \\ 7 & 8 & 9 \end{bmatrix}$$

可以由下面的 MATLAB 语句直接输入到工作空间中. 矩阵的内容由方括号起来的部分表示, 而在方括号中的分号表示矩阵的换行, 逗号或空格表示同一行矩阵元素间的分隔.

```
>>A=[1, 2, 3; 4, 5, 6; 7, 8, 9]
A =
   1   2   3
   4   5   6
   7   8   9
>>A'                    % 求矩阵A的转置
  ans=
       1     4     7
       2     5     8
       3     6     9
>>inv(A)                % 求逆矩阵
Warning:Matrix is close to singular or badly scaled.
    Results may be inaccurate.RCOND=1.541976e-018.
ans=
  1.0e+016 *
    -0.4504    0.9007   -0.4504
     0.9007   -1.8014    0.9007
    -0.4504    0.9007   -0.4504
>>A+A'                  % 求矩阵的和
ans=
       2     6    10
       6    10    14
      10    14    18
>>A*A'                  % 求矩阵乘积
ans=
      14    32    50
      32    77   122
      50   122   194
>>A^2                   % 矩阵的乘幂
ans=
      30    36    42
      66    81    96
     102   126   150
>>A.*A                  % 矩阵的点乘,同阶矩阵对应元素分别相乘
ans=
```

§12.1 MATLAB 基础

```
         1    4    9
        16   25   36
        49   64   81
>>A(2,3)                % 提取矩阵第二行第三列元素
ans=
     6
>>A(4)                  % 提取矩阵第四个元素
                        % 当矩阵元素的位置只用一个指标表示时,
                          矩阵按列优先被看成是一个列矩阵
ans=
     2
>>A(1: 5)               % 按列优先提取矩阵前五个元素
ans=
     1    4    7    2    5
>>A(2:3,3)              % 提取矩阵第三列中第二到第三行的元素
ans=
     6
     9
>>A(:, 2)               % 提取矩阵第二列元素
ans=
     2
     5
     8
>>diag(A)               % diag(A,n)提取矩阵A主对角线方向的元素
                        % n=0即主对角线(可省略指标0)
                        % n>0表示在主对角线之上, n<0表示在主对角线之下
ans=
     1
     5
     9
>>diag(A, 1)
ans=
     2
     6
>>diag(A, -2)
```

```
ans=
    7
>>sum(A)                  % 对矩阵各列元素分别求和
ans=
    12    15    18
>>sum(A(2, :))            % 对矩阵第二行求和
ans=
    15
```

作为一种程序设计语言,MATLAB 提供了一些用来控制程序的流程语言,其中包括 for 循环语句结构. for 循环语句通常被用来执行循环次数已知的情况,可以按照用户指定的次数来执行循环结构体的内容. for 语句的一般结构:

for n = 初值: 步长: 终值

循环结构体

end

当循环语句开始执行时,循环变量 n 取初值,每执行一次循环体的内容,变量 n 就会按照步长的大小来改变,直至执行完初值和终值中所有的分量,结束循环体,继续执行 end 语句下面的命令.

符号运算工具箱可以用于推导数学公式,所以可使用 MATLAB 对某些函数进行微分和积分的运算,这时首先要使用命令 syms 来定义基本符号对象.

有时符号运算的结果不是最简形式,或不是用户期望的格式,这是需要对结果进行化简处理. MATLAB 中最常用的化简函数是 r=sinple( ),该函数尝试各种化简函数,最终得出计算机认为最简的结果. 其他专门的化简函数还有:collect( ) 合并函数同类项,expand( ) 展开多项式,factor( ) 进行因式分解,numden( ) 提取分式的分子和分母,sincos( ) 进行三角函数的化简等.

例如,我们使用几种化简函数来化简

$$f(x) = (x+3)^2(x^2+3x+2)(x^3+12x^2+48x+64).$$

```
>>syms x;
>>f =(x+3)^2*(x^2+3*x+2)*(x^3+12*x^2+48*x+64);
>>r = simple(f)
r =
(x+3)^2*(x+2)*(x+1)*(x+4)^3
>>factor(f)
ans=
   (x+3)^2*(x+2)*(x+1)*(x+4)^3
```

```
>>expand(f)
  ans=
x^7+21*x^6+185*x^5+883*x^4+2454*x^3+3944*x^2
3360*x+1152
```

另外，MATLAB 有着强大数据的可视化和图像处理的功能，该软件基本上可以满足一般实际工程、科学计算中的所有图形、图像处理的需要.

§12.2 MATLAB 在一元函数微分学中的应用

12.2.1 应用 MATLAB 求一元函数的极限

在 MATLAB 中，计算一元函数的极限采用如表 12-2-1 所示的命令.

表 12-2-1

命 令	功 能
$\lim it(f,x,x_0)$	计算极限 $\lim\limits_{x \to x_0} f(x)$
$\lim it(f, x, inf)$	计算极限 $\lim\limits_{x \to +\infty} f(x)$
$\lim it(f, x, x_0', right')$	计算单侧极限 $\lim\limits_{x \to x_0^+} f(x)$
$\lim it(f, x, x_0', left')$	计算单侧极限 $\lim\limits_{x \to x_0^-} f(x)$

【注意】 在左、右极限不相等或左、右极限有一个不存在时，MATLAB 的默认状态是求右极限.

例 12-2-1 求极限 $\lim\limits_{x \to 0}(1+4x)^{\frac{1}{x}}$ 与 $\lim\limits_{x \to 0}\dfrac{e^x-1}{x}$.

解 MATLAB 命令为

```
>> syms x
y1=(1+4*x)^(1/x); y2=(exp(x)-1)/x;
lim it(y1)
ans=
    exp(4)
lim it(y2)
ans=
    1
```

例 12-2-2 求极限 $\lim\limits_{x \to 0}\dfrac{\tan(ax^2)}{x^2+(\sin x)^3}$.

解 MATLAB 命令为

```
>> syms a x
```

```
y=tan(a*x^2)/(x^2+(sin(x)^3));
lim it(y)
ans=
    a
```

例 12-2-3 求极限 $\lim\limits_{x \to 0^-}[5x + \ln(\sin x + e^{\sin x})]$.

解 MATLAB 命令为

```
>> syms x
y=5*x+log(sin(x)+exp(sin(x)));
lim it(y,x,0,'left')
ans=
    0
```

例 12-2-4 求极限 $\lim\limits_{x \to 1^+}\left[\dfrac{1}{x\ln^2 x} - \dfrac{1}{(x-1)^2}\right]$.

解 MATLAB 命令为

```
>> syms x
y=(1/(x*(log(x))^2)-1/(x-1)^2);
lim it(y,x,1,'right')
ans=
    1/12
```

此极限的计算较难，但用 MATLAB 很容易得出结果．

12.2.2 应用 MATLAB 求一元函数的导数与微分

在 MATLAB 中，计算一元函数的导数与微分采用如表 12-2-2 所示的命令．

表 12-2-2

命 令	功 能
diff(f)	求函数 $f(x)$ 的一阶导数
diff(f,n)	求函数 $f(x)$ 的 n 阶导数
f1 = diff(f,x), df = f1dx	求函数 $f(x)$ 的微分
f min (fun,x1,x2)	在区间 $[x_1, x_2]$ 内求函数 fun 的极小值点

例 12-2-5 求函数 $y = \dfrac{1}{2}\arctan\sqrt{1+x^2} + \dfrac{1}{4}\ln\dfrac{\sqrt{1+x^2}+1}{\sqrt{1+x^2}-1}$ 的导数．

解 MATLAB 命令为

```
>> syms x
r=sqrt(1 + x^2);
y=1/2*a tan(r)+1/4*log((r+1)/(r-1))
```

```
simple(diff(y))
ans=
    -1/(2*x*(1+x^2)^(1/2)+x^3*(1+x^2)^(1/2))
```
即所求函数的导数为

$$y' = -\frac{1}{2x\sqrt{1+x^2}+x^3\sqrt{1+x^2}}.$$

例 12-2-6 求参数方程 $\begin{cases} x = t(1-\sin t), \\ y = t\cos t \end{cases}$ 的一阶导数.

解 MATLAB 命令为

```
>> syms t
x=t*(1-sin(t)); y=t*cos(t)
dx=diff(x,t)
dx=
    1-sin(t)-t*cos(t)
dy=diff(y,t)
dy=
    cos(t)-t*sin(t)
pretty(dy/dx)
ans=
    (cos(t)-t*sin(t))/(1-sin(t)-t*cos(t))
```

例 12-2-7 设 $y = a\sin(be^{cx} + x^a)\cos(cx)$, 求 y'.

解 MATLAB 命令为

```
>> syms a b c x
y=a*sin(b*exp(c*x)+x^a)*cos(c*x)
diff(y,x)
ans=
    a*cos(b*exp(c*x)+x^a)*(b*c*exp(c*x)+x^a*a/x)*
        cos(c*x)-a*sin(b*exp(c*x)+x^a)*sin(c*x)*c
```

例 12-2-8 设一元函数 $y = y(x)$ 由参数方程 $\begin{cases} x = \ln(2+3t^2), \\ y = 5t - 4\arctan t \end{cases}$ 所确定, 求 y 对 x 的导数.

解 MATLAB 命令为

```
>> syms t
x=ln(2+3*t^2);
```

```
y=5*t-4*a tan(t);
yx=diff(y,t)/diff(x,t);
y1=simple(yx)
y1=
    =1/6*(5-4/(1+t^2)/t*(2+3*t^2))
```

例 12-2-9　设函数 $f(x) = \sin x + x^2$，求函数的微分 $\mathrm{d}f$.

解　MATLAB 命令为

```
>> syms x dx
f1=diff(f,x)
>> wf
f=
    sin x+x^2
f1=
    cos x+2*x
df=
    (cos x+2*x)*dx
```

例 12-2-10　设函数 $y = (\ln 5x)^{x+2}$，求函数的微分 $\mathrm{d}y$.

解　MATLAB 命令为

```
>> syms x dx
y=(log(5*x))^(x+2)
dy=diff(y,x)*dx
dy1=simple(dy)
dy1=
    = (log(5*x))^(x+2)*log(log(5*x)+(x+2)/x/log(5*x))*dx
```

12.2.3　一元函数微分学的应用在 MATLAB 中实现

例 12-2-11　求极限 $\lim\limits_{x \to 0^+} \dfrac{\mathrm{e}^x - \mathrm{e}^{-x} - 2x}{3x - \sin 2x}$.

解　$\lim\limits_{x \to 0^+}(\mathrm{e}^x - \mathrm{e}^{-x} - 2x) = 0$，$\lim\limits_{x \to 0^+}(3x - \sin 2x) = 0$，所以，所求极限为 $\dfrac{0}{0}$ 型未定式. 用洛必达法则求解.

MATLAB 命令为

```
>> syms x
y1=diff(exp(x)-exp(-x)-2*x, x, 2);
y2=diff(3*x-sin(2*x), x, 2);
a2=lim it(y1/y2, x, 0', right')
```

a2=
   = $\dfrac{1}{4}$

即
$$\lim_{x \to 0^+} \frac{e^x - e^{-x} - 2x}{3x - \sin 2x} = \frac{1}{4}.$$

例 12-2-12 求函数 $f(x) = \dfrac{2}{3}x - x^{\frac{2}{3}}$ 的单调区间和极值.

解 (1) 求导数.

MATLAB 命令为

```
>> syms x
y=2*x/3-x^(2/3);
yx=diff(y,x);
y1=simple(yx),pretty(y1)
y1=
  =2/3-2/3/x^(1/3)
```

即
$$f'(x) = \frac{2}{3} - \frac{2}{3}x^{-\frac{1}{3}}.$$

(2) 在定义域 $(-\infty, +\infty)$ 内,求驻点和不可导的点.

MATLAB 命令为

```
>> syms x
x=solve('2/3-2/3/x^(1/3)=0')
x=
   1
```

即 $f'(x) = 0$ 时,得 $x = 1$ 为驻点,且 $x = 0$ 为不可导的点.

(3) 确定 $f(x)$ 的单调性和极值.

MATLAB 命令为

```
>> x=[-8, 1/8, 8];
y1=2*(1-x^(-1/3))/3
y1=
    1   -0.6667    0.3333
```

MATLAB 命令为

```
>> x=[0,1];
y=
    0   -1/3
```

$x_1 = 0, x_2 = 1$ 将定义域 $(-\infty, +\infty)$ 分成 $(-\infty, 0), (0, 1), (1, +\infty)$ 三部分, 列表讨论, 如表 12-2-3 所示.

表 12-2-3

x	$(-\infty, 0)$	0	$(0, 1)$	1	$(1, +\infty)$
$f'(x)$	+	不存在	—	0	+
$f(x)$	单增	极大值 $f(0) = 0$	单减	极小值 $f(1) = -\dfrac{1}{3}$	单增

(4) 因此, 在 $(-\infty, 0) \cup (1, +\infty)$ 内, $f(x)$ 是单调增加的; 在 $(0, 1)$ 内, $f(x)$ 是单调减少的; $f(x)$ 的极大值为 $f(0) = 0$; $f(x)$ 的极小值为 $f(1) = -\dfrac{1}{3}$.

例 12-2-13 求函数 $f(x) = x + 3(x^2 + \cos x)$ 在区间 $[-1, 1]$ 内的最小值并画出函数的图像.

解 (1) 建立 M 函数文件
```
function y=gg3(x)
y=x+3*(x.^2+cos(x));
```
(2) 建立 M 命令文件
```
clf
x=-2:1:2;
y=gg3(x);
xmin=fmin('gg3', -1,1)
plot(x,y,'b', xmin, gg3(xmin), 'rp')
legend('f(x)',' 极小点 ')
```
xmin=
   -2.7756e-017

运行命令文件, 绘出图 12-2-1.

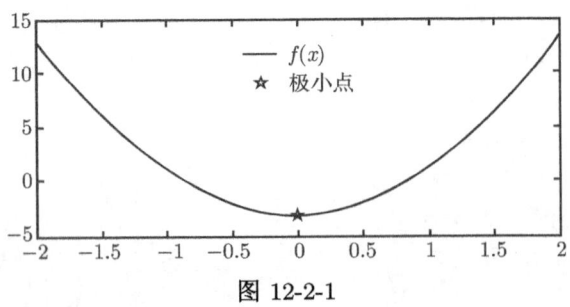

图 12-2-1

例 12-2-14 求函数 $y = 3x^4 - 5x^2 + x - 1$ 在区间 $[-1, 1]$ 内的极大值、极小值、最大值和最小值.

解 先画出函数图形,再确定求极值的初值和命令.

MATLAB 命令为

`fplot('3*(x.^4)-5*(x.^2)+x-1', [-2,2]), grid on`

从图 12-2-2 中看到函数在 -1 和 $+1$ 附近有两个极小值点,在 0 附近有一个极大值点.

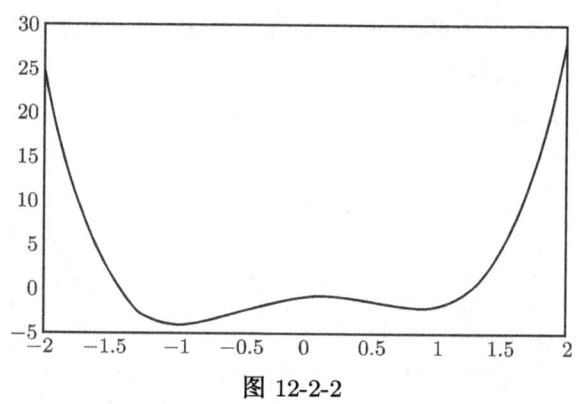

图 12-2-2

(1) 建立 M 函数文件

```
function y=ff1(x)
y=3*x.^4-5*x.^2+x-1;
```

(2) 建立 M 命令文件

```
clf
x=-2:1:2; y=ff1(x);
xmin1=fmin('ff1',-1,0)
xmin2=fmin('ff1',0,1,2)
xmaxs=fmin('-(3*(x.^4)-5*(x.^2)+x-1)',-1,1)
plot(x,y,'b',xmin1,ff1(xmin1),'rp',xmin2,ff1(xmin2),'rp')
hold on, plot(xmaxs,ff1(xmaxs),'rd')
legend('f(x)',' 极小点 ',' 极小点 ',' 极大点 ')
xmin1=
      -0.9593
xmin2=
       0.8580
xmaxs=
       0.1012
```

运行命令文件,绘出图 12-2-3.

例 12-2-15 设某产品的价格函数为 $p = 60 - \dfrac{x}{1000}(x \geqslant 1000)$，其中 x 是产品销售量 (单位：件)；p 是价格 (单位：元). 设生产这种产品的固定成本为 60000 元，可变成本为 20 元/件，求：

(1) 成本函数和边际成本函数.
(2) 收益函数和边际收量函数.
(3) 利润函数，当产品为多少时，利润最大？最大利润是多少？
(4) 销售量对价格的弹性.

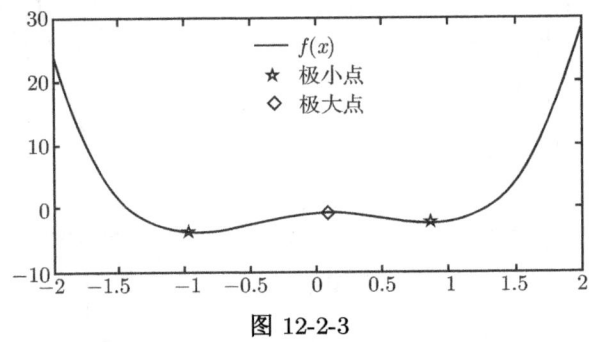

图 12-2-3

解 (1) 因为总成本 = 固定成本 + 可变成本，即
$$C(x) = 6000 + 20x,$$
所以边际成本为
$$C'(x) = 20x.$$

(2) 因为总收益 = 价格 × 销售量，即
$$R(x) = x\left(60 - \dfrac{x}{1000}\right),$$
所以边际收益为
$$R'(x) = 60 - \dfrac{x}{500}.$$

(3) 因为总利润 = 总收益 − 总成本，即
$$L(x) = R(x) - C(x) = 60x - \dfrac{x^2}{1000} - 60\,000 - 20x$$
$$= -\dfrac{x^2}{1000} + 40x - 60\,000.$$

MATLAB 命令为
```
>> syms x
L=-(x^2)/1000+40*x-6000
```

```
Lx=diff(L,x)
L1=simple(Lx)
Lxx=diff(L, x, 2);
L2=simple(Lxx)
L1=
    -1/500*x+40
L2=
    -1/500
```
令 L'(x) = 0, 输入求解程序：
```
>> syms x
x1=solve('-1/500*x+40=0')
pretty(x1)
x1=
    20000
```
因为 $L(x)$ 有唯一驻点 $x = 2000$，且 $L''(x) = -\dfrac{1}{500} < 0$，因此，当 $x = 2000$ 件时，利润最大．

MATLAB 命令为
```
>> x=2000
L=-(x^2)/1000+40*x-6000
L=
    340000
```
(4) 销售量对价格的弹性
$$E = \frac{p}{x} \cdot \frac{\mathrm{d}x}{\mathrm{d}p}.$$
因为 $p = 60 - \dfrac{x}{1000}$，所以 $x = 1000(60 - p)$，故
$$\frac{\mathrm{d}x}{\mathrm{d}p} = -1000,$$
因此
$$E = \frac{p}{1000(60-p)} \times (-1000) = -\frac{p}{60-p}.$$

§12.3　MATLAB 在一元函数积分学中的应用

12.3.1　应用 MATLAB 求一元函数的不定积分与定积分

在 MATLAB 中，求一元函数的不定积分与定积分采用如表 12-3-1 所示的命令．

表 12-3-1

命 令	功 能
int(f)	求函数 f 对默认变量的不定积分
int(f,x,a,b)	用微积分基本公式计算定积分 $\int_a^b f(x)\mathrm{d}x$
int(f,x,−inf ,inf)	用于计算反常积分 $\int_{-\infty}^{+\infty} f(x)\mathrm{d}x$

例 12-3-1 计算 $\int \dfrac{1}{\sin^2 x \cos^2 x}\mathrm{d}x$.

解 MATLAB 命令为

```
syms x
y=1/(cos(x)^2*sin(x)^2);
int(y);
pretty(int(y))
```

$$\frac{1}{\sin(x)\cos(x)} - 2\frac{\cos(x)}{\sin(x)},$$

则

$$\int \frac{1}{\sin^2 x \cos^2 x}\mathrm{d}x = \frac{1}{\sin(x)\cos(x)} - 2\frac{\cos(x)}{\sin(x)} + C.$$

例 12-3-2 计算 $\int \dfrac{1}{(a^2 - x^2)}\mathrm{d}x$.

解 MATLAB 命令为

```
syms a x
y1=1/(a^2-x^2);
int(y1, x);
pretty(int(y1))
```

$$-\frac{1}{2}\frac{\lg(a-x)}{a} + \frac{1}{2}\frac{\lg(a+x)}{a},$$

则

$$\int \frac{1}{a^2 - x^2}\mathrm{d}x = -\frac{\ln(a-x)}{2a} + \frac{\ln(a+x)}{2a} + C.$$

例 12-3-3 求 $\int_{\frac{1}{2}}^{2}\left(1 + x - \dfrac{1}{x}\right)\mathrm{d}x$.

解 MATLAB 的命令为

```
syms x;
```

§12.3 MATLAB 在一元函数积分学中的应用

$t = 1 + x - \dfrac{1}{x}; \quad y = \exp\left(x + \dfrac{1}{x}\right)$

```
f= t*y
```

$\text{int}\left(\text{f},\text{x},\dfrac{1}{2},2\right);$

```
ans=
```

$\dfrac{3}{2} * \exp\left(\dfrac{5}{2}\right)$

例 12-3-4 计算 $\displaystyle\int_4^5 \dfrac{5}{(x-1)(x-2)(x-3)}\,\mathrm{d}x.$

解 MATLAB 的命令为

```
syms x;
f=5/((x-1)*(x-2)*(x-3))
F=int(f,x,4,5)
y=numeric(F)
F=
  25/2*log(2)-15/2*log(3)
y=
  0.4247
```

例 12-3-5 已知 $f(x) = \begin{cases} 1 + \sin x, & x \leqslant 1, \\ \dfrac{1}{2}x^2 + 5x - 7, & x > 1, \end{cases}$ 求 $\displaystyle\int_0^2 f(x)\mathrm{d}x.$

解 MATLAB 的命令为

```
>> syms x;
f1=sin(x)+1 f2=x^2/2+5*x+7;
F=int(f1,x,0,1)+int(f2,x,1,2)
y=numeric(F)
F=
  -cos(1)+11/3
y=
  3.1264
```

即

$$\int_0^2 f(x)\mathrm{d}x \approx 3.1264.$$

例 12-3-6 计算 $\displaystyle\int_0^1 \dfrac{1}{\sqrt{1-x^2}}\,\mathrm{d}x.$

解 (1) MATLAB 的命令为

```
>> syms x;
F=lim it(1/(sqrt(1-x^2)),x,1,'left')
F=
    inf
```

即当 $x \to 1^-$ 时，被积函数 $\dfrac{1}{\sqrt{1-x^2}} \to +\infty$.

(2) MATLAB 的命令为

```
>> syms x
        F1=int(1/(sqrt(1-x^2)),x,0,1)
    lim itF1=numeric(F1)
F1=
    1/2*pi
```

即

$$\int_0^1 \frac{1}{\sqrt{1-x^2}}\mathrm{d}x = \lim_{\varepsilon \to 0^+} \int_0^{1-\varepsilon} \frac{1}{\sqrt{1-x^2}}\mathrm{d}x = \frac{\pi}{2} \approx 1.5708.$$

例 12-3-7 计算广义积分 $\int_1^{+\infty} \dfrac{1}{x^4}\mathrm{d}x$.

解 MATLAB 的命令为

```
syms x
f=1/(x^4);
int(f,x,1,inf)
ans
    1/3
```

例 12-3-8 讨论广义积分 $\int_0^1 \dfrac{1}{x^q}\mathrm{d}x\ (q=0.5,1,2)$ 的敛散性.

解 (1) 因为被积函数 $\dfrac{1}{x^q}$ 在 $(0,1]$ 上，在 $x=0$ 无定义.
MATLAB 的命令为

```
>> syms x;
LF05=lim it(1/(x^0.5),x,0','right')
LF1=lim it(1/x,x,0,'right')
LF2=lim it(1/(x^2),x,0,'right')
LF05=
      inf
LF1=
```

```
        inf
LF2=
        inf
```
即当 $q = 0.5, 1, 2$ 且 $x \to 0^+$, 被积函数 $\dfrac{1}{x^q} \to +\infty$.

(2) MATLAB 的命令为

```
>> syms x
F05=int(1/(x^0.5),x,0,1)
F1=int(1/x,x,0,'1)
F2=int(1/(x^2),x,0,1)
F05=
     2
F1=
     inf
F2=
     inf
```

即当 $q = 1$ 时, 广义积分 $\displaystyle\int_0^1 \dfrac{1}{x^q}\mathrm{d}x = \int_0^1 \dfrac{1}{x}\mathrm{d}x = \lim_{\varepsilon \to 0^+}\int_{0+\varepsilon}^1 \dfrac{1}{x}\mathrm{d}x = +\infty$, 广义积分发散;

当 $q = 2$ 时, 广义积分 $\displaystyle\int_0^1 \dfrac{1}{x^q}\mathrm{d}x = \int_0^1 \dfrac{1}{x^2}\mathrm{d}x = \lim_{\varepsilon \to 0^+}\int_{0+\varepsilon}^1 \dfrac{1}{x^2}\mathrm{d}x = +\infty$, 广义积分发散;

当 $q = 0.5$ 时, 广义积分 $\displaystyle\int_0^1 \dfrac{1}{x^q}\mathrm{d}x = \int_0^1 \dfrac{1}{\sqrt{x}}\mathrm{d}x = \lim_{\varepsilon \to 0^+}\int_{0+\varepsilon}^1 \dfrac{1}{\sqrt{x}}\mathrm{d}x = 2$, 广义积分收敛.

12.3.2 一元函数的积分学的应用在 MATLAB 中实现

例 12-3-9 某物体做变速直线运动的加速度函数 $a(t) = (t-2)\cos t^2 + 5t - 4$ $(\mathrm{m/s}^2)$, 求物体在时间区间 $[3, 10]$ 上的速度.

解 所求物体在时间区间 $[3, 10]$ 上的速度为

$$v = \int_a^b a(t)\mathrm{d}t = \int_3^{10}[(t-2)\cos t^2 + 5t - 4]\mathrm{d}t.$$

MATLAB 的命令为

```
>> syms t;
A=(int(t-2)*cos(t^2)+5*t-4,3,10);
```

```
y=numeric(A)
A=1/2*sin(100)-2^(1/2)*pi^(1/2)*FresnelC(10*2^(1/2)/pi^(1/2))
  +399/2-1/2*sin(9)+ 2^(1/2)*pi^(1/2)*FresnelC(3*2^(1/2)/pi^(1/2))
y=
  199.2442
```

例 12-3-10 设曲线通过点 $(1, 2)$,且其切线的斜率为 $3x^2 + 2x - 9$,求此曲线方程.

解 设所求曲线方程为 $y = f(x)$,根据题意,$y' = 3x^2 + 2x - 9$,所以

$$y = \int (3x^2 + 2x - 9)dx.$$

MATLAB 的命令为
```
>> syms x C;
f=3*x^2+2*x-9;
F=int(f)
y=simple(F)+C
y=
   x^3+x^2-9*x+C
```
即斜率为 $3x^2 + 2x - 9$ 的曲线方程为

$$y = x^3 + x^2 - 9x + C.$$

又因为曲线通过点 $(1, 2)$,故把 $x = 1$, $y = 2$ 代入 $y = x^3 + x^2 - 9x + C$,得

$$2 = -7 + C,$$

解得 $C = 9$. 于是,所求曲线方程为

$$y = x^3 + x^2 - 9x + 9.$$

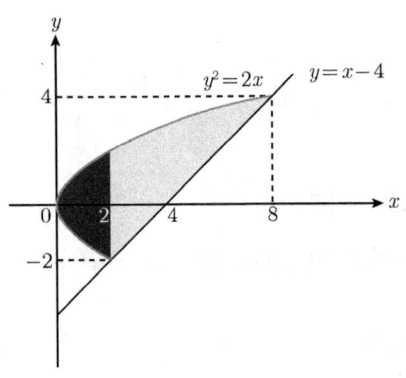

图 12-3-1

例 12-3-11 计算抛物线 $y^2 = 2x$ 与直线 $y = x - 4$ 所围成的图形面积.

解 (1) 先画图形 (图 12-3-1).

(2) 求曲线的交点,即解方程组 $\begin{cases} y^2 = 2x, \\ y = x - 4. \end{cases}$

MATLAB 的命令为
```
>> syms x y;
```

§12.3 MATLAB 在一元函数积分学中的应用

```
s1=y^2-2*x; s2=y-x+4; [x,y]=solve(s1,s2)
x=
  [2]
  [8]
y=
  [-2]
  [ 4]
```

即曲线 $y^2 = 2x$ 与 $y = x - 4$ 的交点为 $(2, -2)$, $(8, 4)$.

(3) 求面积.

若选取 y 为积分变量, $-2 \leqslant y \leqslant 4$, 则

$$S = \int_{-2}^{4} \left(y + 4 - \frac{1}{2}y^2 \right) \mathrm{d}y.$$

MATLAB 的命令为

```
>> syms x y;
f=y+4-(y^2)/2; Sint(f,y, -2,4),
S=
  18
```

例 12-3-12 已知某产品总产量的变化率 (单位: 单位/元) 为

$$\frac{\mathrm{d}Q}{\mathrm{d}t} = 3\sin t + 52 - 37t^2 + \frac{5}{2}t^3,$$

求从第 3 天到第 23 天产品总产量.

解 所求的产品总产量为

$$Q = \int_{3}^{23} \left(3\sin t + 52 - 37t^2 + \frac{5}{2}t^3 \right) \mathrm{d}t.$$

MATLAB 的命令为

```
>> syms t;
p=3*sin(t); h=52-37*t^2+5*t^3/2; f=p+h
F=int(f,t,3,23), Fs=simple(F)
F=
  -3*cos(23)+78490/3+3*cos(3)
Fs=
  2.6161961855490453e+004
```

即从第 3 天到第 23 天产品的总产量约为 26162 单位.

§12.4　MATLAB 在多元函数微积分学中的应用

12.4.1　应用 MATLAB 求多元函数的极限、偏导数与全微分

多元函数的极限也可以同样用 MATLAB 中的 limit( ) 函数直接求解. 如果想求出二元函数的极限

$$L = \lim_{\substack{x \to x_0 \\ y \to y_0}} f(x, y),$$

则可以嵌套使用 limit( ) 函数. 例如
$$L1 = \text{limit}(\text{limit}(f, x, x0), y, y0),$$
或
$$L1 = \text{limit}(\text{limit}(f, y, y0), x, x0).$$

例 12-4-1　求二元函数的极限 $\lim\limits_{\substack{x \to 1/\sqrt{y} \\ y \to +\infty}} \mathrm{e}^{-\frac{1}{x^2+y^2}} \dfrac{\sin^2 x}{x^2} \left(1 + \dfrac{1}{y^2}\right)^{x+a^2 y^2}$.

解　MATLAB 命令为
```
>> syms x y a;
f=exp(-1/(y^2+x^2))*sin(x)^2/x^2*(1+1/y^2)^(x+a^2*y^2);
L=limit(limit(f,x,1/sqrt(y)),y,inf)
L=
  exp(a^2).
```

多元函数的偏导数可以通过 diff( ) 来实现.

在 MATLAB 中, 求多元函数的偏导数和全微分可采用如表 12-4-1 所示的命令.

表 12-4-1

命　　令	功　　能
zx=diff(f(x,y),x)	求函数 $z = f(x, y)$ 关于 x 的偏导数
zy=diff(f(x,y),y)	求函数 $z = f(x, y)$ 关于 y 的偏导数
dz=zx*dx+zy*dy	求函数 $z = f(x, y)$ 的全微分
zx = −diff(F,x)/diff(F,z)	隐函数 $F(x,y,z) = 0$, 求偏导数 $\dfrac{\partial z}{\partial x}, \dfrac{\partial z}{\partial y}$
zx = −diff(F,y)/diff(F,z)	

例 12-4-2　求二元函数 $z = f(x, y) = (x^2 - 2x)\mathrm{e}^{-x^2 - y^2 - xy}$ 的一阶偏导数.
```
>> syms x  y
   z=(x^2-2*x)*exp(-x^2-y^2-x*y);
zx=diff(f(x,y),x)
zx=-exp(-x^2-y^2-x*y)*(-2*x+2+2*x^3+x^2*y-4x^2*x*y)
```

```
>> zx=diff(f(x,y),y)
   zy=exp(-x^2-y^2-x*y)*(-x)*(x-2)*(2*y+x)
```

例 12-4-3 由隐函数 $2x+y+z=\mathrm{e}^{-x-3y-2z}$ 确定 $z=z(x,y)$，求 $\dfrac{\partial z}{\partial y}$.

解
```
>> syms x  y  z
   F=2*x+y+z-exp(-x-3*y-2*z)
F_y=diff(F,y),F_z=diff(F,z),
Z_y=-diff(F,y)/diff(F,z),
Z_y=(-1-3*exp(-x-3*y-2*z))/(1+2*exp(-x-3*y-2*z))
```

例 12-4-4 求函数 $u=3(x-1)^2\mathrm{e}^{-(x+1)^2-y^2}+3xyz+x^2-2x+y^2+2z+1$ 的全微分.

解
```
>> syms x  y  z  dx  dy  dz
T=[x,y,z]
f=3*(x-1)^2*exp(-(x+1)^2-y^2)+3*x*y*z+x^2-2*x+y^2+2*z+1
Jfv=jacobian(f,T);
Df=Jfv*[dx dy dz]'
Df=(6*(x-1)*exp(-(x+1)^2-y^2)+3*(x-1)^2*(-2*x-2)*exp(-(x+1)^2-y^2)
   +3*y*z+2*x-2)conj(dx)+(-6*(x-1)^2*y*exp(-(x+1)^2-y^2)+3*x*z
   +2*y)*con(dy)+(3*x*y+2)*con(dz)
```

例 12-4-5 求函数 $u=a\mathrm{e}^{bx+y+z^2}$ 对 z 的偏导数.

解 MATLAB 命令为
```
syms a b x y z
u=a*exp(b*x+y+z^2);
      diff(u,z);
pretty(diff(u,z))
      2 a z exp(b x+y+z)2
```

12.4.2 多元函数微分学的应用在 MATLAB 中的实现

例 12-4-6 求函数 $f(x,y,z)=x^2+y^2+z^2$ 在点 $(1,-1,2)$ 梯度.

解 MATLAB 命令为
```
syms x y z
f=x^2+y^2+z^2;
s=jacobian(f)
```

```
sx=subs(s,'x','1');
sy=subs(sx,'y','-1');
sz=subs(sy,'z','2');
g=vpa(sz)
ans=
    2    -2    4
```
结果分析：
$$\mathbf{grad}\, f(1,-1,2) = 2i - 2j + 4k.$$

例 12-4-7 求函数 $f(x,y,z) = xy^2 - xyz + z^3$ 在点 $(1,1,2)$ 处沿方向角为 $\alpha = \dfrac{\pi}{3}, \beta = \dfrac{\pi}{4}, \gamma = \dfrac{\pi}{3}$ 的方向导数.

解 MATLAB 命令为
```
syms x y z
f=x*y^2+z^3-x*y*z;
s=jacobian(f);
sx=subs(s,'x','1');
sy=subs(sx,'y','1');
sz=subs(sy,'z','2');
g=vpa(sz)
a=pi/3;b=pi/4;c=pi/3;
L=g*(cos(a),cos(b),cos(c))'
```
运行结果为:
```
g=
   [-1, 0, 11]
L=
   5.0000
```
所以 $\mathbf{grad}\, f(1,1,2) = -i + 11k.$ 方向导数为 5.

例 12-4-8 设曲面方程 $S: x^2 + y^2 + z^2 - xy - 3 = 0$. 求 S 在点 $(1,-1,0)$ 的切平面方程和法线方程.

解 MATLAB 命令为
```
>> syms t x y z;
F=x^2+y^2+z^2-x*y-3
x0=1, y0=-1, z0=0;
w=[x,y,z];
S1 jacobian(F,w)
```

§12.4 MATLAB 在多元函数微积分学中的应用

```
v1=subs(s1,x,x0)
v2=subs(v1,y,y0)
n=subs(v2,z,z0)
F=[x-x0,y-y0,z-z0]*n'
G=-[x,y,z]+[x0,y0,z0]+n'*t
[X1,Y1]=meshgrid(-2:2:2, -2:2:2);
Z1=(-X1.^2-Y1.^2+X1*Y1+3).^(1/2);
plot3(X1,Y1,Z1)%mesh(X1,Y1,Z1)
hold on
Z2=-((-X1.^2-Y1.^2+X1.*Y1+3).^(1/2);
plot3(X1,Y1,Z2)%mesh(X1,Y1,Z2)
xlabe('x'),ylabe('y'), zlabe('z'),
hold on
x0=1, y0=-1, z0=0;
plot3(x0,y0,z0,'bo');
hold off
S1=
    [2*x-y,2*y-x,2*z]
F=
   3*x-6-3*y
G=
   [-x+1+3*t]
   [-y-1-3*t]
   [     -z]
```

故所求的切平面方程为

$$x - y - 2 = 0,$$

法线方程为

$$x = 1 + 3t, \quad y = -1 - 3t, \quad z = 0.$$

图 12-4-1 表示曲面和切平面、法线的图形.

例 12-4-9 设空间曲线 $L: x = 3\sin t$, $y = 3\cos t, z = 5t$. 求 L 在 $t = \dfrac{\pi}{4}$ 处的切线方程和法平面方程.

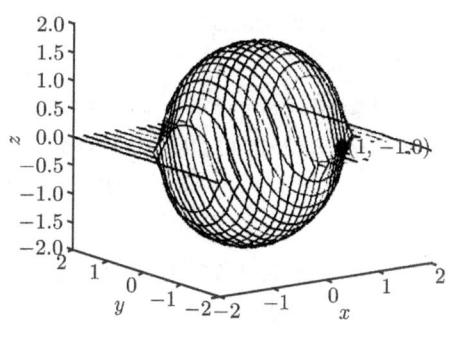

图 12-4-1

解 输入程序:

```
>> syms t x y z
x1=3*sin(t);y1=3*cos(t);z1=5*t;
w1=[x1,y1,z1];
S1=jacobian(w1,t)
t=pi/4;x0=3*sin(t);
y0=3*cos(t);z0=5*t;
S0=S1;v0=subs(S0)t0=t;
syms t
F=-[x;y;z]+[x0;y0;z0]+v0*t
G=[x-x0;y-y0;z-z0].' *v0
t=0:pi/10:pi/2;x=3*sin(t);
y=3*cos(t);
z=5*t;plot3(x,y,z),hold on
t0=pi/4;
x0=3*sin(t0);y0=3*cos(t0);
z0=5*t0;
plot3(x0,y0,z0,'ro'),hold off
S1=
    [ 3*cos(t)]
    [-3*sin(t)]
    [       5]
s0=
    2.12132034355964
   -2.12132034355964
    5.00000000000000
F=
    [-x+3/2*2^(1/2)+3/2*t*2^(1/2)]
    [-y+3/2*2^(1/2)-3/2*t*2^(1/2)]
    [             -z+5/4*pi+5*t]
G=
   3/2*(x-3/2*2^(1/2))*2^(1/2)-3/2*(y-3/2*2^(1/2))*2^(1/2)+
     5*z-25/4*pi
```

图 12-4-2 显示为 L 在 $t=\dfrac{\pi}{4}$ 处的切线方程和法平面方程.

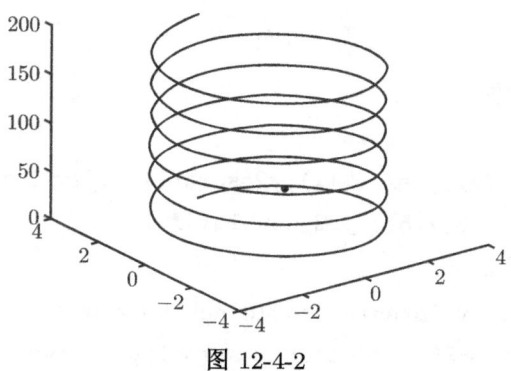

图 12-4-2

12.4.3 应用 MATLAB 计算二重积分

例 12-4-10 计算 $\iint_{D_{xy}} e^{-(x^2+y^2)} d\sigma$ 其中 D_{xy} 由曲线 $2xy=1$, $y=\sqrt{2x}$, $x=2.5$ 所围成的平面区域.

解 (1) 画积分区域草图. 输入程序:

```
>> x=0.001:0.001:3; y1=1./(2*x);y2=sqrt(2*x);
plot(x,y1,'b-',x,y2,'m-',2.5,y,'r-'),axis([-0.53 -0.53])
title(' 由 y1=1/2x,y2=sqrt(2x) 和 x=2.5 所围成的积分区域 Dxy')
```

如图 12-4-3 所示.

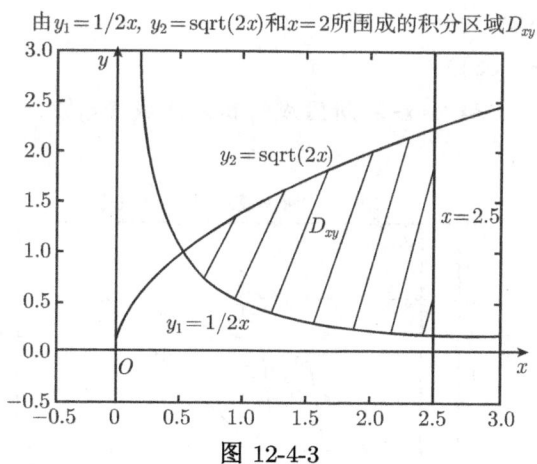

图 12-4-3

(2) 确定积分限. 输入程序:

```
>> syms x y
y1=('2*x*y=1');y2=('y-sqrt(2*x)=0');[x,y]=solve(y1,y2,x,y)
```

运行后屏幕显示两条曲线 $2xy=1, y=\sqrt{2x}$ 的交点为

$$x = 1/2, \quad y = 1.$$

(3) 输入计算程序：

```
>> syms x y
f=exp(-(x^2+y^2));y1=1/(2*x);y2=sqrt(2*x);jfy=int(f,y,y1,y2);
jfx=int(jfy,x,0.5,2.5); jf2=double(jfx)
```

运行后屏幕显示如下：

```
Warning: Explicit integral could not be found.
> In C: \ MATLAB6P5 \ toolbox \ symbolic \ @sym \ int.m at line 58
jf2=3.094961092466137e+003
```

因此，所求的 $\iint_{D_{xy}} e^{-(x^2+y^2)} d\sigma$ 的近似值为 3094.961092466137.

例 12-4-11 计算 $\iint_{D_{xy}} \dfrac{\sin(x+y)}{x+y} d\sigma$ 其中 D_{xy} 由曲线 $x = y^2, y = x - 2$ 所围成的平面区域.

解 (1) 画积分区域草图. 输入程序：

```
>> syms x y
f1=x-y^2;f2=x-y-2;
ezplot(f1),hold on
ezplot(f2),hold off
axis([-0.55 -1.53])
title(' 由 x=y^2 和 y=x-2 所围成的积分区域 Dxy')
```

如图 12-4-4 所示.

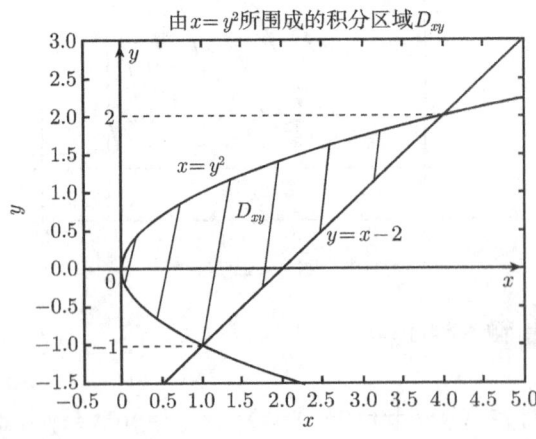

图 12-4-4

(2) 确定积分限. 输入程序：

```
>> syms x y
y1=('x-y^2=0');
y2=('x-y-2=0');
[x,y]=solve(y1,y2,x,y)
```

运行后屏幕显示两条曲线 $x=y^2, y=x-2$ 的交点如下：

```
x =              y =
[1]              [-1]
[4]              [ 2]
```

(3) 输入计算程序：

```
>> syms x y
f=sin(x+y)/(x+y);x1=y^2;x2=y+2;jfx=int(f,x,x1,x2);
jfy=int(jfx,y,-1,2);jf2=double(jfy)
```

运行后屏幕显示如下：

```
Warning: Explicit integral could not be found.
> In D: \MATLAB6P5 \ toolbox \ symbolic \ @sym \ int.m at line 58
jf2=    1.97124962844910
```

因此, 所求的 $\iint_{D_{xy}} \dfrac{\sin(x+y)}{x+y} \mathrm{d}\sigma \approx 1.97124962844910$.

§12.5 MATLAB 在级数和微分方程中的应用

12.5.1 应用 MATLAB 求级数的和及判别级数的敛散性

在 MATLAB 中, 求级数的和采用如表 12-5-1 所示的命令.

表 12-5-1

命令	功能
symsum(S)	求出和通项为 S 的级数关于系统默认变量的有限和（例如, n 从 0 到 $k-1$ 的有限和）中默认变量的部分
symsum(S,v)	求出和通项为 S 的级数关于变量 v 的有限和（例如, v 从 0 到 $k-1$ 的有限和）中默认变量的部分
symsum(S,a,b)	求 a 到 b 的级数的和, 其中 b 可以取有限数, 也可以取无穷

此命令既可以用于求级数的部分和 $\sum_{k=1}^{n} u_k$, 也可用于判别级数 $\sum_{n=1}^{+\infty} u_n$ 的收敛性.

例 12-5-1 求下列级数的部分和：

(1) $\sum_{n=1}^{50} \dfrac{(-1)^{n+1} x}{n(n+5)}$;   (2) $\sum_{m=0}^{n-1} \dfrac{3^{m+1}}{2^m}$.

解 (1) 输入程序:

```
>> syms n x
   S50=symsum((-1)^(n+1)*x/(n*(n+5)), n, 1, 50)
   S50=164815823533066899727903/1368744656041981878660000*x
```

(2) 输入程序:

```
>> syms n m
   S3=symsum(3^(m+1)/2^m, m)
   S4=symsum(3^(m+1)/2^m, m, 0, m-1)
   S3=
         6*(3/2)^m
   S4=
      =6*(3/2)^m-6
```

例 12-5-2 讨论下列级数的敛散性:

(1) $\sum_{n=0}^{+\infty} \dfrac{(-1)^{n+1}}{2^n}$;   (2) $\sum_{n=0}^{+\infty} \dfrac{3^{n+1}}{2^n}$.

解 (1) 输入程序:

```
>> syms n
   S5=symsum((-1)^(n+1)/(2^n), 0, Inf)
   S5=
      =-2/3
```

故级数 $\sum_{n=0}^{+\infty} \dfrac{(-1)^{n+1}}{2^n}$ 收敛, 且其和为 $\sum_{n=0}^{+\infty} \dfrac{(-1)^{n+1}}{2^n} = -\dfrac{2}{3}$.

(2) 输入程序:

```
>> syms n, m
   S71=symsum(3^(n+1)/(2^n), 0, Inf)
   S4=
      =6*(3/2)^m-6
   S72=lim it(S4,m,inf)
   S71=
       =inf
   S72=
       =inf
```

故级数 $\sum\limits_{n=0}^{+\infty} \dfrac{3^{n+1}}{2^n}$ 发散.

12.5.2 应用 MATLAB 求函数的泰勒展开式

在 MATLAB 中, 求一元函数的泰勒展开式采用如表 12-5-2 所示的命令.

表 12-5-2

命 令	功 能
Taylor(f)	将函数 f 展开成默认变量的 6 阶麦克劳林公式
Taylor(f,n)	将函数 f 展开成默认变量的 n 阶麦克劳林公式
Taylor(f,n,x0)	将函数 f 在 $x=x_0$ 处展开成 n 阶泰勒公式

例 12-5-3 将函数 $f(x) = x\arctan x - \ln\sqrt{1+x^2}$ 展开为 x 的 6 阶麦克劳林公式.

解 MATLAB 命令为

```
syms x
f=x*atan(x)-log(sqrt(1+x^2));
taylor (f)
ans=
    1/2*x^2-1/12*x^4
```

例 12-5-4 将函数 $f(x) = \dfrac{1}{x^2}$ 展开为关于 $(x-2)$ 的最高次为 4 的幂级数.

解 MATLAB 命令为

```
syms x
f=1/x^2;
taylor(f,4,x,2);
pretty(taylor(f,4,x,2))
3/4-1/4x+3/16(x-2)²-1/8(x-2)³
```

12.5.3 求解微分方程在 MATLAB 中实现

求微分方程 (组) 的解析解可采用表 12-5-3 所示的命令.

表 12-5-3

命 令	功 能
r=dsolve('eqn1', 'eqn2', $\cdots$, 'var')	求微分方程的通解其中 eqni 表示第 i 个微分方程
r=dsolve('eqn1', 'eqn2', $\cdots$, 'cond1', 'cond2', $\cdots$, 'var')	求微分方程 (组) 满足初始条件的特解

注: 在调用函数 dsolve 前, 将微分方程

$$F(x,y,y',y'',\cdots,y^{(n)}) = 0$$

改用符号方程表示的微分方程

$$F(x,y,\mathrm{D}y,\mathrm{D}_2 y,\cdots,\mathrm{D}_n y) = 0.$$

例 12-5-5 求微分方程 $\dfrac{\mathrm{d}y}{\mathrm{d}x} = 1 + y^2$ 的通解及 $x = 0$ 的特解.

解 MATLAB 命令为

dsolve('Dy=1+y^2', 'x')
　ans=arctan(x+C)
　dsolve('Dy=1+y^2', 'y(0)=1', 'x')
ans=arctan(x+1/4*pi)

例 12-5-6 求二阶微分方程 $x^2 y'' + xy' + \left(x^2 - \dfrac{1}{2}\right) y = 0$ 满足条件 $y\left(\dfrac{\pi}{2}\right) = 2,\ y'\left(\dfrac{\pi}{2}\right) = -\dfrac{2}{\pi}$ 的特解.

解 MATLAB 命令为

dsolve('x^2*D2y+x*Dy+(x^2-1/2)*y=0','y(pi/2)=2','y'(pi/2)=-π/2',x')
　ans=2^(1/2)*pi^(1/2)/x^(1/2)*sin x

即所求解为

$$y = \sqrt{\dfrac{2\pi}{x}} \sin x.$$

例 12-5-7 求二阶微分方程 $\dfrac{\mathrm{d}^2 y}{\mathrm{d}x^2} + a \dfrac{\mathrm{d}y}{\mathrm{d}x} = b(\sin x + \cos x)$ 的通解.

解 MATLAB 命令为

y1=dsolve('D2y+a*Dy=b*(sin(x)+cos(x))','x')
y1=
　1/(a^2+1)*C1*a*exp(-a*x)-C1/a*exp(-a*x)-b*sin(x)
　-b*a*cos(x)+b*a*sin(x)-b*cos(x)+C2

12.5.4 应用 MATLAB 绘图

例 12-5-8 作出参数函数 $x = x,\ y = \sin(x),\ z = \cos(x)$ 在区间 $[0, 12\pi]$ 的图形.

解 输入下列程序：

\>> x=linspace(0,12*pi,5000); % 在 [0, 12π] 上取 5000 个点
y=sin(x);z=cos(x);
plot3(x,y,z)

如图 12-5-1 所示.

§12.5 MATLAB 在级数和微分方程中的应用

例 12-5-9 作出函数 $z = axe^{-b(x^2+y^2)}$ 在矩形区域 $-c_1 \leqslant x \leqslant c_2, -d_1 \leqslant y \leqslant d_2$ 上的图形. 其中 $a = b = 0.1, c_1 = c_2 = 5, d_1 = d_2 = 6$.

解 输入下列程序：

```
>> [x,y]=meshgrid(-5:0.1:5,-6:0.1:6);
z=0.1*x.*exp(-0.1*(x.^2+y.^2));
plot3(x,y,z)
```

如图 12-5-2 所示.

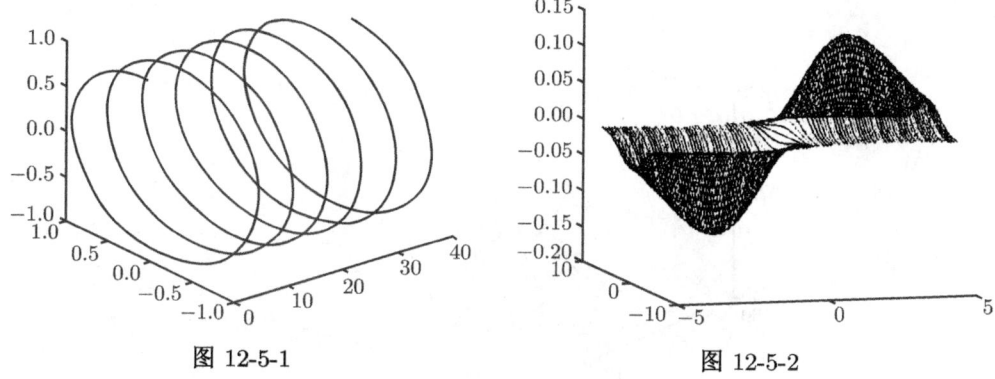

图 12-5-1　　　　　　　图 12-5-2

例 12-5-10 已知 $x = -3:0:3, y = x$, 计算函数 $z = 7 - 3x^4 e^{-(x^2+y^2)}$ 的值，并作函数图形.

解 输入程序：

```
>> [X,Y]=meshgrid(-3:.2:3,-3:.2:3);
Z=7-3*X.^4.* exp(-X.^2-Y.^2).
mesh(Z)
```

如图 12-5-3 所示.

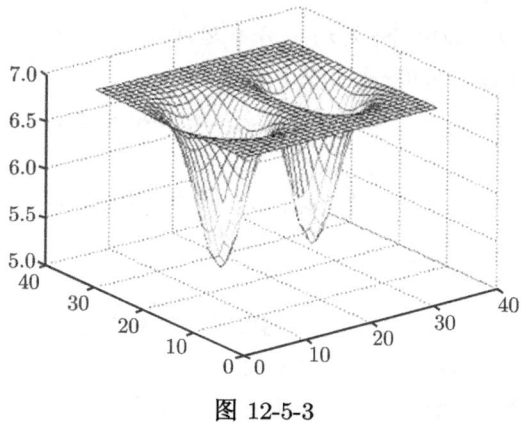

图 12-5-3

例 12-5-11 作出函数 $z = 2 + xe^{-(x^2+y^2)}$ 在区域 $-2 \leqslant x \leqslant 2, -2 \leqslant y \leqslant 2$ 上的图形.

解 输入程序：

```
>> [X,Y]=meshgrid(-2:.2:2,-2;.2:2);
Z=2+X.* exp(-X.^2-Y.^2);
meshc(Z)
```

如图 12-5-4 所示.

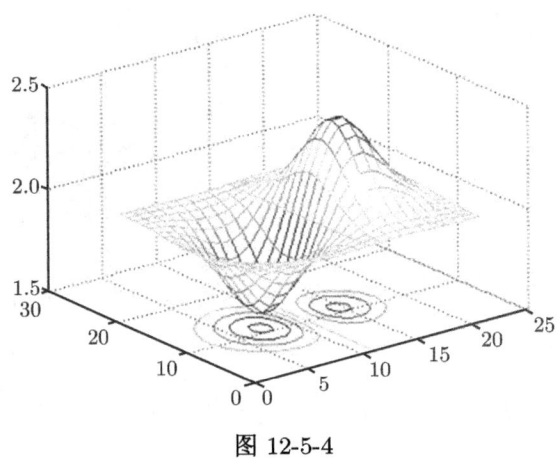

图 12-5-4

例 12-5-12 设节点 (x, y, z) 中的 $x = -3 : 0.5 : 3$, $y = x$ 和函数 $z = 7 - 3x^3 e^{-(x^2+y^2)}$ 的值，作 z 在插值点 $x = -3.9 : 0.5 : 5$, $y = -4.9 : 0.5 : 4.5$ 处的拟合曲面 $z = 7 - 3x^3 e^{-(x^2+y^2)}$ 和节点的图形.

解 输入程序：

```
>> x=rand(50,1);
y=rand(50,1);   %生成50个1元均匀分布随机数x和y,x,y.
X=-3+(3-(-3))*x;   %利用x生成随机变量.
Y=-2.5+(3.5-(-3.5))*y;   %利用y生成上的随机变量.

Z=7-3*X.^3.* exp(-X.^2-Y.^2);   %在每个随机点(X,Y)处计算Z的值.
X1=-3.2:0.1:3.2;
Y1=-2.9:0.1:3.9;
[XI,YI]=meshgrid(X1,Y1);   %将坐标(XI,YI)网格化.
ZI=7-3* XI.^3.* exp(-XI.^2-YI.^2);
mesh(XI,YI,ZI)   %作二元拟合图形.
```

```
xlabel('x'), ylabel('y'),zlabel('z'),
title(' 被拟合函数 z=7-3x^3 exp(-x^2-y^2) 的曲面和节点的图形 ')
%legend(' 被拟合函数曲面 ',' 节点 (xi,yi,zi)')
hold on          %在当前图形上添加新图形.
plot3(X,Y,Z,'bo')
%用蓝色小圆圈画出每个节点(X,Y,Z).
hold off     %结束在当前图形上添加新图形.
```
如图 12-5-5 所示.

例 12-5-13 绘制由连续函数 $y=6+\sin x, x=0, x=6\pi$ 和 $y=0$ 所围成的平面图形,绕 x 轴旋一周所得到的旋转曲面的图形.

解 输入下列程序:

```
>> x=0:pi/20:6*pi;
R=6+sin(x);
[a,b,c]=cylinder(R,20);
surf(a,b,c).
```
如图 12-5-6 所示.

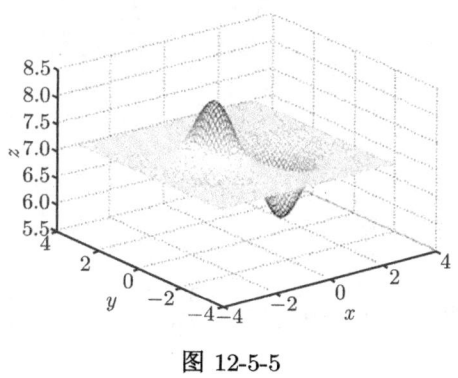

图 12-5-5   图 12-5-6

习 题 答 案

第 7 章

习题 7.2

1. $5a - 11b + 7c$

2. $\pm\left(\dfrac{6}{11}, \dfrac{7}{11}, \dfrac{-6}{11}\right)$

3. A : Ⅳ　B : Ⅴ　C : Ⅷ　D : Ⅲ

4. x 轴：$\sqrt{34}$　y 轴：$\sqrt{41}$　z 轴：5

5. $(0, 1, -2)$

6. 略

7. $\dfrac{1}{\sqrt{14}}(3, 1, -2)$

8. $\sqrt{3}$

9. 2

10. $\pm\dfrac{2}{3}$

习题 7.3

1. (1) $3, 5\boldsymbol{i} + \boldsymbol{j} + 7\boldsymbol{k}$　(2) $-18, 10\boldsymbol{i} + 2\boldsymbol{j} + 14\boldsymbol{k}$　(3) $\cos\widehat{(\boldsymbol{a}, \boldsymbol{b})} = \dfrac{3}{2\sqrt{21}}$

2. 略

3. 2

4. (1) $-8\boldsymbol{j} - 24\boldsymbol{k}$　(2) $-\boldsymbol{j} - \boldsymbol{k}$　(3) 2

5. $\dfrac{\sqrt{19}}{2}$

6. 2

7. $\pm\dfrac{3}{2}\sqrt{2}$

习题 7.4

1. $y = -4$

习 题 答 案

2. $\theta = \arccos \dfrac{1}{2}$

3. x 轴：6　y 轴：6　z 轴：2

4. $\sqrt{3}$

5. 既不平行，也不垂直

6. $2x + 2y - 3z = 0$

习题 7.5

1. 平行

2. 平行

3. $\dfrac{x}{-2} = \dfrac{y-2}{3} = \dfrac{z-4}{1}$

4. $x - y + z = 0$

5. $\dfrac{x-1}{-2} = \dfrac{y-1}{1} = \dfrac{z-1}{3}$；$\begin{cases} x = 1 - 2t, \\ y = 1 + t, \\ z = 1 + 3t \end{cases}$

6. $\dfrac{x-1}{3} = \dfrac{y-1}{-1} = \dfrac{z+2}{1}$

7. $\dfrac{x+1}{12} = \dfrac{y+4}{20} = \dfrac{z-3}{-1}$

8. $\dfrac{x+1}{16} = \dfrac{y}{19} = \dfrac{z-4}{28}$

习题 7.6

1. $\dfrac{x^2}{a^2} - \dfrac{y^2}{c^2} - \dfrac{z^2}{c^2} = 1$

2. $y = \dfrac{1}{2}$

3. 不是，是绕 y 轴旋转而成

4. $\begin{cases} x^2 + y^2 = 2, \\ z = 0 \end{cases}$

5. 单叶双曲面

习题 7.7

1. 圆心在原点，半径为 R 的空间圆（是球面 $x^2 + y^2 + z^2 = R^2$ 的一个球大圆）

2. $\begin{cases} x^2 + 2y^2 - 2y = 0, \\ z = 0 \end{cases}$

3. 在平面 $z = 2$ 上的一个圆 $x^2 + y^2 = 2$

章末自测 7

(A)

1. (1) $\pm\left\{\dfrac{6}{11}, \dfrac{7}{11}, \dfrac{-6}{11}\right\}$

   (2) $\lambda = 2\mu$

   (3) $(x-1)^2 + (y-3)^2 + (z+2)^2 = 14$

   (4) 以 $(1, -2, -1)$ 为球心、半径为 $\sqrt{6}$ 的球面

   (5) $y^2 + z^2 = 2x$, 旋转抛物面

   (6) $x^2 + y^2 + z^2 = 2x$, 球面

   (7) $4x^2 - 9y^2 - 9z^2 = 36$ 和 $4x^2 + 4z^2 - 9y^2 = 36$, 旋转双叶双曲面和旋转单叶双曲面

   (8) 抛物线, 抛物柱面

   (9) 椭圆与其一切线的交点, 椭圆柱面与其切平面的交线

2. (1) $3x - 7y + 5z - 4 = 0$

   (2) $1 \cdot (x-1) + 1 \cdot (y-1) - 3(z+1) = 0$

   (3) $y + 5 = 0$

   (4) $9y - z - 2 = 0$

   (5) $\dfrac{x-1}{2} = \dfrac{y-2}{1} = \dfrac{z-3}{5}$

   (6) $\dfrac{x}{-2} = \dfrac{y-2}{3} = \dfrac{z-4}{1}$

   (7) $16x - 14y - 11z - 65 = 0$

   (8) $8x - 9y - 22z - 59 = 0$

   (9) 0

   (10) (1) 垂直 (2) 直线在平面上

   (11) $\dfrac{3\sqrt{2}}{2}$

(B)

1. 思路：因为 $a + b + c = 0$, 所以 $a \times (a + b + c) = 0$, 即 $a \times b + a \times b + a \times c = 0$, 又 $a \times a = 0$, 所以 $a \times b = -a \times c = c \times a$, 同理得 $a \times b = b \times c$.

2. 思路：$|a \times b| = |a||b|\sin(a, b)$, $a \cdot b = |a||b|\cos(a, b)$.

   答案：$(a, b) = \dfrac{\pi}{6}$

3. 思路：因为 $|a + tb|^2 = (a + tb) \cdot (a + tb) = |a|^2 + t^2|b|^2 + 2t(a \cdot b)$, 该式为关于 t 的一个 2 次方程, 求其最小值即可.

答案：$t = -\dfrac{\boldsymbol{a} \cdot \boldsymbol{b}}{|\boldsymbol{b}|^2}$

4. 思路：取 $\boldsymbol{b} = \boldsymbol{i}$，则 $\boldsymbol{n} \perp \boldsymbol{a}, \boldsymbol{n} \perp \boldsymbol{b}$.

   答案：$\boldsymbol{n} = \pm \dfrac{1}{10}(8\boldsymbol{j} - 6\boldsymbol{k})$

5. 思路：平面过 z 轴，不妨设平面方程为 $Ax + By = 0$，则 $\boldsymbol{n} = \{A, B, 0\}$，又 A, B 不全为 0.

   答案：所求平面方程为 $x + 3y = 0$ 或 $x - \dfrac{1}{3}y = 0$

6. 解法一　所求平面法向量 $\boldsymbol{n} \perp \overrightarrow{M_1 M_2}$，且 $\boldsymbol{n} \perp \boldsymbol{n}_1 = \{6, -2, 3\}$，所以取

$$\boldsymbol{n} = \overrightarrow{M_1 M_2} \times \boldsymbol{n}_1 = \begin{vmatrix} \boldsymbol{i} & \boldsymbol{j} & \boldsymbol{k} \\ -7 & 4 & -3 \\ 6 & -2 & 3 \end{vmatrix} = \{6, 3, -10\}$$

又平面过点 $M_1(4, 1, 2)$，则平面方程为 $6x + 3y - 10z - 7 = 0$

解法二　在平面上任取一点 $M(x, y, z)$，则 $\overrightarrow{MM_1}$、$\overrightarrow{M_1 M_2}$ 和 $\boldsymbol{n}_1 = \{6, -2, 3\}$ 共面，由三向量共面的充要条件得 $\begin{vmatrix} x - 4 & y - 1 & z - 2 \\ 6 & -2 & 3 \\ -7 & 4 & -3 \end{vmatrix} = 0$，整理得所求平面方程

7. 思路：用平面束. 设过直线 l_1 的平面束方程为 $x - 2y + z - 1 + \lambda(2x + y - z - 2) = 0$.

   答案：平面方程为 $11x + 3y - 4z - 11 = 0$

8. 思路：求交点 $(1, 1, -1)$，过交点 $(1, 1, -1)$ 且垂直于已知直线的平面为 $x - 1 = 0$.

   答案：$\begin{cases} x - 1 = 0 \\ x + y + z = 1 \end{cases}$

9. 思路：先求投影柱面方程.

   答案：原曲线在 xOy 面上的投影曲线方程为 $\begin{cases} y^2 - 2x + 9 = 0, \\ z = 0. \end{cases}$

   原曲线是由旋转抛物面 $y^2 + z^2 - 2x = 0$ 被 $z = 3$ 平面所截的抛物线

10. 思路：$S_{\triangle OAB} = \dfrac{1}{2}|\overrightarrow{OA} \times \overrightarrow{OB}|$.

    答案：$\dfrac{\sqrt{19}}{2}$

11. $|\overrightarrow{M_1 M_2}| = 2$, $\cos\alpha = -\dfrac{1}{2}$, $\cos\beta = \dfrac{\sqrt{2}}{2}$, $\cos\gamma = \dfrac{1}{2}$, $\alpha = \dfrac{2\pi}{3}$, $\beta = \dfrac{3\pi}{4}$, $\gamma = \dfrac{\pi}{3}$.

12. $\pm\left(\dfrac{6}{2\sqrt{17}}, \dfrac{-4}{2\sqrt{17}}, \dfrac{-4}{2\sqrt{17}}\right)$.

13. $\begin{cases} 2x^2 - 2x + y^2 = 8, \\ z = 0. \end{cases}$

14. 在 xOy 面上投影为 $\begin{cases} \left(x - \dfrac{a}{2}\right)^2 + y^2 \leqslant a^2, \\ z = 0. \end{cases}$ 在 xOz 面上投影为 $\begin{cases} x^2 + y^2 \leqslant a^2, \\ z = 0. \end{cases}$

第 8 章

习题 8.1

1. (1) $D = \{(x,y) | x \geqslant 0, -\infty < y < +\infty\}$

   (2) $D = \{(x,y) | |x| \leqslant 1, |y| \geqslant 1\}$

   (3) $D = \left\{(x,y) \left| \dfrac{x^2}{a^2} + \dfrac{y^2}{b^2} \leqslant 1 \right.\right\}$

   (4) $D = \{(x,y) | x + y < 0\}$

   (5) $D = \{(x,y) | x^2 + y^2 \neq 0\}$

   (6) $D = \{(x,y) | r^2 \leqslant x^2 + y^2 + z^2 \leqslant R^2\}$

2. $f(x,y) = e^{\frac{x^2+y^2}{2}} \cdot xy \quad f(\sqrt{2}, \sqrt{2}) = 2e^2$

3. 两个函数不同

4. (1) 1　(2) $\ln 2$　(3) $-\dfrac{1}{4}$　(4) 2　(5) 2　(6) 0

习题 8.2

1. (1) $\dfrac{\partial z}{\partial x} = 2xy^2, \quad \dfrac{\partial z}{\partial y} = 2x^2 y$

   (2) $\dfrac{\partial z}{\partial x} = -\dfrac{1}{x}, \quad \dfrac{\partial z}{\partial y} = \dfrac{1}{y}$

   (3) $\dfrac{\partial z}{\partial x} = y e^{xy} + 2xy, \quad \dfrac{\partial z}{\partial y} = x e^{xy} + x^2$

   (4) $\dfrac{\partial z}{\partial x} = \dfrac{y(R^2 - 2x^2 - y^2)}{\sqrt{R^2 - x^2 - y^2}}, \quad \dfrac{\partial z}{\partial y} = \dfrac{x(R^2 - x^2 - 2y^2)}{\sqrt{R^2 - x^2 - y^2}}$

   (5) $\dfrac{\partial z}{\partial x} = \dfrac{y^2}{(x^2 + y^2)\sqrt{x^2 + y^2}}, \quad \dfrac{\partial z}{\partial y} = -\dfrac{xy}{(x^2 + y^2)\sqrt{x^2 + y^2}}$

   (6) $\dfrac{\partial z}{\partial x} = e^{\sin x} \cos x \cos y, \quad \dfrac{\partial z}{\partial y} = -e^{\sin x} \sin y$

   (7) $\dfrac{\partial u}{\partial x} = \dfrac{x}{\sqrt{x^2 + y^2 + z^2}}, \quad \dfrac{\partial u}{\partial y} = \dfrac{y}{\sqrt{x^2 + y^2 + z^2}}, \quad \dfrac{\partial u}{\partial z} = \dfrac{z}{\sqrt{x^2 + y^2 + z^2}}$

   (8) $\dfrac{\partial u}{\partial x} = 2xy^3 z^5 e^{x^2 y^3 z^5}, \quad \dfrac{\partial u}{\partial y} = 3x^2 y^2 z^5 e^{x^2 y^3 z^5}, \quad \dfrac{\partial u}{\partial z} = 5x^2 y^3 z^4 e^{x^2 y^3 z^5}$

(9) $\dfrac{\partial z}{\partial x} = yx^{xy}(\ln x + 1)$, $\dfrac{\partial z}{\partial y} = x^{xy+1} \ln x$

(10) $\dfrac{\partial z}{\partial x} = \dfrac{-y}{x^2 + y^2}$, $\dfrac{\partial z}{\partial y} = \dfrac{x}{x^2 + y^2}$

2. (1) $z'_x = 2xe^{x^2+y^2}$, $z'_x \big|_{\substack{x=1\\y=0}} = 2e$;

$z'_y = 2ye^{x^2+y^2}$, $z'_y \big|_{\substack{x=0\\y=1}} = 2e$

(2) $z'_x = \dfrac{1}{\sqrt{x} + \sqrt{y}} \cdot \dfrac{1}{2\sqrt{x}}$, $z'_x \big|_{\substack{x=1\\y=1}} = \dfrac{1}{4}$;

$z'_y = \dfrac{1}{\sqrt{x} + \sqrt{y}} \cdot \dfrac{1}{2\sqrt{y}}$, $z'_y \big|_{\substack{x=1\\y=1}} = \dfrac{1}{4}$

(3) $z'_x = y^2(1+xy)^{y-1}$, $z'_x \big|_{\substack{x=1\\y=1}} = 1$;

$z'_y = (1+xy)^y \left[\ln(1+xy) + \dfrac{xy}{1+xy} \right]$, $z'_y \big|_{\substack{x=1\\y=1}} = 1 + 2\ln 2$

(4) $u'_x = \dfrac{y}{xy+z}$, $u'_x \big|_{\substack{x=2\\y=1\\z=0}} = \dfrac{1}{2}$;

$u'_y = \dfrac{x}{xy+z}$, $u'_y \big|_{\substack{x=2\\y=1\\z=0}} = 1$;

$u'_z = \dfrac{1}{xy+z}$, $u'_z \big|_{\substack{x=2\\y=1\\z=0}} = \dfrac{1}{2}$

3. (1) $\dfrac{\partial^2 z}{\partial x^2} = \dfrac{x+2y}{(x+y)^2}$, $\dfrac{\partial^2 z}{\partial y^2} = -\dfrac{x}{(x+y)^2}$, $\dfrac{\partial^2 z}{\partial x \partial y} = \dfrac{y}{(x+y)^2}$

(2) $\dfrac{\partial^2 z}{\partial x^2} = -\dfrac{2\sin x^2 + 4x^2 \cos x^2}{y}$, $\dfrac{\partial^2 z}{\partial y^2} = \dfrac{2\cos x^2}{y^3}$, $\dfrac{\partial^2 z}{\partial x \partial y} = \dfrac{2x \sin x^2}{y^2}$

(3) $\dfrac{\partial^2 z}{\partial x^2} = \dfrac{2xy}{(x^2+y^2)^2}$, $\dfrac{\partial^2 z}{\partial y^2} = \dfrac{-2xy}{(x^2+y^2)^2}$, $\dfrac{\partial^2 z}{\partial x \partial y} = \dfrac{y^2 - x^2}{(x^2+y^2)^2}$

(4) $\dfrac{\partial^2 u}{\partial x \partial y} = e^{xyz}(z + xyz^2)$, $\dfrac{\partial^3 u}{\partial x \partial y \partial z} = e^{xyz}(1 + 3xyz + x^2y^2z^2)$

4~5. 略

习题 8.3

1. (1) $dz = \dfrac{\sqrt{xy}}{2xy^2}(y dx - x dy)$

(2) $dz = \dfrac{ab}{\sqrt{(ax+by)(ax-by)^3}}(-y dx + x dy)$

(3) $dz = 2e^{x^2+y^2}(x dx + y dy)$

(4) $dz = \dfrac{1}{1+x^2y^2}(y dx + x dy)$

(5) $du = \dfrac{2}{x^2+y^2+z^2}(xdx+ydy+zdz)$

2. (1) -0.20　(2) $0.25e$

3. (1) 2.95　(2) 108.9

4. $5\ \text{cm}$

5. 近似值为 14.8m^3,精确值为 13.632m^3

习题 8.4

1. (1) $\dfrac{\partial z}{\partial x} = \dfrac{2x}{y^2}\ln(3x-2y) + \dfrac{3x^2}{y^2(3x-2y)}$,

   $\dfrac{\partial z}{\partial y} = -\dfrac{2x^2}{y^3}\ln(3x-2y) - \dfrac{2x^2}{y^2(3x-2y)}$

   (2) $\dfrac{dz}{dt} = -(e^t + e^{-t})$

   (3) $\dfrac{dz}{dx} = \dfrac{x^2-2x-1}{3(x-1)^2}$

   (4) $\dfrac{\partial z}{\partial x} = (x+2y)^{x-y}\left[\dfrac{x-y}{x+2y} + \ln(x+2y)\right]$,

   $\dfrac{\partial z}{\partial y} = (x+2y)^{x-y}\left[\dfrac{2(x-y)}{x+2y} - \ln(x+2y)\right]$

2. (1) $\dfrac{\partial^2 z}{\partial x^2} = e^{2y}f''_{uu} + 2e^y f''_{xu} + f''_{xx}$,

   $\dfrac{\partial^2 z}{\partial x \partial y} = xe^y(f''_{uu}e^y + f''_{xu}) + e^y(f''_{uy} + f'_u) + f''_{xy}$

   (2) $z''_{xx} = y^2 f''_{uu} + 4xy f''_{uv} + 4x^2 f''_{vv} + 2f'_v$,

   $z''_{xy} = f'_u + xy f''_{uu} + 2(x^2+y^2)f''_{uv} + 4xy f''_{vv}$

3～5. 略

习题 8.5

1. (1) $\dfrac{dy}{dx} = -\dfrac{y+1}{x+1}$

   (2) $\dfrac{dy}{dx} = -\dfrac{xy^2-y}{x^2y+x}$

   (3) $\dfrac{dy}{dx} = -\dfrac{e^x-y^2}{\cos y-2xy}$

   (4) $\dfrac{\partial z}{\partial x} = \dfrac{yz}{e^z-xy}$,　$\dfrac{\partial z}{\partial y} = \dfrac{xz}{e^z-xy}$

   (5) $\dfrac{\partial z}{\partial x} = \dfrac{1-(1-x)e^{z-x-y}}{1+xe^{z-x-y}}$,　$\dfrac{\partial z}{\partial y} = 1$

(6) $\dfrac{\partial z}{\partial x} = \dfrac{z}{x+z}$, $\dfrac{\partial z}{\partial y} = \dfrac{z^2}{y(x+z)}$, $\dfrac{\partial^2 z}{\partial x \partial y} = \dfrac{xz^2}{y(x+z)^3}$

2. (1) $\dfrac{\partial z}{\partial x} = -\dfrac{F'_u + 2xF'_v}{F'_u + 2zF'_v}$, $\dfrac{\partial z}{\partial y} = -\dfrac{F'_u + 2yF'_v}{F'_u + 2zF'_v}$

(2) $\dfrac{\mathrm{d}u}{\mathrm{d}x} = \dfrac{\partial f}{\partial x} + \dfrac{\partial f}{\partial y} \cdot \dfrac{y^2}{1-xy} + \dfrac{\partial f}{\partial z} \cdot \dfrac{z}{xz-x}$

3. 略

4. (1) $\dfrac{\mathrm{d}y}{\mathrm{d}x} = \dfrac{-x(6z+1)}{2y(3z+1)}$, $\dfrac{\mathrm{d}z}{\mathrm{d}x} = \dfrac{x}{3z+1}$

(2) $\dfrac{\partial u}{\partial x} = \dfrac{-uf'_1(2yvg'_2 - 1) - f'_2 \cdot g'_1}{(xf'_1 - 1)(2yvg'_2 - 1) - f'_2 \cdot g'_1}$, $\dfrac{\partial v}{\partial x} = \dfrac{g'_1(xf'_1 + uf'_1 - 1)}{(xf'_1 - 1)(2yvg'_2 - 1) - f'_2 \cdot g'_1}$

5. 略

习题 8.6

1. (1) 函数在点 $(-4, 1)$ 处取得极小值, 极小值为 $z(-4, 1) = -1$

(2) 函数在点 $(2, -2)$ 处取得极大值, 极大值为 $z(2, -2) = 8$

(3) $(0, 0)$ 不是极值点. $(1, 1)$ 为极小值点, 极小值为 $z(1, 1) = -1$

(4) $(0, 0)$, $(a, 0)$, $(0, a)$ 不是极值点.

对于点 $\left(\dfrac{a}{3}, \dfrac{a}{3}\right)$,

当 $a > 0$ 时, 此时函数有极大值, $z\left(\dfrac{a}{3}, \dfrac{a}{3}\right) = \dfrac{a^2}{27}$

当 $a < 0$ 时, 此时函数有极小值, $z\left(\dfrac{a}{3}, \dfrac{a}{3}\right) = \dfrac{a^2}{27}$

2. 在 $P_1 = 80, P_2 = 120$ 时, 可获极大值, 也是最大值, 故最大利润 $L(80, 120) = 605$

3. 当长、宽为 $\dfrac{2a}{\sqrt{3}}$, 高为 $\dfrac{a}{\sqrt{3}}$ 时, 内接长方体体积为最大

4. 当长和宽都是 $\dfrac{\sqrt{2}}{3}r$, 而高为 $\dfrac{1}{3}h$ 时内接长方体的体积最大

5. (1) 当正面长为 $2\sqrt{10}\mathrm{m}$、侧面长为 $3\sqrt{10}\mathrm{m}$ 时, 所用材料费最少

(2) 当长为 $\dfrac{4}{17}\sqrt{\dfrac{5a}{m}}$, 宽 (深) 为 $\dfrac{1}{6}\sqrt{\dfrac{5a}{m}}$ 时可使容积最大

(3) 购 A 种原料 100 单位, B 种原料 25 单位时, 生产的数量最多

6. $(1, 2)$ 是抛物线 $y^2 = 4x$ 上距直线 $x - y + 4 = 0$ 最近的点

章末自测 8

(A)

1. (1) $x^4 - 2x^2y^2 + 2y^4$

(2) $2y + (x-y)^2$

(3) $-y$

(4) $\mathrm{d}z = \left(1 + 2x\ln(ax+y)^2 + \dfrac{2a(x^2+1)}{ax+y}\right)\mathrm{d}x + \dfrac{2(1+x^2)}{ax+y}\mathrm{d}y$

(5) $-\dfrac{1}{5}$

2. (1) $\{(x,y)\,|\,x+y>0, x-y>0\}$

   (2) $\{(x,y)\,|\,y-x>0, x\geqslant 0, x^2+y^2<1\}$

   (3) $\{(x,y,z)\,|\,x^2+y^2-z^2\geqslant 0, x^2+y^2\neq 0\}$

3. (1) 1   (2) $-\dfrac{1}{6}$ (3) 2

4. $\{(x,y)\,|\,y^2-2x=0\}$

5. (1) $\dfrac{\partial s}{\partial u} = \dfrac{1}{v} - \dfrac{v}{u^2}$, $\dfrac{\partial s}{\partial v} = \dfrac{1}{u} - \dfrac{u}{v^2}$

   (2) $\dfrac{\partial z}{\partial x} = y[\cos(xy) - \sin(2xy)]$, $\dfrac{\partial z}{\partial y} = x[\cos(xy) - \sin(2xy)]$

   (3) $\dfrac{\partial z}{\partial x} = \dfrac{2}{y}\csc\dfrac{2x}{y}$, $\dfrac{\partial z}{\partial y} = -\dfrac{2x}{y^2}\csc\dfrac{2x}{y}$

   (4) $\dfrac{\partial u}{\partial x} = \dfrac{y}{z}x^{\frac{y}{z}-1}$, $\dfrac{\partial u}{\partial y} = \dfrac{1}{z}x^{\frac{y}{z}}\ln x$, $\dfrac{\partial u}{\partial z} = -\dfrac{y}{z^2}x^{\frac{y}{z}}\ln x$

6. $\dfrac{\pi}{4}$

7. $f_x(x,1) = 1$

8. (1) $\dfrac{\partial^2 z}{\partial x^2} = \dfrac{2xy}{(x^2+y^2)^2}$, $\dfrac{\partial^2 z}{\partial y^2} = -\dfrac{2xy}{(x^2+y^2)^2}$, $\dfrac{\partial^2 z}{\partial x \partial y} = \dfrac{y^2-x^2}{(x^2+y^2)^2}$

   (2) $\dfrac{\partial^2 z}{\partial x^2} = y^x \ln^2 y$, $\dfrac{\partial^2 z}{\partial y^2} = x(x-1)y^{x-2}$, $\dfrac{\partial^2 z}{\partial x \partial y} = y^{x-1}(1 + x\ln y)$

9. (1) $\mathrm{d}z = -\dfrac{x}{(x^2+y^2)^{\frac{3}{2}}}(y\mathrm{d}x - x\mathrm{d}y)$

   (2) $\mathrm{d}z = yzx^{yz-1}\mathrm{d}x + zx^{yz}\ln x\,\mathrm{d}y + yx^{yz}\ln x\,\mathrm{d}z$

10. $\Delta z = 0.02$, $\mathrm{d}y = 0.03$

11. 2.95

12. -5cm

13. $\dfrac{\partial z}{\partial x} = y\mathrm{e}^{xy}\ln(x^2+y^2) + \dfrac{2x}{x^2+y^2}\mathrm{e}^{xy}$, $\dfrac{\partial z}{\partial y} = x\mathrm{e}^{xy}\ln(x^2+y^2) + \dfrac{2y}{x^2+y^2}\mathrm{e}^{xy}$

14. $\dfrac{\mathrm{d}z}{\mathrm{d}t} = \dfrac{3(1-4t^2)}{\sqrt{1-(3t-4t^3)^2}}$

15. $\dfrac{\mathrm{d}u}{\mathrm{d}x} = \mathrm{e}^{ax}\sin x$

16. (1) $\dfrac{\partial u}{\partial x} = 2xf_1' + ye^{xy}f_2'$, $\quad \dfrac{\partial u}{\partial y} = -2yf_1' + xe^{xy}f_2'$

(2) $\dfrac{\partial u}{\partial x} = f_1' + yf_2' + yzf_3'$, $\quad \dfrac{\partial u}{\partial y} = xf_2' + xzf_3'$, $\quad \dfrac{\partial u}{\partial z} = xyf_3'$

17. $\dfrac{\partial z}{\partial x} = \dfrac{3xf_1' - f(3x-y, \cos y)}{x^2}$, $\quad \dfrac{\partial z}{\partial y} = -\dfrac{f_1' + f_2' \sin y}{x}$

18. $\dfrac{\partial^2 z}{\partial x^2} = 4x^2 f'' + 2f'$, $\quad \dfrac{\partial^2 z}{\partial x \partial y} = 4xy f''$, $\quad \dfrac{\partial^2 z}{\partial y^2} = 4y^2 f'' + 2f'$

19. (1) $\dfrac{\partial^2 z}{\partial x^2} = f_{11}'' + \dfrac{2}{y} f_{22}'' + \dfrac{1}{y^2} f_{22}''$, $\quad \dfrac{\partial^2 z}{\partial x \partial y} = -\dfrac{x}{y^2}\left(f_{12}'' + \dfrac{1}{y} f_{22}''\right) - \dfrac{1}{y^2} f_2'$

$\dfrac{\partial^2 z}{\partial y^2} = \dfrac{2x}{y^3} f_2' + \dfrac{x^2}{y^4} f_{22}''$

(2) $\dfrac{\partial^2 z}{\partial x^2} = f_{uu}'' e^{2y} + (f_{ux}'' + f_{xu}'') e^y + f_{xx}''$,

$\dfrac{\partial^2 z}{\partial x \partial y} = xe^{2y} f_{uu}'' + e^y f_{yu}'' + xe^y f_{xu}'' + f_{xy}'' + e^y f_u'$,

$\dfrac{\partial^2 z}{\partial y^2} = f_{uu}'' x^2 e^{2y} + (f_{uy}'' + f_u' + f_{yu}'') xe^y + f_{yy}''$

20. $\dfrac{\partial z}{\partial x} = \dfrac{z}{xz - x}$, $\quad \dfrac{\partial z}{\partial y} = \dfrac{z}{yz - y}$

21. $dz = -\dfrac{2xf_2'}{yf_1} dx - \dfrac{z}{y} dy$

22. $\dfrac{\partial x}{\partial y} \cdot \dfrac{\partial y}{\partial z} \cdot \dfrac{\partial z}{\partial x} = -1$

23. $\dfrac{\partial z}{\partial x} + \dfrac{\partial z}{\partial y} = 1$

24. (1) $\dfrac{dx}{dz} = \dfrac{y - z}{x - y}$, $\quad \dfrac{dy}{dz} = \dfrac{z - x}{x - y}$

(2) $\dfrac{\partial u}{\partial x} = \dfrac{\sin v}{e^u (\sin v - \cos v) + 1}$, $\quad \dfrac{\partial u}{\partial y} = \dfrac{-\cos v}{e^u (\sin v - \cos v) + 1}$

$\dfrac{\partial v}{\partial y} = \dfrac{\cos v - e^u}{u[e^u(\sin v - \cos v) + 1]}$, $\quad \dfrac{\partial v}{\partial x} = \dfrac{\sin v + e^u}{u[e^u(\sin v - \cos v) + 1]}$

25. 极小值: $f\left(\dfrac{1}{2}, -1\right) = -\dfrac{e}{2}$

26. $z\left(\dfrac{1}{2}, \dfrac{1}{2}\right) = \dfrac{1}{4}$

27. $x_{\text{长}} = y_{\text{宽}} = \sqrt{\dfrac{A}{3a}}$, $\quad z_{\text{高}} = \dfrac{a}{2b}\sqrt{\dfrac{A}{3a}}$

28. 当长、宽都是 $\sqrt[3]{2k}$, 而高 $\dfrac{1}{2}\sqrt[3]{2k}$ 为时, 表面积最小

29. $\left(\dfrac{8}{5}, \dfrac{16}{5}\right)$

(B)

1. (1) $\{(x,y)\mid x^2+y^2 \leqslant 1, y > \sqrt{x} \geqslant 0\}$

   (2) $f_x(0,1) = 1$

   (3) $2x - 2y$

   (4) $\mathrm{d}x - \mathrm{d}y$

   (5) 充分，必要

   (6) 必要

   (7) $\mathrm{d}z = \mathrm{d}x - \sqrt{2}\mathrm{d}y$

   (8) $\left(\dfrac{\pi}{\mathrm{e}}\right)^2$

   (9) $\dfrac{\partial^2 z}{\partial x \partial y} = yf''(xy) + \phi'(x+y) + ay\phi''(x+y)$

2. $\{(x,y)\mid 0 < x^2+y^2 < 1, y^2 \leqslant 4x\}$, $\dfrac{\sqrt{2}}{\ln\dfrac{3}{4}}$

3. 提示：$\left|\dfrac{xy}{\sqrt{x^2+y^2}}\right| \leqslant \dfrac{1}{2}\sqrt{x^2+y^2}$

4. (1) $\lim\limits_{\substack{x\to 0\\x=y}} \dfrac{x^2y^2}{x^2y^2+(x-y)^2} = 1$, $\lim\limits_{\substack{x\to 0\\y=2x}} \dfrac{x^2y^2}{x^2y^2+(x-y)^2} = 0$

   (2) $\lim\limits_{\substack{y\to 0\\x=ky^2}} \dfrac{xy^2}{x^2+y^4} = \dfrac{k}{k^2+1}$

5. (1) $\dfrac{\partial z}{\partial x} = y^2(1+xy)^{y-1}$, $\dfrac{\partial z}{\partial y} = (1+xy)^y\left[\ln(1+xy) + \dfrac{xy}{1+xy}\right]$

   (2) $\dfrac{\partial z}{\partial t} = -kn^2\mathrm{e}^{-kn^2 t}\cos nx$, $\dfrac{\partial z}{\partial x} = -n\mathrm{e}^{-kn^2 t}\sin nx$

   (3) $\dfrac{\partial z}{\partial x} = \mathrm{e}^{\frac{x^2+y^2}{xy}}\left(2x + \dfrac{2(x^2+y^2)}{y} - \dfrac{(x^2+y^2)^2}{x^2y}\right)$,

   $\dfrac{\partial z}{\partial y} = \mathrm{e}^{\frac{x^2+y^2}{xy}}\left(2y + \dfrac{2(x^2+y^2)}{x} - \dfrac{(x^2+y^2)^2}{xy^2}\right)$

6. 提示：$(0,0)$ 处的偏导数应按定义求：

   $f_x(x,y) = \begin{cases} \dfrac{2xy^3}{(x^2+y^2)^2}, & x^2+y^2 \neq 0, \\ 0, & x^2+y^2 = 0, \end{cases}$ $f_y(x,y) = \begin{cases} \dfrac{x^2(x^2-y^2)}{(x^2+y^2)^2}, & x^2+y^2 \neq 0, \\ 0, & x^2+y^2 = 0 \end{cases}$

7~8. 略

9. $\dfrac{\partial z}{\partial x} = -\dfrac{1}{x^2}\left(\tan\dfrac{y}{x}\right)^{\frac{1}{y}-1}\sec^2\dfrac{y}{x}, \dfrac{\partial z}{\partial y} = -\dfrac{1}{y^2}\tan\left(\dfrac{y}{x}\right)^{\frac{1}{y}}\ln\left(\tan\dfrac{y}{x}\right) + \dfrac{1}{xy}\left(\tan\dfrac{y}{x}\right)^{\frac{1}{y}-1}\sec^2\dfrac{y}{x}.$

10. $\dfrac{\partial u}{\partial x}\cdot\dfrac{\partial v}{\partial x} = (f_1 + yf_2)(1+y)g'.$

11. $\dfrac{\partial^2 z}{\partial x \partial y} = -2f'' + g_{12}x + g_2 + xyg_{22}.$

12. 略

13. 提示：由 $\begin{cases} x = e^u\cos v, \\ y = e^u\sin v \end{cases}$ 解出 $\begin{cases} u = u(x,y), \\ v = v(x,y) \end{cases}$ 再解. 或者由 $\begin{cases} x = e^u\cos v, \\ y = e^u\sin v \end{cases}$ 直接分别求对于 x, 对于 y 的偏导数, 通过解关于 $\dfrac{\partial u}{\partial x}, \dfrac{\partial u}{\partial y}$ 或 $\dfrac{\partial v}{\partial x}, \dfrac{\partial v}{\partial y}$ 的方程组解出 $\dfrac{\partial u}{\partial x}, \dfrac{\partial u}{\partial y}, \dfrac{\partial v}{\partial x}, \dfrac{\partial v}{\partial y}.$

14. 提示：将 ξ, η 看做中间变量, 通过复合函数偏导数运算求得新方程为 $\dfrac{\partial^2 u}{\partial \xi \partial \eta} = 0.$

15. $\dfrac{\partial^2 z}{\partial x^2} = \dfrac{2y^2 z e^z - 2xy^3 z - y^2 z^2 e^z}{(e^z - xy)^3}.$

16. $\dfrac{\partial z}{\partial x} = \dfrac{1}{2z - f_2'}, \dfrac{\partial z}{\partial y} = \dfrac{1}{2z - f_2'}.$

17. $\dfrac{\partial z}{\partial x} = \dfrac{4x\sqrt{z} - 2\sqrt{z}\,e^{(y-x)^2}}{2\sqrt{z} + e^z}, \dfrac{\partial z}{\partial y} = \dfrac{2\sqrt{z}\,e^{(y-x)^2}}{2\sqrt{z} + e^z}.$

18. 提示：考虑 $f(u,v,w) = \dfrac{a^2b^2c^2}{uvw}$ 在条件 $\dfrac{u^2}{a^2} + \dfrac{v^2}{b^2} + \dfrac{w^2}{c^2} = 1$ 之下的最小值, 由拉格朗日乘数法得最小值为 $3\sqrt{3}abc.$

19. 提示：设平面方程为 $Ax + By + Cz + D = 0$, 问题即求 $V^2 = \dfrac{1}{36}\dfrac{D^6}{A^2B^2C^2}$ 在条件 $2A + B + \dfrac{1}{3}C + D = 0$ 下的最小值, 由拉格朗日乘数法得平面方程为 $x + 2y + 6z - 6 = 0$, 最小体积是 3.

20. 提示：问题可看做 $d^2 = x^2 + y^2 + z^2$ 在条件 $\begin{cases} z = x^2 + y^2, \\ x + y + z = 1 \end{cases}$ 下的最值, 令 $F(x,y,z,\lambda,u) = x^2 + y^2 + z^2 + \lambda(x^2 + y^2) + u(x + y + z - 1)$, 求得最长距离为 $\sqrt{9 + 5\sqrt{3}}$, 最短距离为 $\sqrt{9 - 5\sqrt{3}}.$

第 9 章

习题 9.2

1. (1) $\iint_D f(x,y)\mathrm{d}x\mathrm{d}y = \int_{-1}^1 \mathrm{d}x \int_{-1}^1 f(x,y)\mathrm{d}y,$

$$\iint_D f(x,y)\mathrm{d}x\mathrm{d}y = \int_{-1}^1 \mathrm{d}y \int_{-1}^1 f(x,y)\mathrm{d}x$$

(2) $\iint_D f(x,y)\mathrm{d}x\mathrm{d}y = \int_0^1 \mathrm{d}x \int_x^1 f(x,y)\mathrm{d}y,$

$$\iint_D f(x,y)\mathrm{d}x\mathrm{d}y = \int_0^1 \mathrm{d}y \int_0^y f(x,y)\mathrm{d}x$$

(3) $\iint_D f(x,y)\mathrm{d}x\mathrm{d}y = \int_1^e \mathrm{d}x \int_0^{\ln x} f(x,y)\mathrm{d}y,$

$$\iint_D f(x,y)\mathrm{d}x\mathrm{d}y = \int_0^1 \mathrm{d}y \int_{e^y}^e f(x,y)\mathrm{d}x$$

(4) $\iint_D f(x,y)\mathrm{d}x\mathrm{d}y = \int_0^1 \mathrm{d}x \int_0^{\sqrt{2x-x^2}} f(x,y)\mathrm{d}y + \int_1^2 \mathrm{d}x \int_0^{2-x} f(x,y)\mathrm{d}y,$

$$\iint_D f(x,y)\mathrm{d}x\mathrm{d}y = \int_0^1 \mathrm{d}y \int_{1-\sqrt{1-y^2}}^{2-y} f(x,y)\mathrm{d}x$$

(5) $\iint_D f(x,y)\mathrm{d}x\mathrm{d}y = \int_{-2}^0 \mathrm{d}x \int_0^{4-x^2} f(x,y)\mathrm{d}y + \int_0^2 \mathrm{d}x \int_{2-\sqrt{4-x^2}}^{2+\sqrt{4-x^2}} f(x,y)\mathrm{d}y,$

$$\iint_D f(x,y)\mathrm{d}x\mathrm{d}y = \int_0^4 \mathrm{d}y \int_{-\sqrt{4-y}}^{\sqrt{4y-y^2}} f(x,y)\mathrm{d}x$$

2. (1) $\int_1^4 \mathrm{d}y \int_{\sqrt{y}}^y f(x,y)\mathrm{d}x + \int_4^8 \mathrm{d}y \int_2^y f(x,y)\mathrm{d}x$

(2) $\int_0^1 \mathrm{d}x \int_x^{2-x} f(x,y)\mathrm{d}y$

3. 略

4. (1) $e - 2$

(2) $\ln \dfrac{2+\sqrt{2}}{1+\sqrt{3}}$

(3) $\dfrac{1}{21}p^5$

(4) $\dfrac{76}{3}$

(5) $14a^4$

(6) $\pi(1 - e^{-R^2})$

(7) 3π

(8) $1 - \sin 1$

5. (1) $\dfrac{9}{2}$

(2) $\sqrt{2} - 1$

(3) $\dfrac{7}{6}$

6. (1) $\dfrac{5}{6}$

    (2) $\dfrac{88}{105}$

章末自测 9

(A)

1. (1) ① $\displaystyle\int_0^1 \mathrm{d}x \int_0^{x^2} f(x,y)\mathrm{d}y + \int_1^{\sqrt{2}} \mathrm{d}x \int_0^{2-x^2} f(x,y)\mathrm{d}y$

    ② $\displaystyle\int_0^4 \mathrm{d}x \int_{\frac{x}{2}}^{\sqrt{x}} f(x,y)\mathrm{d}y$

    ③ $\displaystyle\int_0^1 \mathrm{d}y \int_x^1 f(x,y)\mathrm{d}y$

    ④ $\displaystyle\int_{-1}^1 \mathrm{d}x \int_0^{\sqrt{1-x^2}} f(x,y)\mathrm{d}y$

    ⑤ $\displaystyle\int_0^1 \mathrm{d}y \int_{\mathrm{e}^y}^{\mathrm{e}} f(x,y)\mathrm{d}x$

    ⑥ $\displaystyle\int_{-2}^0 \mathrm{d}x \int_{2x+4}^{4-x^2} f(x,y)\mathrm{d}y$

    (2) $\dfrac{1}{2}(1-\mathrm{e}^{-4})$

    (3) $0 \leqslant I \leqslant 2$

    (4) $\displaystyle\iint_D (x+y)^2 \mathrm{d}\sigma \geqslant \iint_D (x+y)^3 \mathrm{d}\sigma$

    (5) $\pi - 2$

2. (1) $\dfrac{3}{4}\pi a^4$

    (2) $\dfrac{1}{6}a^3[\sqrt{2} + \ln(1+\sqrt{2})]$

3. (1) $\dfrac{\pi}{4}(\mathrm{e}-1)$

    (2) $\dfrac{\pi}{4}(2\ln 2 - 1)$

    (3) $\dfrac{3}{64}\pi^2$

4. (1) $\dfrac{9}{4}$

    (2) $\dfrac{3}{2} + \cos 1 + \sin 1 - \cos 2 - 2\sin 2$

(3) $\dfrac{1}{3}R^3\left(\pi-\dfrac{4}{3}\right)$

(4) $\dfrac{2}{3}\pi(b^3-a^3)$

5. $\dfrac{7}{2}$

6. $\dfrac{17}{6}$

7. $\dfrac{3}{32}\pi a^4$

(B)

1. (1) $\iint_D (x+y)^2 d\sigma \leqslant \iint_D (x+y)^3 d\sigma$

   (2) $\iint_D \ln(x+y)^2 d\sigma \leqslant \iint_D \ln(x+y) d\sigma$

2. (1) $e - e^{-1}$

   (2) $\dfrac{13}{6}$

   (3) $\dfrac{\pi}{4}R^4 + 9\pi R^2$

3. (1) $I = \displaystyle\int_{-r}^{r} dx \int_{0}^{\sqrt{r^2-x^2}} f(x,y)dy,\ I = \int_{0}^{r} dy \int_{-\sqrt{r^2-y^2}}^{\sqrt{r^2-y^2}} f(x,y)dx$

   (2) $I = \displaystyle\int_{-2}^{-1} dx \int_{-\sqrt{4-x^2}}^{\sqrt{4-x^2}} f(x,y)dy + \int_{-1}^{1} dx \int_{\sqrt{1-x^2}}^{\sqrt{4-x^2}} f(x,y)dy$

   $\qquad + \displaystyle\int_{-1}^{1} dx \int_{-\sqrt{4-x^2}}^{-\sqrt{1-x^2}} f(x,y)dy + \int_{1}^{2} dx \int_{-\sqrt{4-x^2}}^{\sqrt{4-x^2}} f(x,y)dy,$

   $I = \displaystyle\int_{1}^{2} dy \int_{-\sqrt{4-y^2}}^{\sqrt{4-y^2}} f(x,y)dx + \int_{-1}^{1} dy \int_{-\sqrt{4-y^2}}^{-\sqrt{1-y^2}} f(x,y)dx$

   $\qquad + \displaystyle\int_{-1}^{1} dy \int_{\sqrt{1-y^2}}^{\sqrt{4-y^2}} f(x,y)dx + \int_{-2}^{-1} dy \int_{-\sqrt{4-y^2}}^{\sqrt{4-y^2}} f(x,y)dx$

4. 6π

5. $6a^3$

6. $4 - \dfrac{\pi}{2}$

7. $\dfrac{\pi}{16} + \dfrac{9\sqrt{3}}{64}$

8. $-\dfrac{2}{3}$

第 10 章

习题 10.1

1. (1) 发散 (2) 收敛
2. (1) 收敛 (2) 发散 (3) 收敛 (4) 发散
3. (1) 收敛 (2) 发散 (3) 收敛 (4) 收敛

习题 10.2

1. (1) 收敛 (2) 收敛 (3) 收敛 (4) 发散 (5) 发散
2. (1) 收敛 (2) 收敛 (3) 收敛 (4) 收敛 (5) 收敛
3. (1) 收敛 (2) 收敛 (3) 收敛 (4) 发散 (5) 收敛

习题 10.3

1. (1) 收敛 (2) 收敛 (3) 发散 (4) 收敛
2. (1) 条件收敛 (2) 绝对收敛 (3) 发散 (4) 绝对收敛

习题 10.4

1. (1) 收敛半径 $R = 1$, 收敛域 $[-1, 1]$
   (2) 收敛半径 $R = \sqrt{2}$, 收敛域 $(-\sqrt{2}, \sqrt{2})$
   (3) 收敛半径 $R = +\infty$, 收敛域 $(-\infty, +\infty)$
   (4) 收敛半径 $R = 10$, 收敛域 $(-10, 10)$
   (5) 收敛半径 $R = \dfrac{1}{3}$, 收敛域 $\left(\dfrac{2}{3}, \dfrac{4}{3}\right)$

2. (1) $\displaystyle\sum_{n=1}^{+\infty} \dfrac{x^{4n+1}}{4n+1} = \dfrac{1}{2}\arctan x + \dfrac{1}{4}\ln\dfrac{1+x}{1-x} - x \, (|x| < 1)$
   (2) $\dfrac{2x - x^2}{(1-x)^2} \, (|x| < 1)$
   (3) $\dfrac{1}{(1-x)^3} \, (|x| < 1)$
   (4) $\arctan x \, (|x| < 1)$

习题 10.5

1. (1) $2^x = \displaystyle\sum_{n=0}^{+\infty} \dfrac{(\ln 2)^n}{n!} x^n \quad x \in (-\infty, +\infty)$

   (2) $\sin\dfrac{x}{2} = \displaystyle\sum_{n=1}^{+\infty} \dfrac{(-1)^{n-1}}{(2n-1)!2^{2n-1}} x^{2n-1} \quad x \in (-\infty, +\infty)$

(3) $\ln(2+x) = \ln 2 + \sum_{n=1}^{+\infty} (-1)^{n-1} \dfrac{1}{n2^n} x^n$ $(-2, 2]$

(4) $\dfrac{x}{1+x-2x^2} = \dfrac{1}{3} \sum_{n=0}^{+\infty} [1+(-2)^n] x^n$ $\left(-\dfrac{1}{2}, \dfrac{1}{2}\right)$

2. $\dfrac{1}{x} = \sum_{n=0}^{+\infty} (-1)^n (x-1)^n$ $(0, 2)$

3. $\dfrac{1}{x^2 + 4x + 3} = \sum_{n=0}^{+\infty} (-1)^n \left(\dfrac{1}{2^{n+2}} - \dfrac{1}{2^{n+3}}\right) (x-1)^n$

4. (1) 0.0175   (2) 1.005   (3) 0.494   (4) 0.74

章末自测 10

(A)

1. (1) $\dfrac{1}{\sqrt{u_1}}$

(2) 发散

(3) 2

(4) $(1, 2]$

(5) $\sum_{n=0}^{+\infty} \dfrac{x^n}{n!}$, $(-\infty, +\infty)$

(6) $\sqrt{3}$

(7) $\sum_{n=0}^{+\infty} x^n$, $(-1, 1)$

(8) $\sum_{n=0}^{+\infty} (-1)^n x^n$, $(-1, 1)$

(9) $\left(-\dfrac{1}{4}, \dfrac{1}{4}\right)$

(10) $\ln 2 + \sum_{n=1}^{+\infty} \dfrac{(-1)^{n+1} x^n}{n \cdot 2^n}$, $(-2, 2]$

2. (1) (D)   (2) (B)   (3) (D)   (4) (A)   (5) (C)   (6) (C)   (7) (B)   (8) (A)   (9) (A)   (10) (A)

(B)

1. (1) 发散   (2) 发散   (3) 收敛   (4) 发散   (5) 收敛   (6) 收敛

2. (1) 绝对收敛   (2) 绝对收敛   (3) 绝对收敛   (4) 绝对收敛   (5) 发散

习 题 答 案

3. (1) $y = \sum_{n=0}^{+\infty} \dfrac{x^{4n}}{4^{n+1}} \quad x \in (-\sqrt{2}, \sqrt{2})$

(2) $e^{x^2} = \sum_{n=0}^{+\infty} \dfrac{x^{2n}}{n!} \quad x \in (-\infty, +\infty)$

4. (1) $R = \dfrac{1}{\sqrt{3}} \quad \left[-\dfrac{1}{\sqrt{3}}, \dfrac{1}{\sqrt{3}}\right]$

(2) $R = 3 \quad [-4, 2)$

5. (1) $(1+x)\ln(1+x) - x$

(2) $\dfrac{3-x}{(1-x)^2}$

第 11 章

习题 11.1

1. (1) 一阶 (2) 不是 (3) 二阶 (4) 一阶 (5) 一阶 (6) 二阶
2. 略
3. (1) $yy' + 2x = 0$

(2) $m\dfrac{dv}{dt} = mg - kv, \quad v\big|_{t=0} = 0$

4. $y = 1 - (1+x)e^{-x}$

习题 11.2

1. (1) $\dfrac{1}{2y^2} = \dfrac{1}{x} + C$

(2) $-\dfrac{1}{y} = \ln(x+1) + C$

(3) $y = e^{cx}$

(4) $2\sqrt{1-y^2} = \dfrac{1}{3x} + C$

(5) $2e^y + e^{-2x} = c$

(6) $y = c\sin x - 3$

2. (1) $\dfrac{x^2}{y^2} + y^2 = C$

(2) $\sin\dfrac{y}{x} = cx$

(3) $x^3 - 2y^3 = cx$

(4) $cx = e^{\frac{x^2}{y^2}}$

(5) $\ln\dfrac{y}{x} = cx + 1$

(6) $x = ce^{\frac{x}{y}}$

3. (1) $x^2 y = 4$

   (2) $\arctan y - \arctan x = \dfrac{\pi}{4}$

   (3) $\cos x - \sqrt{2}\cos y = 0$

   (4) $y = 2(1 + x^2)$

   (5) $y^2 = 2x^2(\ln x + 2)$

   (6) $\dfrac{x + y}{x^2 + y^2} = 1$

4. $v = \sqrt{72500} \approx 269.3 (\mathrm{cm/s})$

习题 11.3

1. (1) $y = \mathrm{e}^x + C\mathrm{e}^{-x}$

   (2) $y = Cx + x \ln \ln x$

   (3) $y = (x + C)\mathrm{e}^{-\sin x}$

   (4) $y = C\cos x - 2\cos^2 x$

   (5) $x = C\mathrm{e}^y - \dfrac{1}{2}(\cos y + \sin y)$

   (6) $y = (x + a)^3 \left(\dfrac{x^2}{2} + ax + C \right)$

2. (1) $y = \dfrac{1}{x}(\pi - 1 - \cos x)$

   (2) $y = \dfrac{2}{3}(4 - \mathrm{e}^{-3x})$

   (3) $y = x + \sqrt{1 - x^2}$

   (4) $y = \dfrac{1}{\sin x}(-5\mathrm{e}^{\cos x} + 1)$

3. $y = 2(\mathrm{e}^x - x - 1)$

*4. (1) $\dfrac{3}{2}x^2 + \ln\left(1 + \dfrac{3}{y}\right) = C$

   (2) $\dfrac{1}{y^3} = C\mathrm{e}^x - 1 - 2x$

   (3) $yx[C - (\ln x)^2] = 1$

   (4) $\sqrt{y} = x - 2 + C\mathrm{e}^{-\frac{x}{2}}$

习题 11.4

1. (1) $y = \dfrac{1}{6}x^3 - \cos x + C_1 x + C_2$

   (2) $y = C_1 \mathrm{e}^x - \dfrac{1}{2}x^2 - x + C_2$

(3) $y = \dfrac{1}{4}(x-2)^4 + C_1(x-2)^2$

(4) $y = -\ln\cos(x+C_1) + C_2$

(5) $C_1 y^2 - 1 = (C_1 x + C_2)^2$

(6) $y = 1 - \dfrac{1}{C_1 x + C_2}$

2. (1) $y = \ln\sec x$

(2) $y = -\ln(x+1)$

(3) $y = \left(\dfrac{1}{2}x + 1\right)^4$

(4) $(x-1)^2 + y^2 = 1$

3. $y^3 = \left(\dfrac{3\sqrt{2}}{2}x + 1\right)^2$

习题 11.5

1. (1) 线性无关 (2) 线性无关
   (3) 线性无关 (4) 线性相关

2~3. 略

习题 11.6

1. (1) $y = C_1 e^{3x} + C_2 e^{4x}$ (2) $y = C_1 e^{-x} + C_2 e^{-3x}$

(3) $y = (C_1 + C_2 x) e^{-3x}$ (4) $y = C_1 \cos 2x + C_2 \sin 2x$

(5) $y = e^{-\frac{x}{2}}(C_1 \cos 2x + C_2 \sin 2x)$ (6) $s = (C_1 + C_2 t) e^{\frac{5}{2}t}$

2. (1) $y = 4e^x + 2e^{3x}$ (2) $y = e^{-x} - e^{4x}$

(3) $y = (2+x) e^{-\frac{x}{2}}$ (4) $y = (3 + 18x) e^{-6x}$

(5) $y = 3e^{-2x}(C_1 \cos 2x + C_2 \sin 2x)$ (6) $y = 2\cos 5x + \sin 5x$

3. $y = (9x - 14)e^{-2x}$

习题 11.7

1. (1) $y = C_1 e^{-x} + C_2 e^{2x} - 2e^x$ (2) $y = (C_1 + C_2 x) e^{2x} + (x^2 + 5x + 7) e^x$

(3) $y = C_1 e^{-x} + C_2 e^{\frac{x}{2}} - \dfrac{x}{9}(4 + 3x) e^{-x}$ (4) $y = C_1 + C_2 e^{-\frac{5}{2}x} + \dfrac{1}{3}x^3 - \dfrac{3}{5}x^2 + \dfrac{7}{25}x$

(5) $y = (C_1 + C_2 x) e^{3x} + \left(\dfrac{1}{6}x^3 + \dfrac{1}{2}x^2\right) e^{3x}$ (6) $y = (C_1 + C_2 x) e^{-x} + \dfrac{2}{3} x^3 e^{-x}$

(7) $y = C_1 \cos 3x + C_2 \sin 3x + \dfrac{x}{36}\cos 3x + \dfrac{x^2}{12}\sin 3x$

(8) $y = e^x(C_1 \cos 2x + C_2 \sin 2x) - \dfrac{x}{4} e^x \cos 2x$

(9) $y = e^x(C_1 \cos 2x + C_2 \sin 2x) + \dfrac{1}{3} e^x \sin x$

(10) $y = e^x(C_1\cos 2x + C_2\sin 2x) + \dfrac{x}{3}\cos x + \dfrac{2}{9}\sin x$

2. (1) $y = -5e^x + \dfrac{7}{2}e^{2x} + \dfrac{5}{2}$

(2) $y = \dfrac{1}{2}(e^x + e^{9x}) - \dfrac{1}{7}e^{2x}$

(3) $y = (x^2 - x + 1)e^x - e^{-x}$

(4) $y = \dfrac{21}{17}\cos 2x + \dfrac{19}{34}\sin 2x + e^x\left(\dfrac{1}{17}\sin 2x - \dfrac{4}{17}\cos 2x\right)$

(5) $y = -\cos x - \dfrac{1}{3}\sin x + \dfrac{1}{3}\sin 2x$

(6) $y = \left(1 + \dfrac{x}{4}\right)\cos x + \left(1 + \dfrac{1}{4}x^2\right)\sin x$

习题 11.8

1. (1) $y = C\cdot 2^x + 4^x\left(\dfrac{x}{2} - 1\right)$

(2) $y = x^3 - \dfrac{3}{2}x^2 - \dfrac{1}{2}x$

(3) $y = C\cdot(-3)^x + \left(-\dfrac{2}{25} + \dfrac{1}{5}x\right)2^x$

(4) $y = C\cdot 3^x + \dfrac{1}{18}x\cdot 3^x(2x^2 - 3x + 1)$

2. (1) $y = C_1(-1)^x + C_2 2^x$

(2) $y = C_1(-2)^x + C_2 x(-2)^x$

(3) $y = 4(-1)^x - 3(-2)^x$

(4) $y = (\sqrt{5})^x(\cos\varphi x + 4\sin\varphi x)$, 其中 $\tan\varphi = \dfrac{1}{2}$

3. (1) $y_x = C_1 + C_2\cdot 4^x + \dfrac{1}{12}x 4^x$

(2) $y_x = C_1(-2)^x + C_2(-6)^x + x^2 - x + 2$

(3) $y_x = C_1\cdot 3^x + C_2(-2)^x + \left(-\dfrac{2}{25}x + \dfrac{1}{15}\right)x 3^x$

(4) $y_x = C_1 + C_2 x + \left(\dfrac{1}{6}x - \dfrac{1}{2}\right)x^2$

(5) $y_x = x\left(-\dfrac{7}{50} + \dfrac{1}{10}x\right) + C_1 + C_2(-4)^x$

习题 11.9

1. $x - \dfrac{y}{y'} = 2y, y\Big|_{x=2} = 1, \quad x = y\left(2 - \dfrac{1}{2}\ln y\right)$

2. $i = e^{-5t} + \sqrt{2}\sin\left(5t - \dfrac{\pi}{4}\right)$

3. $\dfrac{\mathrm{d}m}{\mathrm{d}t}=-km, m\big|_{t=0}=m_0, m\big|_{t=100}=0.96m_0$, 解为 $m=m_0\mathrm{e}^{-0.0004t}$ $m(1600)=0.52m_0$

4. $s=\dfrac{mg}{c}\left(t+\dfrac{m}{c}\mathrm{e}^{-\frac{c}{m}t}-\dfrac{m}{c}\right)$

5. (1) $\dfrac{\mathrm{d}T}{\mathrm{d}t}=-k(T-30), T\big|_{t=0}1150, T\big|_{t=10}=1000$, 解为 $T=30+1120\mathrm{e}^{-0.0144t}$

   (2) 30.68s

章末自测 11

(A)

1. (1) $y=\dfrac{x}{\sqrt{1+\ln x}}$

  (2) $y=\ln|x|+2$

  (3) $y_x=C(-5)^x+\dfrac{5}{12}\left(x-\dfrac{1}{6}\right)$

  (4) $v=\dfrac{1}{3}t^3-t+\dfrac{1}{3}$

  (5) $W_{t+1}=1.2W_t+2$

  (6) $x=C_1 t+C_2 t\ln t\,(C_1, C_2$ 为任意常数$)$

  (7) $y=\mathrm{e}^{C\sin x}$

  (8) $y^*=2x$

  (9) $y^*=-\dfrac{1}{3}\mathrm{e}^x$

  (10) $3x^2+xy=C$

2. (1) (C)　(2) (D)　(3) (B)　(4) (B)　(5) (A)　(6) (C)　(7) (B)　(8) (D)　(9) (C)

(B)

1. (1) $2(x^3-y^3)+3(x^2-y^2)+5=0$　(2) $\arcsin y+\arcsin x=C$
  (3) $y=x(x+C)$　(4) $x^3=C(x^2+y^2)$
  (5) $y=\dfrac{x}{2-x}$　(6) $x=Cy+\dfrac{1}{2}y^2$

2. (1) $y=C_1+C_2\mathrm{e}^{-7x}$　(2) $y=\mathrm{e}^t(C_1\cos 2t+C_2\sin 2t)$
  (3) $y=(1+x)\mathrm{e}^{-x}$　(4) $y=C_1\mathrm{e}^{-x}+C_2\mathrm{e}^{-2x}+\mathrm{e}^{-3x}$

3. $y=\mathrm{e}^x-\mathrm{e}^{-3x}$

4. (1) $y_x=C\cdot 5^x-\dfrac{3}{4}$　(2) $y_x=x^2-x$
  (3) $y_x=4+C_1\left(\dfrac{1}{2}\right)^x+C_2\left(-\dfrac{7}{2}\right)^x$　(4) $y_x=C_1(-1)^x+C_2\cdot 3^x+3^x\left(-\dfrac{5}{16}+\dfrac{1}{8}x\right)$

5. $Q=1200.3^{-P}$

6. $S_t=S_0(1+\alpha)^t$

参 考 文 献

费浦生, 羿旭明. 2006. 数学建模及其基础知识详解. 武汉: 武汉大学出版社
刘书田, 孙惠玲, 阎双伦. 2006. 微积分解题方法与技巧. 北京: 北京大学出版社
任玉杰, 孙文惠. 2004. 高等数学一元微积分及其实验. 北京: 机械工业出版社
任玉杰. 2004. 高等数学多元微积分及其实验. 北京: 机械工业出版社
同济大学数学系. 2007. 高等数学. 6 版. 北京: 高等教育出版社
吴传生. 2009. 经济数学微积分. 2 版. 北京: 高等教育出版社
吴肇基. 2005. 应用微积分. 2 版. 南京: 东南大学出版社
赵树嫄. 2007. 经济应用数学基础一: 微积分. 3 版. 北京: 中国人民大学出版社